물질의 물리학

물질의 물리학

1판 1쇄 발행 2020. 9. 25.
1판 5쇄 발행 2024. 5. 10.

지은이 한정훈

발행인 박강휘
편집 이승환 디자인 지은혜
발행처 김영사

등록 1979년 5월 17일 (제406-2003-036호)
주소 경기도 파주시 문발로 197(문발동) 우편번호 10881
전화 마케팅부 031)955-3100, 편집부 031)955-3200 | 팩스 031)955-3111

값은 뒤표지에 있습니다.
ISBN 978-89-349-2010-6 03420

홈페이지 www.gimmyoung.com   블로그 blog.naver.com/gybook
인스타그램 instagram.com/gimmyoung 이메일 bestbook@gimmyoung.com

좋은 독자가 좋은 책을 만듭니다.
김영사는 독자 여러분의 의견에 항상 귀 기울이고 있습니다.

• 이 도서는 한국출판문화산업진흥원의 '2020년 우수출판콘텐츠 제작 지원' 사업 선정작입니다.

• 이 도서는 고등과학원이 발행하는 과학전문 웹진 HORIZON(horizon.kias.re.kr)에 연재했던 글을 다시
  다듬고 내용을 더하여 재구성한 것입니다.

물질의 물리학

한정훈

고대 그리스의 4원소설에서

THE PHYSICS OF MATTER

양자과학 시대 위상물질까지

김영사

내 인생의 축복인 아들과 딸에게.
내 인생의 보석 같은 동반자에게.
내 학문적 인생의 길잡이였던 스승
데이비드 사울레스에게.

위상수학은 모양 공부의 가장 근본적인 분야로, 직관에 가까운 그림들로 시작해서 가장 추상적인 개념에 이르기까지 수학의 모든 영역에서 깊디깊은 핵심을 꿰뚫고 지나간다. 수학자들조차 어렵게 느끼는 위상수학이 저에너지 물리학, 즉 거의 일상적인 현상에 가까운 물리에 적용된다는 사실은 참으로 놀랍다. '에너지의 모양'은 측정 가능한 현상이고, 이를 이용해서 만들어지는 '위상 물질'은 19세기에 정립된 전자기학만큼이나 인류 문명에 획기적인 변화를 가지고 올 것이 분명하다. 이 분야 전문가인 한정훈 교수의 직관적이면서 자세한 설명으로 가득한 이 책은 독자들을 새로운 세계로 안내하는 친절한 길잡이가 될 것이다.

_김민형(에든버러 국제수리과학연구소장)

양자 물질 연구는 지난 100여 년간 물리학 발전의 최전선에 있어왔다. 현대의 많은 응용 분야가 그 기반을 양자 물질에 두고 있다. 《물질의 물리학》은 양자 물질 연구의 역사, 물질의 기원에 대한 탐구를 최근의 연구 성과까지 포함하여 대중에게 소개하는 역작이다. 주제에 대한 깊은 이해와 통찰이 없으면 핵심을 이렇게 쉽게 요약해서 전달하기 어렵다. 이 책은 단순히 물리학 지식을 나열하는 것이 아니라 물리학자의 삶과 당시의 시대 배경, 저자 개인의 경험을 씨줄과 날줄로 엮어서, 쉽지 않은 개념을 재미있고도 통찰력 있게 접근하도록 만든다. 특히 이 책에 등장하는 많은 비유와 예시는 일반 독자들뿐만 아니라 전문 물리학자들에게도 양자 물질을 더 잘 이해하는 데 도움이 될 것이라 믿는다.

_김필립(하버드대학교 물리학과 교수)

양자물리학의 태동 이래 약 110년 정도가 지난 지금 양자물리학이 인류에게 가져온 변화는 핵폭탄과 핵에너지를 비롯해 실로 막대하다. 양자물리학 없이는 우주의 생성과 진화를 이해할 수 없고, 우리 주변의 모든 전자소자도 작동시킬 수 없다. 특히 최근 양자컴퓨터가 이미 제한적으로 실용화되면서 미국, 유럽, 일본을 중심으로 양자물리학에 대한 새로운 붐이 일고 있다. 이런 상황에서 물질의 양자적인 성질을 소개하는 책이 출간되어 정말 반갑다. 우리나라는 물론이거니와 과학 선진국들을 통틀어도 유사한 주제를 다루는 대중서를 찾기는 매우 어렵기 때문에 더 귀중한 책이다. 일반 독자나 학생들이 현대 물리학의 큰 흐름을 접하고 이해하는 데 큰 도움이 될 것이다.

_염한웅(포항공과대학교 물리학과 교수, 국가과학기술자문회의 부의장)

사람들은 흔히 마음의 신비로움에 대해 말하곤 한다. 하지만 내게는 물질의 본성이 더욱 매혹적이면서 동시에 까다로운 주제다. 특히 현대 물리학의 근간 이론인 양자물리학이 우주를 구성하는 물질을 어떻게 설명하는지를 비전공자에게 명쾌하게 설명하기란 정말 어렵다. 저자는 이런 고난도의 작업을 감탄스러울 정도로 능숙하게 해낸다. 대부분의 독자에게 익숙한 위계적 원자 모형부터 이게 과연 물질인지조차 알쏭달쏭한 위상 물질에 이르기까지 이어지는 직관적이면서도 정확한 서술은, 물질 자체만이 아니라 그 물질로부터 어떻게 마음이 나올 수 있는지를 궁금해할 독자에게 이해의 단초를 제공할 것이다. 적극 추천한다!

_이상욱(한양대학교 과학철학 교수)

차례

이 책을 쓰기 시작한 날은 2016년 10월 4일. 학교에서 하루 일과를 마
치고 퇴근하니 곧 언론사로부터 전화와 문자가 쉴 새 없이 쏟아져 들어
왔다. 올해 노벨 물리학상 수상자의 업적을 전화로 설명해달라는 요청
이었다. 기사 마감 시간이 지나면서 전화기는 다시 잠잠해졌지만, 다음
순서는 노벨상 해설 강연 요청이었다. 열 번쯤의 강연을 했고 서너 편
의 해설을 썼다. '이러다가 책도 쓰겠다' 하는 생각이 들었다. 2016년
노벨 물리학상 수상자 중 한 명인 데이비드 사울레스David Thouless
(1934~2019)는 나의 대학원 시절 지도교수였다. 유명한 학자라는 한마
디 소문만 믿고 시애틀로 유학을 떠난 게 1991년 여름이었다. 당연히
그때는 25년이라는 세월이 지난 뒤에 그가 노벨상을 받고 내가 그의 업
적을 대중에게 해설하는 임무를 떠맡게 되리라고는 상상하지 못했다.

노벨상 수상 업적은 '위상 물리학 이론'이었는데, 이걸 대중에게 소
개하는 일은 너무나 어려웠다. 이론물리학의 언어는 수학인데, 수학을
배제한 채 일상적인 비유만을 동원해 그 심오한 이론을 설명한다는

게 애초에 가능한 일인가 싶었다. 일단 대중 잡지나 강연은 지면과 시간이 너무 제한적이었다. 좀 더 긴 호흡으로 차근차근 설명할 기회가 있으면 좋겠다 싶었다. 한 발 더 나아가서 내가 그동안 연구해온 응집물질물리학, 다시 말하면 '물질의 물리학'에 대해 나의 가족, 친구, 대중과 대화를 나누고 싶었다.

나는 이론물리학자다. 새로운 물리 이론을 만들어 논문을 쓰는 게 내 일이다. 논문을 왜 쓰는가? 승진, 인정, 명성 등 여러 가지 현실적인 이유를 들 수 있지만, 가장 원초적인 이유는 남들과 공유하고 싶은 나만의 이야기가 있기 때문이다. 그런데 여기서 말하는 남들이란 나와 같은 분야에서 일하는 다른 연구자들이다. 대상이 좁을 수밖에 없다. 전 세계를 다 훑어봐도, 내가 반년 동안 온 힘을 기울여 완성한 논문을 읽고 관심을 가질 만한 사람은 겨우 스무 명 남짓하다.

그 동기만을 놓고 보면, 대중을 향한 책 쓰기도 논문 쓰기와 다르지 않다. 나만의 이야기가 있을 때, 그걸 사적인 자리에서 혹은 사회관계망에서 친구들, 동료들과 공유하는 것만으로는 뭔가 아쉬움이 남을 때, 심지어 이 말만은 꼭 하고 죽겠다는 각오마저 들게 하는 그런 이야깃거리가 있을 때, '저술가'라는 부류의 인간이 탄생한다. 나에게도 인생을 한 걸음 더 나아가기 전에 정리해서 남겨놓고 싶은 이야기가 하나 있다. 물질의 이야기다.

이 책을 쓰기 전에 먼저 완성한 책이 한 권 있다. 내가 오랫동안 연구해왔던 스커미온이라는 분야의 성과를 집약한 책이다(*Skyrmions in Condensed Matter*. Springer, 2017). 반년 넘게 오직 그 일만 했다. 2017년 8월 말, 영어로 쓴 원고를 스프링거 출판사에 넘기고 나니, 내 몸속에서 자라던 아기를 세상 밖으로 내보낸 느낌이 들었다. 힘들었지만, 이 아기가 그동안 내 인생의 의미였다는 생각이 들었다. 그리고 허전했다. 왜 어떤 사람들은 첫 아이를 낳은 뒤 둘째를 원하는지 알 것 같았다. 아기를 세상에 내보낸 뒤의 그 허전함을 채울 가장 좋은 방법은 다음 생명을 자기 몸속에 키우는 것이었구나! 그래서 페이스북에 농담반 진담반으로 저자의 산후 증후군에 대해 언급하면서 "내가 만약 한국어로 대중 과학 서적을 쓴다면"이라는 전제로 목차를 만들어 올려보았다. 대략 열 단원 정도의 이야기가 나왔다. 이 책은 그보다 하나 적은 아홉 개의 장으로 구성되어 있다. 이 책 원고를 한장 한장 써가는 사이, 지도교수는 세상을 떴다. 그의 영전에 이 책을 바친다.

나의 이야깃거리는 물질이다. 물리학을 소재로 한 절대 다수의 대중 과학 서적은 우주와 입자를 다룬다. 그 중간 세계에는 인간이 있고, 일상이 있고, 일상을 점철하는 물질이란 것이 있는데, 그 물질을 대중에게 친근한 언어로 설명하는 책은 한글로도, 영어로도 찾아보기 힘들다. 물질 이론을 수십 년간 공부해온 사람으로서 참 아쉬웠다. 우리 분야의 대변서, 아니 항변서라도 한 권쯤 있어야 한다는 생각을 오랫동안 해왔다. 더 이상 대학교에서 승진의 부담을 느끼지 않아도 될 나이, 30여 년의 연구 경험, 그리고 지난 수년간의 대중 강연과 글쓰기 경험. 이런저런 요소를 모아봤을 때 내가 책 한 권쯤 써도 좋을 시점이란 생각이 들었다.

책은, 그것이 소설이든 수필이든 과학 서적이든 인문 서적이든, 모두 자기 이야기를 담아내는 그릇이라고 생각한다. 대학교에서 물리학 공부를 시작한 이후로 전공이 무엇이냐는 질문을 수없이 받았는데, 딱히 한두 마디로 대답할 방도가 없었다. 이제 누가 그런 질문을 한다면 두 손 모아 이 책을 한 권씩 드릴 작정이다. 이게 제 인생이었습니다. 다른 모든 책처럼 이 책은 필자의 자서전이기도 하다.

이 책을 쓰면서, 출판된 지 몇 년 안 된 내 전공 서적을 다시 한번 들여다보았다. 알지 못할 수식이 가득 차 있어 읽기 버거웠다. 내가 쓴 책인데, 몇 해가 지나니 이젠 나에게조차 생소했다. 그래, 이래서 책을 써야 하는구나 싶었다. 기억은 생물학적 쇠퇴와 함께 스러져가지만, 기억이 정점에 달했을 때 정리를 해두니, 기억은 사라져도 기록은 남는구나 싶었다. 이 책도 마찬가지 아닐까? 책은 기억의 기록이다. 동시에, 저자를 기억의 부담으로부터 해방시키는 통로이다. 이 책을 마무리했으니 이제 나의 생물학적 기억 공간에 새로운 걸 좀 채워볼 수 있을 것도 같다.

거대한 우주에 대한 서사나, 신의 영역에 도전하는 소립자 세계에 대한 이야기는 이 책에 없다. 책의 출발점은 일상생활의 뿌리요 뼈대인 원자이고, 그 원자를 설명하는 양자역학이다. 이 책은 원자로부터 시작해서 몸집을 키워나간다. 물질의 세계를 향해 나간다. 일상생활에서 흔히 발견되는 익숙한 물질보다는 실험실에서나 찾아볼 수 있는 독특한 물질의 세계를 주로 다루었다. 진정한 양자 물질의 세계는 산속에 은둔해 무술 연마에만 몰두하는 무림 고수의 세계와 비슷하다. 실험실 밖으로 잘 나오지 않는다. 그 무림 세계를 지배하는 굵직한 계파 이야기를 공유하려고 한다. 이 책에서 다루는 계파, 즉 양자 물질은 초전도체, 초액체, 양자 홀 물질, 그래핀, 디랙 물질, 위상 물질 등이다. 조금 신기하게 들릴 수도 있겠지만, 빛도 물질이다.

꼭 과학적 배경이 탄탄한 독자가 아니어도 읽을 수 있도록 노력했다. 물리학자들의 무용담과 양자 물질 이야기를 섞어보았다. 몇 군데를 제외하면 수식이 전혀 등장하지 않는 책이다. 굳이 말하자면 오히려 문과적 배경을 가진 독자들이 이 책을 읽어주었으면 한다. 나는 인문학 분위기가 가득한 집에서 자랐기 때문에 나의 지식과 경험을 가족과 나누는 데 어려움을 느낄 때가 있었다. 한편으로는 그런 집안 분위기 덕분에 책을 쓴다는 것, 책을 통해 대중과 소통한다는 것의 의미를 어렸을 때부터 몸에 익히지 않았나 싶다. 이 책을 통해 서로 다른 앎과 배움과 공감 능력을 지닌 사람들이 물질이라는 대상과 조금 더 친근하게 소통할 수 있으면 좋겠다는 바람을 품어본다.

책에서 다룬 내용의 상당 부분은 고등과학원에서 운영하는 과학 웹진 〈호라이즌〉에 연재한 글이다. 마음속에만 품고 있던 이야기를 밖으로 내보낼 기회를 준 고등과학원과 웹진 운영진의 국형태, 박권, 백형렬, 이상욱, 현창봉 교수와 박소미 씨, 그리고 한 단원씩 글쓰기를 끝낼 때마다 치밀하게 원고를 검토하고 문장을 다듬도록 조언해준 가족에게 감사의 마음을 전한다. 이 책을 쓰면서 더욱 단단히 한 가족으로 뭉쳐진 느낌이다. 세상 사람 누구나 할 이야기는 많지만, 이렇게 출판사의 도움을 얻어 책으로 그 이야기를 풀어낼 기회는 드물다. 나에게 이런 귀한 기회를 허락해준 김영사 편집진에게 깊은 감사의 마음을 전한다. 책 중간중간 전문가의 조언이 필요할 때 원고를 읽고 첨언을 주신 김상훈, 박부성, 박성찬, 임성현, 황의헌 교수님께도 감사하는 마음을 전하고 싶다.

1
최초의 물질 이론

내 별명은 헬로

1983년 여름, 알래스카 앵커리지 공항 환승 구역에서 내다본 바깥은 깜깜하고 스산했다. 첫 외국 여행이 주는 긴장감과 두려움이 바깥 날씨에도 투영된 느낌이랄까. 다행히 끼니를 때우려고 사 먹은 컵라면의 매콤함과 따뜻함이 허기진 위장과 긴장된 마음을 동시에 감싸주었다. 다시 비행기를 탔고, 내린 곳은 미국 동부의 도시 보스턴이었다. 안식년을 얻은 아버지를 따라 우리 식구가 도착한 도시, 그중에서도 브루클라인Brookline이라는 동네의 어느 낡은 3층 집 딱 중간 층이 우리가 1년간 살 집이었다. 걸어서 15분쯤 걸리는 곳엔 동네에서 유일한 고등학교가 있었다. 나는 한국에서 다니던 중학교를 3학년 1학기까지만 마치고 이 낯선 미국 도시로 건너와 가을 학기부터 브루클라인 고등학교의 신입생이 되었다. 영어를 잘 못하는 외국인 학생이 들을 만한 과목은 ESL(English as a Second Language)이라고 부르는, 외국인을 위한 영어 수업, 그리고 기하학, 대수학, 체육, 미술 정도였다. 거대한 학교 카페테리아에서 수많은 백인 학생 틈에 앉아 점심을 먹는다는 생각에 두려움도 일었지만, 한국에선 구경도 못 해본 피자 조각을 사 먹는 즐거움은 분명 그 이상이었다.

기하학은 같은 학년 미국 학생들과 들었는데, 그럭저럭 따라갈 만했다. 대수학은, 한국에서 받은 교육 덕분인지 나보다 두 살 많은 선배들과 같은 수업을 들어도 별 무리가 없었다. 기말 시험에서 어쩌다 보니 100점 만점을 받았는데, 시험지를 나눠주면서 나를 대견하게 쳐다보던 자상한 인상의 중년 여자 선생님 표정을 지금도 잊지 못한다. 나도 수학을 잘할 수 있구나, 이런 자신감이 생겼다. 대수학 다음 과정은 미적분학이었지만, 나는 1년 미국 생활을 마치고 귀국해야 할 처지였기 때문에 들을 수 없었다. 아쉬움이 밀려왔다. 친절한 대수학 선생님은 미적분학 교과서 한 권을 작별 선물로 주셨다. 틈틈이 책을 읽었다. 내가 그 내용을 정말 이해했는지는 그다지 중요하지 않았다. 15세 소년답게, 나는 신이 났고 우쭐했다. 미적분학 책을 뒤적이다 보니, 이건 또 물리학이랑 연결된다는 걸 알았다. 귀국하기 직전, 복사라도 할 요량으로 도서관에 들러 물리학 교과서 한 권을 빌렸다. 내가 곧 한국으로 돌아가야 할 처지라고 사서 아주머니께 말씀드렸더니, 그 자리에서 도서관 대여 카드를 찢어버리고는 그 책을 나에게 귀국 선물로 주셨다. 미국살이를 마치고 귀국하면서 나의 꿈은 철학자에서 물리학자로 바뀌었다.

아무런 준비가 안 된 상태에서 한국에 돌아와 고등학교 1학년 2학기로 입학하고 보니, 첫 학기엔 이런저런 사건이 많았다. 요즘은 한국 학생도 다 메는 백팩이란 걸 미국에서 사들고 와 메고 갔더니 학교 선생님과 학생들 모두 등산하러 왔냐며 놀려댔다. 전학생이 온 걸 눈치 챈 생물 선생님은 전학생 누구냐며 일어나보라고 하셨다. 장난스러운 반 친구들은 "얘 미국에서 왔대요"라고 외쳤고, 선생님은 나보고 '헬로'라고 부르셨다. 그때부터 고등학교를 졸업할 때까지, 내 이름은 헬로였다. 어찌나 그 별명에 익숙해졌는지 누군가 내 진짜 이름을 불렀을 때 오히려 내가 불쾌한 느낌이 들 정도였다. 다행히 수행 평가도 학종(학생부종합전형) 입시도 없던 시절이라, 뒤처진 고등학교 공부를 몇 달 만에 따라가는 것도 힘들지 않았다. 수업 시간에 딴 책을 펴놓고 읽어도 별 탈이 없었다. 내가 수업 시간에 즐겨 읽었던 책 중 하나는 영국 철학자 버트런드 러셀(1872~1970, 1950년 노벨 문학상 수상)이 쓴 《행복의 정복The Conquest of Happiness》이었다. 행복이라는 인문학적 문제를 이론적으로 분석하고 체계적으로 '정복'하는 방법을 명쾌한 논리로 풀어나간 책이다. 나는 이 책의 내용도, 문체도 사랑했었다. 러셀은 철학사적으로도 중요한 업적이 있지만, 방대한 분량의 대중 저술을 남긴 인물로도 유명하다. 그중에서 특히 대중적인 인기도 얻고, 나중에 노벨 문학상을 받는 데도 기여한 작품은 《서양 철학사A History of Western Philosophy》였다. 고등학생이 소화할 만한 내용은 아니었지만, 어쨌든 나는 마음이 한창 들뜬 10대였고, 책을 훑어보면서 그리스 자연철학자들의 이름과 사상을 한 번씩 접할 기회를 누렸다. 이 책을 쓰기 위해 30여 년 만에 러셀의 책을 다시 읽어보았다. 10대 후반이었던 나는 그 사이에 이제 살아온 인생을 중간 정산해야 할 나이, 오십을 넘겼다.

그리스의 자연철학자: 엠페도클레스, 데모크리토스

기원전 490년경 태어나 기원전 430년 무렵까지 살았다는 엠페도클레스는 시기적으로 볼 때 피타고라스 이후, 소크라테스 이전에 활동한 그리스의 자연철학자다. 시칠리아 섬에서 태어났고, 정치를 했으나 권력투쟁에서 밀려나 그만 나라 밖으로 추방되었다가 귀향해서는 자연철학 다방면에서 독특한 이론을 제안했다. 특히 물질에 대한 그의 입장은 잘 알려진 4원소설인데, 만물은 불, 흙, 공기, 물 이렇게 네 가지 원소의 조합으로 만들어졌다는 주장이다. 생각해보면 불, 흙, 공기, 물이 우리 주변에서 흔히 보이긴 한다. 인조 건축물이 많지 않았던 그 시절에는 더욱 그러했을 것이다. 그러다 보니 아예 이 네 종류의 물질을 혼합해서 만물이 만들어졌다는 주장을 펼친 것이 아닐까 짐작된다.

현대인의 감각으로 보자면 꽤나 소박하고 유치한 주장이다. 그러나 한편으론 눈에 보이지도 않는 공기를 네 원소 중 하나로 지목한 사실에서 엠페도클레스의 비범한 관찰력이 느껴지기도 한다. 일설에 따르면 그는 물병을 목 부위부터 물속에 집어넣었을 때 물이 병을 가득 채우지 못하고 일부 빈 공간을 남긴다는 사실에서 공기의 존재를 추론했다고 한다. 네 원소가 서로 결합하거나 분해되면서 물질이 형성되고 붕괴한다고 보았는데, 결합하는 힘은 사랑이요 분해하는 힘은 미움, 혹은 갈등이라고 불렀다. 요즘 말로 하자면 입자와 입자 사이의 끄는 힘이 사랑이고, 서로 미는 힘은 갈등이라고 부른 셈이다. 독특한 이론만큼 독특한 인격의 소유자였던지, 엠페도클레스는 자신이 신이라 믿었고, 자기 몸이 부활할 수 있다는 걸 증명하기 위해 고향 시칠리아 섬의 에트나 화산에 몸을 던져 세상을 떠났다는 속설이 있다.

현대 과학의 입장에서 보면 이 네 물질은 우리 주변에서 흔히 발견될 뿐, 기본 원소와는 거리가 멀다. 백번 양보해서 이 네 물질을 기본 원소로 인정한다 해도, 원소들 사이에 존재하는 상호작용을 사랑과 갈등이라는 인간적인 언어로 표현하는 게 과학적일 리 없다. 그렇다고 해서 4원소설에 준거한 엠페도클레스의 물질 이론을 군이 과잉 비판할 필요는 없다. 우리가 주목해야 할 점은 엠페도클레스가 내린 결론이 아니라 그가 사용한 방법론이다. 그에게 허용됐던 관찰 도구는 맨눈을 위주로 한 오감이었다. 그는 이런 극심한 제한 조건 속에서 수집한 정보를 토대로 그 나름의 추상화 과정을 거쳐 가장 그럴듯한 물질 이론을 만들어낸 것이다. 물론 지적 활동이 왕성했던 고대 그리스에서 이런 자연과학적 추론에 능한 사람이 엠페도클레스만은 아니었다.

엠페도클레스보다 30년쯤 뒤에 태어나 소크라테스와 동시대에 활동했다고 전해지는 데모크리토스도 그중 한 명이다. 부모에게 넉넉한 재산을 물려받은 덕분에 자유롭게 세상을 돌아다니며 지식을 구한 뒤 그리스에 정착해 평생을 지식 탐구에 바쳤다고 한다. 그가 창설한 그리스 자연철학의 또 다른 줄기인 원자설에 따르면 만물은 수많은, 어쩌면 무한히 많은 종류의 원자로 구성되어 있다. 각 원자에는 고리가 달려 있어 서로 엮일 수 있고, 우리 눈에 보일 만큼 큰 물질로 커질 수도 있다. 원자론의 창시자로는 데모크리토스와 그의 스승으로 알려진 레우키포스가 거명된다. 이들이 어떻게 원자라는 개념에 도달하게 되었는지는 분명하지 않지만, 적어도 직접적인 경험에 바탕을 둔 주장은 아니었음이 분명하다. 현대 과학의 발전 덕분에 원자의 존재를 확인하게 된 것이 20세기 초의 일이었으니, 데모크리토스에게는 물론 이런 과학 도구의 혜택이 주어지지 않았다. 그렇다고 해서 수천 년이란 세월과 기술의 간극을 뛰어넘어 원자의 존재를 '예측'하는 데 성공한 데모크리토스의 위대한 예지력을 칭송할 필요는 없다. 그가 생각해낸 원자론은 지금의 원자 이론과 닮은 점도 있고, 전혀 그렇지 않은 점도 있다.

　데모크리토스의 원자는 아주 작긴 하지만 제각각의 크기와 모양과 무게가 있다. 그의 원자론적 시각에서 보면 원자의 종류가 많기 때문에, 그 원자들이 결합해서 만들어진 물질의 종류도 다양하다. 현대 원자론의 관점에서 보자면 엄연히 틀린 주장이다(틀린 이유는 이 장의 뒷부분에서 다룬다). "원자가 서로 결합하고 분리하는 이유는 무엇인가?"라는 질문에 대해서 데모크리토스는 사랑과 갈등이라는 엠페도클레스식의 인본주의적 해석 대신 기계적인 세계관에 근거한 답을 내놓았다. 기계적인 세계관에서는 선행 사건이 다음에 일어날 사건을 어떤 주어진 자연법칙에 따라 결정할 뿐이지, 초자연적인 존재의 의지가 개입해서 사건의 흐름을 바꾸지 못한다. 다시 말하자면 데모크리토스는 '세상이 본래 그렇기 때문에' 물질이 서로 결합하고 분리하면서 삼라만상을 만들어낸다고 보았다. 현대 물리학에선 입자와 입자끼리 중력, 전자기력 등의 힘을 주고받고, 그 덕분에 물질이 만들어지는 것으로 본다. 원자론에 포함된 이 두 가지 가설, 즉 원자의 존재 자체와 비인격적이고 기계적인 상호작용 이론은 현대 과학의 관점과 정확히 상통한다.

　데모크리토스가 원자의 존재에 다다르게 된 사유의 과정을 재구성해보자면 이렇다. 물질을 쪼개면 더 작은 물질이 나온다는 것은 누구나 다 아는 사실이다. 철학자들은 이 질문을 한 단계 더 승격시켜 일종의 철학적 유희로 탈바꿈시켰다. 작은 물질을 계속 쪼개나가면 어떻게 될까? 논리적으로 생각해볼 때 가능성은 두 가지가 있다. 하나는 쪼개는 과정이 무한히 반복된다는 가설이다. 또 다른 가설은 언젠가 그 쪼개는 과정이 멈춘다는 것이다. 데모크리토스는 이 양자택일의 상황 속에서 후자의 가설이 더 합리적이라고 믿은 것이다. 일단 이 후자의 가설을 받아들이기로 하면, 더 이상 쪼개지지 않는 '그 무엇'이 반드시 존재해야 한다는 논리적 결론에 도달한다. 데모크리토스의 업적은 더 이상 쪼갤 수 없는 그 무엇의 존재를 확신하고, 그 무엇에게 '원자'라는 이름을 붙여준 용기가 아니었을까. 일단 한번 이름이 붙어버린 대상은 사람들에게 묘한 심리적 압박감을 준다. 이름이 있는 그 무엇은 이 세상에 존재하거나 존재하지 않거나 둘 중 하나여야 한다. 그 두 가지 가능성 사이에서 시비를 가리는 건 후대 과학자들의 몫이다.

대담한 가설을 제안하고 그 가설에 이름까지 붙이는 용기를 발휘한 과학자에게는 궁극적으로 대단한 명예가 따라오기도 하지만, 막상 그런 제안을 할 당시에는 의심과 무시를 받기 일쑤다. 그리스 신화의 발생지, 신에게 받은 계시를 인간에게 전달해주는 직업이 있었을 만큼 신이 친숙한 존재였던 고대 그리스인에게는 데모크리토스의 그 '무심한' 자연관이 썩 마음에 들지 않았던 모양이다. 오히려 근대에 들어와서야 뉴턴의 역학이 데모크리토스의 기계론적 물질관을 편들어주었고, 18세기 화학과 20세기 현대 물리학이 발전하면서 원자의 존재는 차츰 불변의 진리로 인정받게 되었다. 데모크리토스의 원자 가설은 수십 세기에 걸친 암흑기를 견뎌낸 후에야 그 진가를 인정받게 되었다는 편이 옳다. 그 오랜 세월 동안 이 학설이 과학자들에게 잊히지 않고 버틸 수 있었던 비결은 무엇일까.

나는 비록 과학의 역사를 탐구하는 사람도, 그리스 철학을 연구하는 사람도 아니지만 누가 나에게 그 이유를 묻는다면 과학자로서 이렇게 대답하고 싶다. 데모크리토스가 건드린 문제는 과학자가 상상할 수 있는 가장 '궁극의 문제'였다. 생명이란 무엇인가? 우주란 무엇인가? 물질이란 무엇인가? 누군가 이런 질문을 하고, 누군가는 그 질문에 대해 답을 내놓는 식으로 과학은 발전해왔다. 질문을 한다는 것은 답을 하는 것만큼이나 중요하다. 질문의 규모가 거대할수록 감히 답을 내놓기도 힘들다. 답을 하려면 지적인 능력뿐 아니라 대단한 용기도 필요하기 때문이다. 과학자의 입장에서 보았을 때, 데모크리토스의 과감한 학설은 '원자'라는 말을 최초로 꺼낸 그 행위 자체만으로도 그 내용의 옳고 그름을 초월한 가치를 지닌다. 과학이라는 행위는 어떤 근사한 가설 하나를 줄에 묶어 천장에 매달아놓고, 그 아래 부엌에서 과학자들이 그 가설의 옳고 그름을 검증하려고 이런저런 실험과 계산을 해보는 모습에 비유할 수 있다. 그 가설이 옳다는 쪽으로 결론이 나면 줄은 아래로 내려오고, 주방에서 일하는 사람이라면 누구나 그 가설을 가까이 만지고, 냄새 맡을 수 있게 된다. 가설은 이제 '정설' 또는 '법칙'으로 불린다. 누군가 오래전에 그 가설 덩이를 천장에 매달아놓은 덕분에 주방에서 비로소 일을 시작할 수 있게 되었다.* 데모크리토스

---

* 유럽, 특히 이탈리아나 스페인을 여행해보면 식료품 가게 천장에 주렁주렁 매달린 말린 돼지 뒷다리 고기를 볼 수 있다. '과학자들의 연구실 천장에 매달린 가설'이라는 비유는 오래전 로마를 여행하면서 본 모습이 떠올라 만들었다.

는 '원자'라는 이름의 아주 매력적인 가설을 천장에 매달아준 인물이고, 그의 가설 덩어리를 주방으로, 정설로, 진리의 세계로 끌어내리기 위해 과학자들은 2천 년이 넘는 세월 동안 주방에서 분주하게 일했다.

플라톤의 티마이오스

데모크리토스보다 30년쯤 뒤에 태어났다고 알려진 플라톤은 이전의 선배 철학자들과는 달리 그의 사상을 정교한 산문으로 남겼다. 그가 남긴 광범위한 저작물 중에서 그의 우주관과 물질관을 잘 드러낸 저서는 《티마이오스Τίμαιος》다. 데모크리토스의 학설을 무척 싫어했던 플라톤은 그의 책에서 가상의 인물 티마이오스를 등장시켜 원자론 대신 4원소설의 합당성을 치밀하게 주장했다. 물론, 그런 노력이 무색하게도 플라톤이 《티마이오스》에서 내린 우주와 물질에 대한 결론은 이제 대부분 무의미해졌다. 그의 책을 진지하게 읽어보고자 하는 누군가가 있다면, 그 결론보다는 논리 전개 방식을 공부하는 의미에서 읽기를 권하고 싶다. 선배 철학자들의 논증은 비록 치밀하긴 했지만 어디까지나 수사학적인 것이었다면, 플라톤은 수학적 언어를 그의 논증에 본격적으로 끌어들였다.

피타고라스식 수학, 다시 말해 기하학을 좋아했던 플라톤은 그 당시로서는 최신의 기하학적 지식을 동원해 엠페도클레스의 4원소설을 한 단계 세련된 형태로 끌어올리려 했다. 그는 불, 흙, 공기, 물 이렇게 네 물질이 정사면체, 정육면체, 정팔면체, 정이십면체 모양의 아주 작은 기본 원소로 구성되어 있다고 주장했다. '아주 작은 원소'는 데모크리토스의 원자론에서 이미 한번 등장했던 개념이다. 그런 측면에서 보면 플라톤의 학설은 데모크리토스가 상정했던 무수히 많은 종류의 원자를 단 네 종류의 원자로 함축해버린 셈이다. 흔히 환원주의reductionism라고 부르는 관점을 자연과학자들은 대단히 좋아한다. 될 수 있는 대로 적은 수의 변수만을 동원해서 나머지 현상을 설명하는 이론 체계를 만들어보겠다는 것이 환원주의적 태도이다. 환원주의적 관점에서 보면 플라톤의 개념은 데모크리토스의 개념보다 분명히 한층 '현대적'이다. 무한 개의 원자를 단 4개의 원자로 줄여버렸으니 말이다. 플라톤이 생각했던 것보다 좀 많긴 하지만, 지금까지 발견된 원자의 종류는 겨우 100개 남짓하다.

이론물리학자의 시각에서 보자면 각각의 원소에 특정한 기하학적 모양을 일대일 대응시킨 플라톤의 시도는 굉장히 매력적이다. 이 점은 분명히 당시 기하학적 성과에 익숙했던 플라톤의 독특한 창작물이라고 할 수 있다. 데모크리토스의 원자가 플라톤의 이론에서 우아한 기하학적 구조로 재탄생했다.

'플라톤의 고체Platonic solids' 혹은 '플라톤의 다면체'라고 불리는 정다면체에는 딱 다섯 종류가 있다. 다음 그림에 보이는 정사, 정육, 정팔, 정십이, 정이십면체가 그 전부다. 플라톤의 동시대 기하학자들이 증명한 사실이다. 정다면체는 똑같은 크기와 모양의 정다각형을 붙여서 만든 3차원적 구조물이다. 정삼각형 4개를 붙이면 정사면체가 만들어진다. 정사각형 6개를 붙이면 정육면체가 만들어진다. 정삼각형 8개를 붙이면 정팔면체, 20개를 붙여 만들면 정이십면체다. 정십이면체는? 정오각형 12개를 붙이면 만들 수 있다. 정육각형이나 그 밖의 정

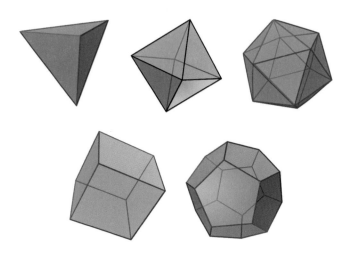

▲ 플라톤의 고체. (©МаксимПе / CC BY–SA 4.0)

다각형(가령 정칠각형, 정팔각형)을 붙여서 만들 수 있는 정다면체는 존재하지 않는다. 종이도, 연필도, 칠판도 없던 시절에 이런 수준 높은 증명을 해낼 수 있었다는 사실이 그저 놀라울 따름이다.

우리가 사는 우주 공간은 3차원이다. 그러다 보니 3차원에서 존재 가능한 정다면체가 오직 5개라는 사실에 뭔가 특별한 의미를 부여하고 싶은 것도 무리는 아니다. 플라톤은 엠페도클레스의 4원소설에 등장하는 원소와 정다면체 사이에 특별한 일대일 대응 관계가 존재한다고 주장했다. 불은 뾰족한 정사면체의 속성 때문에 손을 대면 아프고, 물은 둥글둥글한 정이십면체의 속성 때문에 잘 흐른다는 식의 그럴듯한 해석을 덧붙였다. 흙은 정육면체 모양이라 잘 굴러가지 않는다. 공기는 정팔면체 모양의 원소다. 그런데 플라톤의 선배 철학자들이 기본 원소를 네 가지만 제안했던 탓에 그만 정십이면체에 대응시킬 만한 원소가 없었다. 일목요연하게 정리하면 이렇다.

정사면체　------------　불
정육면체　------------　흙
정팔면체　------------　공기
정십이면체　------------　?
정이십면체　------------　물

　정십이면체에 대한 티마이오스의 해석은 다른 도형에 비해 애매하다. 정십이면체는 '이 세계를 둘러싼 우주의 모양'이라는 언급이 등장하기는 한다. 또 다른 선택지는 과감하게 정십이면체에 해당하는 기본 원소 하나를 더 제안해 4원소설을 5원소설로 승급시키는 것이었겠지만, 위대한 플라톤에게도 선배들이 짜놓은 철학적 사유의 전통을 깨기가 쉽진 않았던 모양이다. 오히려 플라톤은 그의 책에서 왜 정십이면체는 나머지 정다면체와 다를 수밖에 없는지를 대단히 치밀하게 논증하려고 했다.

　플라톤의 사유는 완벽한 고체인 정다면체와 네 가지 원소 사이의 일대일 대응에서 한 걸음 더 나아가 예리한 수학적 관찰에까지 도달한다. 정사각형은 내각이 45-45-90도인 직각이등변삼각형 2개를 붙이면 만들어진다. 따라서 정사각형보다 더 기본적인 도형은 직각이등변삼각형이라고 볼 수 있다. 정삼각형은 내각이 30-60-90도인 직각삼각형 2개를 붙여서 만들 수 있다. 따라서 정삼각형보다 더 기본적인 도형은 내각이 30-60-90도인 직각삼각형이다. 정사, 정육, 정팔, 정이십면체는 두 기본 도형인 정삼각형과 정사각형의 조합이고, 이것은 다시 두 종류의 기본 직각삼각형의 조합으로 해석할 수 있다. 정다면체보다 더 기본적인 기하학적 단위는 두 종류의 직각삼각형이라는 점을 플라톤은 강조했다.

문제는 정십이면체였다. 정오각형 12개로 만들어진 게 정십이면체인데, 정오각형은 특이하게도 직각삼각형으로 분해할 수 없는 도형이다. 미운 오리 새끼처럼 정오각형은 정삼각형, 정사각형 형제들과는 성질이 좀 다르다. 가령 정삼각형을 빈틈없이 이어 붙이면 2차원 평면 전체를 다 덮을 수 있다. 정사각형을 이어 붙여도 마찬가지 성과를 낼 수 있다. 정오각형을 이어 붙이면? 어딘가 빈 자리가 생긴다. 축구공을 오각형과 육각형 조각으로 만드는 것도 그 때문이다. 오각형 조각만 붙여서는 축구공이 만들어지지 않는다. 플라톤의 분신 티마이오스는 정십이면체를 특정 원소에 대응시키는 대신 이 모든 물질세계를 감싸는 하늘의 모양에 대응시키는, 조금 애매한 해석으로 물질에 대한 기하학적 분류를 마무리한다.[*]

플라톤은 자연에서 관찰되는 네 원소 사이의 변환을 기본 삼각형들 사이의 이합집산으로 해석했다. 네 원소 중에서 불(정사면체), 공기(정팔면체), 물(정이십면체)은 정삼각형의 조합이고, 정삼각형은 다시

---

* 플라톤의 《티마이오스》가 남긴 이런 애매함 덕분인지 제5원소가 무엇인가에 대한 여러 가지 낭만적 주장이 역사적으로 끊임없이 존재해왔다. 뤽 베송이 감독한 영화 〈제5원소〉는 '사랑'이 곧 제5원소라는 암시를 준다.

30-60-90도의 직각삼각형으로 쪼개진다. 따라서 직각삼각형 조각들이 이합집산하다 보면 불(정사면체)이 물(정이십면체)이 되고, 물이 공기(정팔면체)가 될 수도 있다. 불(정사면체)로 물(정이십면체)을 끓이면 수증기가 된다. 수증기는 공기(정팔면체) 속으로 사라진다. 플라톤의 이합집산론이 제법 잘 들어맞는 느낌이 든다. 그뿐이 아니다. 정삼각형의 조합으로 만들어진 불과 공기와 물 사이에서는 상호 변환이 쉽지만, 정사각형으로 만들어진 흙이 다른 세 원소로 변신하거나, 그 반대 과정이 일어나기는 상대적으로 더 어렵다. 정사각형은 직각이등변삼각형으로 갈라지기 때문에, 30-60-90도 직각삼각형으로 갈라지는 나머지 세 원소와는 별로 친하지 않다. 그 덕분에 흙은 다른 세 원소에 비해 늘 본래 모습대로 남아 있으려는 경향이 크다. 얼마나 그럴 듯한 해석인가! 현대 과학에 대한 지식이 없는 상태에서《티마이오스》를 읽는 독자라면 플라톤이 그려낸, 우아한 수학적 진리와 자연 관찰 결과 사이의 교묘한 조화에 감탄한 나머지 그의 주장을 액면 그대로 받아들이고 싶은 마음이 우러나올지도 모른다. 플라톤의 저술은 치밀하고 설득력 있는 글쓰기의 표본이다.

플라톤의 사유에는 현대의 과학자가 보기에도 매력적인 점이 분명 있다. 그는 물질 사이의 변환을 마치 레고 블록을 재조합하는 것과 비슷한 과정으로 이해했다. 플라톤은 당시 알려진 첨단 수학적 결론을 치밀하게 물질세계에 적용해가는 과정에서 두 종류의 기본 레고 블록이 존재한다는 점을 깨닫는다. 두 종류의 직각삼각형, 혹은 정삼각형과 정사각형이 그것이다. 이 두 가지 기본 도형을 접합하다 보면 기본 다면체, 즉 네 가지 정다면체가 만들어진다. 물질은 정다면체의 조합으로 해석되고, 물질의 변환은 기본 도형의 이합집산으로 해석된다. 얼마나 깔끔한 물질 이론인가! 지금은 어떤가? 원자라는 기본 단위가 있고, 그것들의 재조합을 통해 대부분의 물질이 만들어진다.《티마이오스》와 현대 물리학은, 요리 재료는 많이 다르지만 조리법은 제법 비슷해 보인다.

플라톤 물질 이론의 두 번째 매력은 수학적 사고를 적극적으로 활용했다는 점이다. 뉴턴 이후에야 비로소 일상이 된 자연과학의 방법론, 즉 수학적 언어를 이용한 자연현상의 해석이라는 방법론이 일찌감치, 어쩌면 인류의 저술 중 최초로《티마이오스》에 동원되고 있다. 플라톤의 저술에선 구체적으로 다루지 않았지만, 정삼각형과 정사각형이 특별하게 보이는 것은 그 두 도형의 '대칭성' 때문이다. 다음 그림처럼 정사각형을 90도씩 돌리거나 뒤집은 뒤 본래 모양과 비교하면 완벽하게 겹친다. 정삼각형 역시 뒤집어도, 120도를 돌려도 똑같은 정삼각형이다. 다른 삼각형이나 사각형에는 이런 풍부한 대칭성이 존재하지 않는다. 이런 도형의 대칭성은 나중에 군群, group 이론, 군론이란 이름의 정교한 수학적 이론으로 발전한다. 현대 물리학에서 기본 입자의 성질을 이해하고, 분류하기 위해 사용하는 방법론을 하나만 꼽으라면 단연 대칭성의 수학, 즉 군론이라고 단언할 수 있다. 정삼각형과 정사각형의 대칭적 아름다움을 물질 이론에 도입한 플라톤의 시도는 현대에 들어와서 아름다운 수학으로, 기본 입자를 분류하는 이론으로 발전했다.

이런 매력적인 측면에도 불구하고《티마이오스》에는 '플라톤의 실수'라고 부를 만한 대목이 몇 군데 눈에 띈다. 물론 플라톤 이후 수천 년간 축적된 지식의 탑을 근거로 그의 이론을 되돌아보았을 때 발견

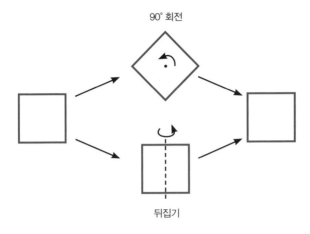

90° 회전

뒤집기

▲ 정사각형은 90도 회전해도, 가운데를 축으로 삼아 돌려도 본래 모양과 일치한다.

되는 실수라는 뜻이다. 또한 내가 개인적으로 느끼는 소감을 말하려는 것이지 과학사에서 일반적으로 받아들여지는 지적 사항은 아니라는 점을 분명히 하면서 이야기를 계속해본다.

플라톤이 기본 도형의 종류가 단 2개라고 파악한 것까지는 대단히 우아한 관찰이었다. 그런데 그다음 대목에서 그는 각 도형에는 작은 정삼각형, 큰 정삼각형, 초소형 정사각형 등 제각각 다른 크기가 있다고 선언한다. 크기가 다른 삼각형을 조합하다 보면 정다면체의 크기도 제각각일 텐데, 그 정다면체의 크기에 따라 물맛도 제각각이고, 공기도 신선한 공기, 축축한 공기, 진한 공기, 희박한 공기가 된다는 식의 주장을 펼친다. 결국 물질의 다양성은 기본 도형의 크기가 제각각인 데서 비롯된다는 주장을 한 셈이다. 원자 모양의 다양성이라는 데모크리토스의 가설이 플라톤의 이론에서 도형 크기의 다양성이라는 이름을 달고 부활한 느낌마저 든다. 플라톤은 당대의 지성이었지만 여전히 삼각형, 사각형 따위의 간단한 도형만을 갖고 삼라만상을 다 만들어낼 수 있다고 확신하기엔 좀 두려웠나 보다.

현대 물리학은 물질의 다양성을 어떻게 이해하는가? 우선 양성자와 중성자와 전자라는 세 가지 기본적인 입자를 이용해 원자를 만든다. 이렇게 원자를 만들어내는 1단계 조립이 끝나면, 여러 개의 원자를 붙여 분자를 만든다. 원자는 불과 100개 정도밖에 없지만 분자의 개수는 사실상 무한히 많다. 데모크리토스가 꿈꾸었던 무한히 많은 종류의 원자는 사실 원자보다는 분자에 훨씬 가까운 개념이다. 단맛, 짠맛, 반짝임과 탁함, 단단함과 부드러움, 이런 다양한 속성은 원자나 분자를 조립해 어떤 덩어리 물질을 만들어가는 과정에서 드러나는 '발현 성질 emergent property'이다. 똑같은 탄소 원자를 조합해도 그 결합 방식에 따라 다이아몬드가 되기도 하고 연필심이 되기도 한다. 원자는 지극히 단순해도, 원자를 조합하는 방식은 무궁무진하고, 따라서 발현되는 성질도 무궁무진하다. 그러나 그리스의 지성은 눈에 보이는 물질의 다양성이 눈에 보이지 않는 원자 그 자체에 이미 내포되어 있어야 한다고 믿었던 모양이다.

발현성emergence, 즉 단순한 부품을 조립해서 본래 부품에는 없던 전혀 새로운 기능의 새 물질을 만들 수 있다는 관점은 현대 과학에서 자연과 물질세계를 이해하는 기본틀로 자리잡았다.* 발현성의 의미를

---

* 혹시라도 철학, 특히 변증법에서의 '양질변환'을 떠올리는 독자가 있다면, 물리학에서는 이미 양질변환이 자연현상을 이해하는 원리로 오래전부터 인정받고 있다고 믿어도 좋다.

제대로 이해하기는 그다지 어렵지 않다. 예술적, 공학적 지능이 탁월한 아이들에게 레고 블록을 무제한으로 공급해주고, 며칠 뒤에 아이들이 제각기 만들어낸 작품을 감상하러 온 어른의 입장이 되어보면 충분하다. 레고의 부품 종류는 수십 개, 많아야 수백 개이지만, 아이들이 만들어낸 작품의 다양성은 창작자의 수와 창작에 들인 시간에 비례해 풍부해진다. 플라톤이 살던 시절에 레고 장난감이 있었더라면, 그리고 그리스의 어린이들이 레고를 이용해 만들어낸 무궁무진한 창작품을 그가 목격할 수 있었더라면, 그의 철학적 사유에서 삼각형의 크기가 제각각이라는 주장은 빠졌을지도 모른다.

《티마이오스》의 자연관에 드러난 두 번째 실수는 기본 도형의 이합집산을 주도하는 동력, 즉 그 원인에 대한 고찰이다. 플라톤은 기본 입자(그에게는 기본 삼각형과 사각형) 사이의 상호작용을 신의 (선한) 의지의 표현이라고 보았는데, 이 대목에서 데모크리토스의 자연관, 즉 감정이나 의도가 배제된 순수한 인과론적 원리에 따라 상호작용이 발생한다는 관점에 적극적으로 반발하는 플라톤의 모습이 그려진다. 《티마이오스》를 쓴 플라톤에게는 초자연적인 존재를 완전히 배제한, 자연이 알아서 스스로 작동하는 기계론적 세계관이 불편했던 것 같다. 물리학이 발전하면서 그 초자연적인 존재의 개입은 중력 법칙, 전자기학 법칙, 강하고 약한 상호작용 법칙으로 점차 치환되어갔다. 중력 법칙은 17세기, 전자기학 법칙은 19세기, 그리고 강하고 약한 상호작용 법칙은 20세기에 들어와서야 완성된, 그 사이에 이루어진 실험 도구의 비약적 발전과 그 도구를 이용한 관찰 결과가 아니었다면 만들어질 수 없는 이론이었다. 이 두 번째 실수의 원인은 그의 지적 능력의 한계가 아니라 그가 너무 일찍 태어났다는 데 있다. 그에게 주어졌던 지식 더미는 제대로 된 물질의 상호작용 이론을 만들기엔 너무나 불충분했다.

플라톤의 세 번째 실수는 앞선 두 가지 실수에 비해 훨씬 사소해 보이긴 하지만, 현대의 물질 이론 관점에서는 상당히 중요하기에 여기서 지적하고 넘어갈까 한다. 그는 삼각형과 사각형 자체를 기본 원소로 보지 않고, 그것들을 조합해 만든 다면체만을 원소로 보았다. 삼각형, 사각형과 플라톤식 다면체의 근본적인 차이는 무엇인가. 한쪽은 2차원 도형이고, 다른 쪽은 3차원 도형이다. 플라톤은 무의식 중에 물질은 3차원적이라고 가정해버렸다! 너무나 얇아서 두께가 아예 없는 2차원 물질, 너무나 가늘어서 두께와 폭이 아예 없는 1차원 물질은 플라톤의 상상력이 허용하는 범주 밖에 있는 물질이었던 것이다. 이 통념을 깨고 물리학자와 화학자와 재료과학자들이 1, 2차원 물질을 탐구하게 된 것은 20세기 후반에서야 가능해졌으니 꼭 이 그리스의 현자를 탓할 일은 아니다. 이 책의 여러 단원에서 다룰 기묘한 물질 현상은 3차원 물질이 아니라 2차원 물질에서 종종 벌어진다. 플라톤의 세 번째 실수는 20세기 후반의 물질과학자들에게는 오히려 개척해야 할 멋진 신세계였다.

부분과 전체

브루클라인 고등학교에서의 1년을 마치고 귀국해서 고등학교 1학년 2학기를 우왕좌왕 보낸 나는 그해 겨울방학에 자율학습 제도에 맞춰

학교에 다니고 있었다(당시 고등학교에서는 야간 자율학습, 그리고 방학 중 자율학습이 유행이었다). 어느 날인가, 버스 안에서 그해의 학력고사 전국 수석은 모 학교의 여학생이고 물리학과를 지망한다는 라디오 뉴스를 들었다. 그리고 며칠 뒤엔 이 선배가 개학하기 전까지 남은 겨울을 하이젠베르크Werner Heisenberg(1901~1976, 1932년 노벨 물리학상 수상)의 책《부분과 전체Der Teil und das Ganze》를 읽으면서 물리학자가 될 꿈을 키운다는 신문 기사를 접했다. 물리학자가 되기로 마음을 정했던 나에게 그 소식이 주는 파장은 상당했다. 그로부터 2년 뒤, 역시 물리학과에 합격한 나는 그 선배가 했던 것처럼 겨울 방학 때《부분과 전체》를 읽으면서 물리학 공부에 대한 기대를 조금씩 부풀렸다.

《부분과 전체》는 양자역학 이론을 만든 인물 중 하나인 하이젠베르크의 자전적 철학 수필이다. 그 자신이 대학 입학을 목전에 두고 있을 무렵, 그리스어 수업에서 숙제로 받은《티마이오스》를 읽으면서 플라톤이 설파한 기하학적 물질관에 대해 회의를 느끼는 장면이 책 도입부에 등장한다. 그런 회의감을 안고 대학교에서 물리학 공부를 본격적으로 시작한 하이젠베르크는 그로부터 불과 5년 만에, 다른 몇몇 이론 물리학자들과 함께 양자역학이라는 빛나는 이론을 만들어냈다. 양자역학이 만들어지자 곧 그로부터 몇 년 사이에 제대로 된 물질 이론이 하나씩 만들어졌다. 고대 그리스의 물질 이론 이후 2천 년 넘게 변변한 발전이 없다가 20세기 초반 양자역학의 발견과 함께 정답이 무더기로 쏟아져 나온 것이다. 지금으로부터 불과 100년 전의 일이다.

희랍의 철인들이 제시한 자연과 물질에 관한 가설은 (엄밀한 의미에선) 모두 틀린 답으로 밝혀졌다. 물리학자를 꿈꾸는 대학생 새내기가 꼭 《티마이오스》를 읽을 필요도 없어졌다. 그리스 철학에서 얻어낼 쓸 만한 정보는 사실상 없다. 하지만 그렇다고 21세기에 과학을 하는 우리가 그리스 철학자들에게 진 빚이 하나도 없다는 뜻은 아니다. 소 싯적엔 명성이 드높았는데, 나이가 들어 더 이상 유행을 못 따라가는 학자들이 많다. 모든 과학자들이 받아들여야 할 운명이기도 하다. 비 록 그들이 과학 현장에서 더 이상 생산적인 일은 못하지만, 지금 세대 의 과학자들은 여전히 그들에게 빚을 지고 있다. 왜냐하면 우리가 하 는 일이란 결국 선배 과학자들이 해놓은 일의 연장이거나, 그들이 저 지른 오류의 수정이거나, 아니면 그들이 미처 하지 못했던 발견이나 일반화이기 때문이다. 어찌됐건 그들이 만들어놓은 틀을 완전히 벗어 난 사고나 시도는 상상하기 힘들다.

서양 철학 전체가 따지고 보면 플라톤 철학의 주석 달기에 지나지 않 는다는 20세기 철학자 화이트헤드의 지적이 떠오른다. 같은 궤도에서 보자면 서양의 물리학이 지난 수십 세기에 걸쳐 탐구했던 대상인 '우 주'와 '입자'와 '물질'은 결국 플라톤의 정십이면체(우주), 나머지 4개 의 정다면체(입자), 그리고 그 다면체가 결합해서 만든 복합체(물질) 아니었을까. 플라톤은 기본 삼각형과 사각형이 서로 충돌하고 자리바 꿈하면서 물질이 변화한다고 했다. 이젠 그 기본 도형이 쿼크와 전자 와 빛 알갱이들로 바뀌었지만, 소립자들 사이의 충돌과 상호작용을 통 해 물질의 변화를 이해한다는 틀 자체는 플라톤이 상정했던 그림에서 크게 벗어나지 않는다. 더 이상 나눌 수 없는 그 무엇이 존재한다는 주 장만 떼어놓고 본다면 엠페도클레스와 데모크리토스와 플라톤의 답 안은 기본적으로 옳다. 비록 그리스인들이 내놓은 '답'은 구체적으로 들여다보면 볼수록 부정확했지만 그들이 했던 '질문'은 아주 적확한 과학적 질문이었다. 현대 과학은 그들이 제시했던 답안 곳곳에 보였던 빈칸을 두리뭉실한 언어 대신 치밀한 수학적 언어로 채워주었다.

플라톤 이후 수천 년에 걸친 세월은 이런 빈칸 채우기에 필요한 과학적 실험 도구와 수학적 언어를 개발하는 데 걸린 시간이라고 생각한다. 고대 그리스인들도 이미 3차원에 존재할 수 있는 정다면체는 오직 5개라는 걸 증명할 정도로 뛰어난 머리를 갖고 있었지만, 아직 그들에겐 충분히 많은 도구와 언어가 없었다. 과학적 실험 도구와 수학적 언어를 준비하는 데는 그만큼 오랜 시간이 필요했던 것이다. 일단 이런 도구들이 마련되고 나면, 굳이 플라톤급의 최고 지성이 아니더라도 과학적 진리를 스스로 발견하는 것이 가능해진다.

현대 물질 이론

이제 양자역학도 만들어진 지 거의 한 세기가 지났다. 양자역학적 물질관의 핵심에는 여전히 원자라는 기본 단위가 견고하게 자리잡고 있다. 현대판 원자의 모습은 어떤 것인지 한번 짚어보자. 일단, 우주에는 100여 종의 원자가 있다. 정확히는 118개의 원자가 있지만, 마지막 몇 개는 실험실에서 인공적으로만 만들어낼 수 있고, 또 만들어도 금방 붕괴해버리기 때문에 물질을 구성하는 원자로서의 구실은 하지 못한다. 원자라고 하면 수소, 헬륨, 탄소, 질소, 산소, 철, 이런 것들이 떠오른다. 원자는 그 자체로 쪼개질 수 없는 대상이 아니라 양성자, 중성자, 전자라는 세 가지 기본 입자를 조합해 만든 복합체다. 기본 입자는 불과 3개뿐인데, 원자는 100여 가지나 존재한다. 주방엔 단 세 가지 재료밖에 없는데, 요리사는 100개가 넘는 요리를 만들어낸다. 그 조리법은 놀라울 정도로 간단하다.

1번 원자인 수소는 양성자 하나, 전자 하나가 서로 뭉쳐 만들어진다. 양성자를 중심으로 그 주변에 전자 하나가 존재한다. 양성자는 양의 전하, 전자는 음의 전하를 갖고 있고, 반대 전하를 가진 입자 사이에는 서로 끌어당기는 전기력이 작용한다. 양성자의 질량은 전자의 질량보다 무려 2천 배 가까이 크지만 막상 전하량은 전자의 전하량과 똑같다. 다만 그 부호가 다를 뿐이다. 전기적인 끄는 힘 덕분에 전자는 양성자에 속박된 상태로 남아 있다. 이 간단한 그림은 모든 원자에 적용된다. 주기율표에서 N번째로 등장하는 원자는 N개의 양성자를 N개의 전자가 둘러싼 형태이다. 좀 더 정확히 말하면 원자핵이 극히 작은 공간에 국소화되어 있고, 그 주변을 N개의 전자가 움직이고 있다. 수소 원자의 원자핵은 양성자 단 1개로 만들어진다. 그런데 그다음 원자부터는 양성자와 중성자가 같이 모여 원자핵을 만든다. 헬륨 원자의 핵은 양성자 2개, 그리고 중성자 2개가 서로 똘똘 뭉쳐 만들어졌다. 양성자는 양의 전하를 갖지만, 중성자에는 전하가 없기 때문에 전기력도 전혀 작용하지 않는다. 양성자끼리는 강한 전기력으로 서로 밀쳐내려는 경향이 있다. 그럼에도 불구하고 양성자와 중성자가 한 곳에 묶여 원자핵을 만드는 이유는 전기력보다 훨씬 강한 힘이 작용해서 이것들을 핵이라는 형태로 단단히 묶어주기 때문이다. 이 힘을 강한 힘, 또는 강한 상호작용strong interaction이라고 부른다.

강한 상호작용을 제대로 이해하려면 양성자, 중성자가 좀 더 기본적인 입자, 즉 쿼크quark로 만들어졌다는 사실부터 시작해야 한다. 양성자는 2개의 업-쿼크와 1개의 다운-쿼크가 붙어 있는 복합체이고, 중성자는 1개의 업-쿼크와 2개의 다운-쿼크로 만들어졌다. 쿼크라는 기본 입자의 존재를 밝혀낸 것은 두말할 나위 없는 현대 물리학의 대표적 업적이다. 그러나 이 책에서 관심을 두는 물질세계에서는 쿼크라는 것이 특별한 역할을 하지 않는다. 양성자, 중성자를 출발점으로 두고 물질세계를 이해해도 별 문제가 없다. 양성자와 중성자가 뭉쳐서 원자핵을 만들고, 그 주변에는 양성자와 똑같은 개수의 전자가 포진해서 원자를 만든다. 이 원자가 물질세계를 이해하는 출발점이다. 원자에서 출발해서 점점 더 작은 세계를 탐구해가는 것이 입자물리학의 일이라면, 같은 원자에서 출발해서 점점 더 큰 세계를 탐구해가는 것이 물질물리학의 임무다.

양성자는 양의 전하를 갖고 있고, 전자는 음의 전하를 갖고 있다. 양의 전하와 음의 전하에는 서로를 당기는 힘이 있다. 양성자를 회사를 설립한 창업자에 비유해보자. 열 명의 양성자가 의기투합해 새로운 벤처 회사를 차렸다. 각 창업자는 함께 일할 직원을 한 명씩 데리고 온다. 인재는 다다익선이라 창업자마다 여러 명의 직원을 데리고 오려 하지만, 그걸 방해하는 요소가 있다. 영입된 직원들은 서로 경쟁한다. 음의 전하를 가진 전자들이 서로 밀어내는 전기적 힘으로 다른 전자를 견제한다. 열 명의 창업자가 열 명의 직원을 데리고 오면, 이젠 직원들 사이의 밀어내기 경쟁이 너무 심해져서 더 이상 직원을 영입할 수 없는 지경에 이른다. 물리학적인 언어로 표현하자면 양성자의 전하량과 전자의 전하량을 합한 알짜 전하량 N+(-N)=N-N이 0이 되는 순간, 더 이상 외부에 전기력을 행사할 수 없게 되고, 원자는 안정적인 상태가 된다. 전기적 끄는 힘은 알짜 전하가 있는 물질만 행사할 수 있는데, 같은 수의 양성자와 전자가 모이게 되면 총체적으론 더 이상 알짜 전하가 없는 상태가 되어버린다. 원자 주변에 새로 전자가 나타나도 그걸 영입할 여력이 남아 있지 않다. 그래서 N개의 양성자와 N개의 전자로 이루어진 복합체는 안정된 상태이다. 전기적으로 중성인 원자가 모여서 만든 게 물질이다 보니, 물질 또한 전기적으로 중성일 수밖에 없다. 일시적으로 원자에서 전자 한두 개를 떼어내서 이온 상태를 만들 수는 있지만, 얼마 못 가서 이온은 다시 전자를 구해 와 중성적인 원자 상태로 되돌아간다.

알고 보니 원자를 만드는 방법이 요리법치곤 너무나 간단하다. 지극히 간단한 이 답을 찾는 데 2천 년이 넘는 세월이 걸렸다. 그만큼 원자 세계를 탐색하는 데 필요한 실험 도구를 만드는 작업이 간단치 않았다.

만약 레고 회사 제품을 하나 샀는데 개봉해보니 부품 중에 불량품이 있었다면, 우리는 그걸 반품하고 다른 제품을 새로 받으려고 할 것이다. 우리가 산 물건에 대해 반품을 요구할 때는 어떤 두 제품도 완벽하게 똑같지는 않다는 믿음이 은연중에 이미 작용하고 있다. 정말 완벽하게 동일한 제품만 있다면 반품이란 행위는 전혀 의미가 없어진다. 실제로는 어떤가. 아무리 똑같은 기계로 찍어낸 레고 블록이라고 해도 정말 완벽하게 같을 수는 없다. 비록 미세한 차이일지라도 아주 약간의 무게 차이, 길이 차이, 색깔 차이가 있을 것이다. 다만 그 차이가 소비자가 요구하는 기준보다 훨씬 작기만 하면, 같은 물건인 셈치고 소비자에게 팔 수 있다.

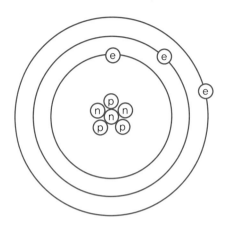

▲ 원자를 설명하는 일반적인 그림. 가운데는 양성자 p(proton)와 중성자 n(neutron)이 똘똘 뭉친 원자핵이 있고 그 주변엔 양성자 개수만큼의 전자 e(electron)가 원 모양 궤도를 돌고 있다. 실제 원자핵은 그림에 보이는 것보다 훨씬 작은 공간에 국소화되어 있다. 전자가 원 모양의 궤도를 돌고 있는 모양은 설명의 편의를 위해 도입한 그림일 뿐 양자역학적 현실과 많이 다르다. 원자 속 전자의 상태를 제대로 이해하려면 디지털화된 양자수란 개념을 동원해야 한다(본문 참조).

이번엔 '우주'라는 회사가 조립한 상품 '원자'에 얼마나 신뢰성이 있을까 생각해보자. 내가 숨쉬고 있는 산소 분자가 마음에 들지 않는다고 다른 산소 분자로 교체해달라는 게 의미 있을까? 아니다. 원자, 분자의 세계에선 반품의 의미가 없다. 모든 원자는 완벽하게 동일하고, 따라서 원자의 조합으로 만들어진 분자도 완벽하게 동일하다. 왜 모든 원자는 완벽하게 동일한가. 일단 그 원자를 구성하는 재료, 즉 전자와 양성자와 중성자가 우주 어디서 구해 왔든 상관없이 모두 동일하기 때문이다. 그렇다면 왜 모든 양성자는 서로 동일하고, 모든 전자도 서로 똑같을까? 그건 자연법칙이 단 하나밖에 없기 때문이다. 만약 지구에서 발견된 전자의 질량과 안드로메다에서 발견된 전자의 질량이 서로 달랐다면, 은하계와 안드로메다의 물리법칙은 서로 달라야만 한다. 하지만 그렇다는 증거는 전혀 없다. 매우 세속적인 사고에 익숙한 사람이라면 "에이, 세상에 완전히 똑같은 게 어디 있어. 아주 조금씩은 차이가 나겠지"라는 쪽에 오백 원을 걸겠지만 어쩌겠는가. 우주에는 정말 단 한 종류의 전자, 단 한 종류의 양성자, 중성자밖에 없다. 우주는 순진하리만치 적은 가짓수의 재료만을 사용해 요리를 만드는 주방이다.

예리한 독자라면 이번엔 이런 의문을 제기할 수 있다. 설령 재료가 완벽히 똑같다 하더라도, 조리 방법에 따라 요리는 달라질 수 있다. 똑같은 쌀포대에서 꺼낸 쌀이라도 씻고 익히는 방식이 다르면 밥맛이 다르지 않은가. 그러니까 양성자 10개, 전자 10개를 모아 만든 네온 원자라도 만들 때마다 조금씩 다른 물건이 나오지 않겠는가? 아무리 솜씨 좋은 장인이 만들었던들, 그가 만든 10개의 물건이 완벽하게 똑같을 리 없다. 하물며 원자는 누가 작업장에서 정성들여 만들어내는 것도 아니다. 그저 양성자와 전자와 중성자가 만나면 저절로 만들어지는 자기 조립 물질에 불과하다. 아무리 공정 관리를 철저히 하는 공장이라도 거기서 만들어지는 제품이 완벽하게 똑같지 않다는 걸 우리는 잘 알고 있다. 그런데 막상 이 우주에서 가장 정밀하게 제작되고 있는 원자라는 제품은 누구의 감독과 손길도 거치지 않은, 자기 조립 물질이라는 것이 믿기는가. 만약 그게 사실이라면 거기엔 뭔가 대단한 비법이 있어야 한다. 그 답을 알고 싶다면 원자의 구조를 지배하는 진짜 법칙, 양자역학의 원리를 알아야 한다.

태양과 그 주변을 궤도 운동하는 행성으로 이루어진 태양계를 떠올리면 원자의 구조를 어느 정도 직관적으로 이해할 수 있다. 예를 들어

전자를 10개 가진 네온 원자에선 10개의 전자가 원자핵 주변을 서로 이리저리 도는 운동을 하고 있을 것이다. 매우 작은 크기의 태양계를 연상해도 좋다. 원자 하나의 크기는 대략 사람 키의 100억분의 1 정도밖에 안 된다. 한편으로는 이렇게 작은 공간에 많은 전자가 돌아다니다 보면 서로 부딪치는 경우도 있지 않을까 걱정된다. 충돌해서 전자 하나가 원자 밖으로 튀어나가기라도 하면 큰일이다. 그럼 더 이상 똑같은 원자가 아닐 테니까 말이다. 또 다른 걱정이 있다. 같은 이름의 원자가 모두 완벽하게 동일하려면 원자핵 주변을 도는 전자의 궤도 또한 완벽하게 같아야 한다는 뜻일 텐데, 이건 마치 우리 태양계와 완벽하게 똑같은 제2, 제3의 태양계를 마음껏 복제할 수 있다는 주장과 유사하게 들린다. 그런데 자연은 정말로 이런 완벽한 복제 기술을 갖고 있다.

복제의 비법은 양자역학이 제공하는 자연의 디지털화에 있다. 디지털과 아날로그의 차이는 CD와 LP의 차이를 생각하면 이해하기 쉽다. CD는 음악의 정보를 0과 1이란 숫자의 조합으로 변환한다. 0과 1 사이엔 무수히 많은 다른 숫자들이 있지만 이런 것들은 하나도 정보 저장에 사용하지 않고 오로지 0과 1이란 숫자의 배열로만 정보를 저장한다. 그러다 보니 CD는 0.25, 0.872에 해당하는 정보는 저장하지 못하게 되고, 미묘한 음색의 차이까지는 살려내지 못한다는 비판도 있었다. 반대로 LP에는 그런 미묘한 차이가 허용되기 때문에 동일한 앨범 두 장을 사더라도 재생되는 음악이 완전히 같을 수 없다. 한쪽에서 0.872로 저장된 음이 다른 LP판에선 0.873으로 저장되기 때문이다. 아무리 정성 들여 판을 제조한다고 해도 이런 미묘한 차이까지 모조리 제거해서 완벽한 복제판을 만들 수는 없는 노릇이다. 그런 까닭에, 만약 우리가 저장하고 보존하려는 정보가 완벽히 재생, 재현 가능한 것이어야만 한다면, 아날로그 방식 대신 0과 1 같은 디지털 저장 방식을 취할 수밖에 없다.

양자역학이 그려낸 세계관에서는 전자의 '궤도' 개념이 아예 빠져버렸다. 궤도라는 것을 도화지에 한 번 그리기는 쉽지만 똑같은 궤도를 두 번 다시 그리기는 어렵다. 궤도는 그런 점에서 LP판과 비슷하다. 그러나 원자의 세계에선 CD만 취급한다. 양자역학은 원자핵 주변을 맴도는 전자들에게서 궤도 개념을 빼앗는 대신 전자가 들어갈 방의 방 번호를 만들었다. 예를 들자면 수소 원자핵을 맴도는 전자는 방 번호가 1000인 방에 들어간다. 헬륨 원자에 있는 2개의 전자가 배정받은 방은 1000호실과 1001호실이다. 끝자리 숫자가 다르기 때문에 두 방은 엄연히 다른 방이다. 리튬 원자에 등장하는 세 번째 전자는 2000호실에 투숙한다. 그다음 전자 손님이 갈 곳은 2001호다. 이렇게 어떤 물리학적 의미가 있는 각 수를 양자수quantum number라고 부른다. 중요한 것은 모든 전자가 지정된 번호의 방에만 들어갈 수 있다는 것이다. 어떤 전자도 방 2개를 한꺼번에 차지하는 무례를 범할 수 없고, 새로운 방을 멋대로 만들어 들어갈 수도 없다. 방문턱에 걸터앉아 몸의 절반은 방 안에, 나머지 절반은 방 밖에 두는 것도 허락되지 않는다.

이렇게 엄한 규칙이 있다 보니 오히려 원자를 복제하는 일은 참 쉬워진다. 번호가 똑같은 방에 전자 고객을 투숙하게만 하면 완벽한 복제가 된다. 까다로운 독자라면, 같은 1001호라도 전자가 그 방의 거실에 있을 때랑 침실에 있을 때는 서로 다른 상태 아니냐, 이렇게 반문할 수 있다. 그러나 자연의 헌법에 따르면 이 방에는 거실도, 침실도, 화장실도, 창문도 없다. 방은 그저 방일 뿐이고, 오직 그 방에 손님(전자)이 들어와 있느냐 없느냐라는 이분법적인 구분만 허용된다. 양자역학의 법칙이 그러하다. 원자는 호텔과 같다. 호텔의 몇 번 몇 번 방에 손님이 투숙했느냐에 따라 그 호텔의 상태가 완벽하게 결정된다. 궤도라는 개념 대신 방 번호(양자수)로써 물질의 상태를 규정하는 것이 양자역학의 진수다.

과학자가 가장 슬퍼해야 할 때는 그가 했던 일이 실패했을 때가 아니라, 무의미할 때이다. 그 결론만 놓고 보면 실패한 이론이었지만, 역사적으로 볼 때 《티마이오스》는 최초의 물질 이론을 담은 책이라고 해도 손색이 없는 보석 같은 요소를 담고 있다. 특히 엄밀한 수학 증명 결과를 자연현상 해석에 적용했다는 점을 가장 매력적인 측면으로 들고 싶다. 《티마이오스》이후 25세기에 걸쳐 물질의 본질에 대한 탐색이 있었다. 그 결론을 한마디로 내리면 이렇다.

'모든 물질은 양자 물질이다.'

30년 후

2014년 2월, 추운 한국의 겨울을 뒤로하고 더욱 혹독한 추위와 눈보라가 기다리는 보스턴으로 나는 두 자식들을 데리고 떠났다. 내가 부모님을 따라갔던 그 동네로 이번엔 내가 자식들을 거느리고 안식년을 떠났다. 1983년의 미국은 내게 천국과 다름없었다. 한국에선 1년에 한번 겨우 입맛 다시기로 먹을까 말까 했던 바나나를 매일같이 먹을 수 있는 천국이었다. 그런데 한국은 30년 만에 참 빨리도 변해서 나의 자식들이 접한 미국은 물질적으로 전혀 놀라움을 주지 못했다. 다행히 내가 다녔던 그 고등학교는 외관조차 변하지 않은 채 그대로 그 자리에 있었고, 나는 아들에게 그 학교를 다니는 체험을 복제시키는 데 성공했다. 브루클라인 고등학교에서 수학과 물리학에 흥미를 느낀 아버지는 물리학자가 되기로 마음먹고 귀국했었고, 아들은 물리학 대신 컴퓨터 과학에 흥미를 발견하고 돌아왔다. 어차피 완벽한 복제는 원자나 분자의 세계에서나 가능한 일이다. 물질세계의 매력은 다양성에 있고, 물질이 다양한 이유는 발현성 때문이다. 인간의 힘으로 발현성을 어느 정도 제어할 수는 있지만 완벽하게 통제할 수는 없다.

2

꼬인 원자

헬름홀츠

20세기 초반 양자역학에 기반을 둔 원자론이 등장하기 전, 뉴턴으로부터 시작된 고전 물리학이 서서히 현대 물리학으로 탈바꿈해가던 시절, 지금은 물리학 교과서에서 더 이상 취급하지 않는 독특한 원자론이 반짝 등장했다 사라진 적이 있다. 자연의 기본 입자 중 가장 먼저 발견된 입자인 전자조차 아직 발견되기 전, 19세기 영국의 탁월한 이론물리학자 윌리엄 톰슨William Thomson(1824~1907)이 제안한 원자론이 그것이다. 양자역학의 지지를 받은 원자론은 가운데 원자핵이 있고 그 주변에 전자가 포진한 모형이었지만, 톰슨의 원자론은 이런 모형과는 조금도 닮은 점이 없는 독창적인 제안이었다. 비록 톰슨의 제안은 나중에 이루어진 각종 실험적 결과와 일치하지 않아 원자를 설명하는 이론으로서의 자격을 잃고 일장춘몽으로 물리학사에서 스러지고 말았지만, 그 제안 자체가 지녔던 묘한 매력은 그 이후에도 물리학자들의 기억 속에 남아 여러 차례 부활하는 과정을 반복했다. 실패한 듯하지만 실패하지 않았던, 어떤 멋진 원자에 대한 생각을 여기 소개하려고 한다. 우선 이 모든 이야기의 시발점이 된, 특이하고 대단한 이력을 가진 과학자 한 명을 소개한다.

만약 과학에도 명예의 전당이 있다면 그 전당에 이름을 올릴 만한 전설적인 과학자는 얼마나 될까? 뉴턴의 시대를 출발점으로 잡아도 줄잡아 400년 가까운 과학의 역사가 있다 보니 그 사이에 수많은 과학 영웅이 태어나 각자의 시대를 풍미하고 갔다는 사실도 그리 놀랍지 않다. 그러나 그중에 노벨상을 두 번씩이나 수상한 사람은 역사상 단 네 명이 있을 뿐이다. 한 명은 우리에게 너무나 잘 알려진 마리 퀴리Marie Curie(1867~1934)로, 그녀는 방사성 물질의 발견과 연구로 1903년 노벨 물리학상을, 1911년 노벨 화학상을 수상했다.* 그 외엔 라이너스 폴링Linus Pauling(1901~1994)이 노벨 화학상(1954년)과 노벨 평화상(1962년)을 한 번씩, 존 바딘John Bardeen(1908~1991)이 반도체와 초전도체 연구로 노벨 물리학상을 두 번(1956년, 1972년), 프레더릭 생어 Frederick Sanger(1918~2013)는 노벨 화학상을 두 번(1958년, 1980년) 수상했다. 서로 다른 분야에서 노벨 과학상을 수상한 사람은 아직까지 퀴리가 유일하다. 누군가는 물리학과 생리학, 혹은 생리학과 화학 분야에서 2개의 노벨상을 받을 만도 한데 아직까지 그런 수상자는 없다.

호기심이 발동해 3개의 노벨 과학상에 가장 근접했던 과학자가 누굴

----

* 여성에게 고등교육의 기회를 주는 것조차 아직 생소하던 시절임에도 불구하고 여성 최초로 노벨상을 받았고, 노벨상을 두 번 수상한 최초의 과학자이자 유일한 여성이라는 사실에서 그 당시 마리 퀴리의 위상이 어땠는지 짐작할 수 있다.

까 생각해보니, 떠오르는 이름이 하나 있다. 19세기를 살다 간 독일의 과학자 헬름홀츠Herman Ludwig Ferdinand von Helmholtz(1821~1894)다.* 그는 고등학교 시절부터 물리학을 좋아했지만, 가정형편이 좋지 않아 장학금을 받으면서 공부할 수 있는 전공을 택하다 보니 대학교에서는 물리학 대신 의학을 전공했다. 일정 기간 의사로 복무해야 한다는 조건이 붙은 장학금이라, 대학을 졸업한 뒤 5년간 군의관으로 일하다가 비로소 대학 교수 자리를 얻었다. 물리학과가 아닌 생리학과 교수로 지내다가 50세에 들어서야 훔볼트대학교 물리학과 교수 자리로 옮겼다. 그의 독특하고 꼭 반듯하지만은 않은 인생 궤적 때문인지, 그의 업적도 종횡무진 여러 학문 분야에 걸쳐 있다.

헬름홀츠가 젊은 의학자 시절 집착했던 질문은 과연 당시 학계의 믿음대로 "근육의 힘이 '생체 에너지vital force'로부터 유래할까" 하는 것이었다. 그는 아리스토텔레스로부터 유래한 생체 에너지(동양식으로 번역하면 '기 에너지'와 유사하지 않을까 싶다)라는 개념이 검증 불가능하며 과학적이지 않다는 신념을 갖고 있었고, 실험을 통해 그의 믿음이 검증되길 바랐다. 1847년 26세의 나이에 발표한 걸작《힘의 보존에 관하여Über die Erhaltung der Kraft》에서 그는 물리학에서 확립된 총 에너지 보존법칙이 생체 현상에도 유효하게 적용되며, 따라서 생체 에너지라는 별도의 개념은 필요하지 않다는 점을 치밀한 논증으로 지적했다. 뿐만 아니라 1882년에는 뉴턴역학에서 말하는 에너지와는 구분

---

* 노벨상은 1901년부터 첫 수상자가 나왔고, 생존해 있는 사람에게만 준다. 19세기 말에 사망한 헬름홀츠는 수상 대상이 될 수 없었다.

되는 새로운 종류의 에너지, 즉 자유 에너지free energy라는 개념이 열역학적 현상을 다룰 때 유용하다는 점을 간파했다.

자유 에너지란 이런 것이다. 뜨거운 물체를 공기 중에 놓아두면 점점 식어 주변 온도와 같아진다. 물체가 식으면서 그 물체가 갖고 있던 에너지도 줄어든다. 자연의 변화는 에너지가 점점 작아지는 방향으로 일어나게 마련이다. 그럼 왜 이 물체는 계속 식어서 절대영도만큼 차가워지지 않을까? 상온의 물체보다 절대영도의 물체는 당연히 더 에너지가 낮은데 말이다. 그 이유는 물체가 에너지 대신 헬름홀츠가 제안한 자유 에너지를 낮추는 쪽으로 변화하기 때문이다. 헬름홀츠의 자유 에너지는 에너지와 엔트로피를 동시에 고려한다. ** 에너지를 낮추면서 동시에 엔트로피를 최대한 키울 때, 자유 에너지는 가장 작은 값을 갖는다. 엔트로피는 물체의 무질서한 정도를 표현하는데, 절대영도의 물체는 모든 운동이 정지된, 꽁꽁 얼어버린 상태라서 엔트로피가, 즉 무질서가 하나도 없다. 자유 에너지 입장에서 보면 엔트로피가 없는 상태는 썩 마음에 들지 않는다. 그래서 물질은 에너지도 적당히 작고, 엔트로피는 적당히 큰 타협 상태를 찾아가게 된다. 그 타협점을 수학적

** 동전 한 무더기를 허공에 던지면 앞면과 뒷면이 비슷한 개수로 떨어진다. 특별한 조작을 가하지 않았는데도 말이다. 방 안에 있는 공기의 밀도는 방 어디에서나 거의 똑같다. 즉, 공기 분자는 방 어느 구석에서든 비슷한 확률로 존재한다. 일부러 그렇게 만든 것도 아닌데 말이다. 그 이유는 앞면과 뒷면의 개수가 같은 경우의 수, 혹은 공기 분자가 균일하게 분포되어 있는 상태에 해당하는 경우의 수가 다른 경우보다 압도적으로 많기 때문이다. 우리가 관측하는 상태는 확률적으로 보았을 때 존재 가능성이 가장 높은 상태다. 엔트로피는 어떤 입자 무더기가 가질 수 있는 가능한 상태의 개수를 표시하는 숫자다. 자연의 상태는 특별한 조작을 외부에서 가하지 않는 한 늘 엔트로피가 커지는 방향으로 변화한다.

으로 풀어보면 딱 물체의 온도가 주변의 온도와 같아지는 순간이다. 그래서 방 안에 있는 모든 물체의 온도는 똑같아진다. 이 정도의 중요한 통찰력이라면 오늘날 노벨 화학상 하나쯤 받을 수도 있었겠구나 싶다.

내 어린 시절에는 안과에 가면 의사 선생님이 손에 쥔 자그마한 도구로 눈 상태를 검사하곤 했다. 작은 렌즈와 작은 전구가 머리 부위에 나란히 장착된 도구인데, 검안기라고 부른다. 검안기를 발명한 사람을 굳이 한 명 꼽으라면 헬름홀츠의 이름이 또 등장한다. 생체 현상을 물리학적 관점에서 연구하던 헬름홀츠는 어느새 발명가로 변신해 새로운 검안 기계를 고안하고 만들어 보였다. 1851년, 그의 나이 서른이 되던 해의 일이다. 검안기 발명을 통해 이루어진 의학의 발전은 헬름홀츠의 이름이 이 분야에서도 기억되는 이유이다. 헬름홀츠는 평생을 두고 시각과 청각에 대한 연구를 했고, 목소리를 전기적 신호로 변환하는 방법에 대해서도 연구했다. 그의 업적을 토대로 미국인 벨이 전선을 통해 목소리를 멀리 전달하는 기계, 즉 전화기를 발명했다는 주장도 있다.

헬름홀츠는 채 마흔이 되기 전인 1858년, 이번에는 수학자 겸 이론 물리학자로 변신해서 소용돌이vortex의 운동에 대한 몇 가지 증명을 담은 논문을 발표한다. 이 장에서 다룰 이야기의 시발점이 되는 논문이다. 이 논문에 영감을 받은 영국의 물리학자 톰슨은 소용돌이 원자vortex atom 이론을 제안했고, 톰슨의 친구였던 테이트Peter Guthrie Tait (1831~1901)는 매듭 이론knot theory이란 수학 분야를 창시했다. 톰슨의 소용돌이 원자는 20세기 중반에 이르러서 또 다른 영국인 스컴Tony Skyrme(1922~1987)의 매듭 소립자 이론으로 탈바꿈했고, 20세기 후반에 들어와서는 이론물리학 전체를 풍미하는 위상 물리학topological physics으로 발전했다. 위상 물리학 이론이 노벨 물리학상을 받은 건 아주 최근인 2016년이지만, 위상 물리학 최초의 논문을 따져보면 헬름홀츠의 1858년 논문을 꼽아야 할 것이다. 헬름홀츠의 학문적 편력과 성취라면 오늘날 노벨 화학상(자유 에너지 개념 제시), 생리학상(검안기 발명), 그리고 물리학상(위상 물리학적 소용돌이 이론 제안)까지 수상을 거론하는 것도 황당하지는 않아 보인다.

소용돌이

일단 소용돌이가 무엇인지 한번 살펴보자. 물리학이란 말을 듣기만 해도 정신이 혼미해지는 사람들조차 소용돌이라는 단어에는 익숙하다. 문학 작품에는 '혼란의 소용돌이', '시대의 소용돌이' 같은 표현이 상투적으로 등장한다. 소용돌이에 영감을 받은 문학의 역사는 굉장히 깊다. 이미 호메로스의 서사시 《오디세이아》에 주인공 오디세우스가 메시나 해협을 지키는 소용돌이 괴물 카리브디스의 공격을 피하려다 그만 머리 6개 달린 괴물 스킬라에게 부하 여섯 명을 잃는 대목이 등장한다. 고대 지중해를 넘나들던 뱃사람들에게도 바닷물의 소용돌이는 익숙하면서도 두려운 존재였던 모양이다. 영어 표현 "스킬라와 카리브디스 사이between Scylla and Charybdis"는 둘 다 받아들이기 힘든 난감한 상황을 가리킨다. 다음 그림은 스킬라와 카리브디스 사이에서 영국의 정치인 윌리엄 피트(1759~1806)가 조심스럽게 외줄을 타듯 배(영국 정치)를 저어나가는 모습을 묘사했다.

SHARKS, Dogs if Scylla.   BRITANNIA between SCYLLA & CHARYBDIS.
or.... The Vessel of the Constitution steered clear of the Rock of Democracy. and the Whirlpool of Arbitrary Power.

▲ 제임스 길레이, 〈스킬라와 카리브디스 사이의 브리타니아〉

소용돌이에는 아주 특별한 성질이 있다. 그다음 사진에 보이는 설치
미술이 잘 보여주듯 모든 소용돌이에는 회전축이 있다. 그 축을 중심
으로 물이 원 모양을 그리면서 뱅글뱅글 돈다. 예를 들어 중심점으로
부터 거리 1미터(1m)만큼 떨어진 점에서 측정했을 때 물이 회전하는
속력이 초속 1미터(1m/s)였다고 치자. 이때 거리와 속력을 곱한 값은
$1m \times 1m/s=1m^2/s$가 된다. 이번에는 같은 소용돌이의 속력을 중심에
서 2미터 떨어진 지점에서 잰다. 그럼 속력이 초속 0.5미터로 떨어져
있다. 거리와 속력의 곱은 여전히 $2m \times 0.5m/s=1m^2/s$로 동일하다. 거

▲ 영국 시햄 홀 호텔에 설치된 예술 작품 〈카리브디스〉.
(©Andrew Curtis / William Pye's 'Charybdis', Seaham Hall Hotel / CC BY-SA 2.0)

리 3미터, 4미터에서 측정한 속력은 초속 3분의 1, 4분의 1미터로 떨어진다. 거리와 속력의 곱은 항상 일정하게 1이다. 1이란 숫자는 결국이 소용돌이의 세기를 말한다. 더욱 강력한 소용돌이라면 거리와 속력을 곱한 값이 2, 3 혹은 10.25가 될 수도 있다.

헬름홀츠의 1858년 논문에 등장한 증명에 따르면 일단 어떤 순환수 circulation(거리와 속력의 곱)로 만들어진 소용돌이는 영원히 같은 순환수 값을 가져야만 했다. 위 사진에 보이는 거대한 물통을 들어서 흔들었다 다시 제자리에 놓아도 여전히 소용돌이는 똑같은 순환수로 회전하고 있어야 한다. 물론 현실의 소용돌이는 시간이 지나면 차츰 그 세기가 약해진다. 헬름홀츠의 이론은 아주 이상적인 액체, 즉 마찰력이나 에너지 손실이 전혀 없는 액체 속에서 만들어진 소용돌이를 염두에 두고 있었다. 현실 세상의 액체는 헬름홀츠가 가정했던 수학적인 액체와 비교하면 불완전한 액체일 수밖에 없고, 따라서 그 속에 존재하는 소용돌이 역시 영원히 존재할 수는 없다. 물론 우리는 그 점을 감사해야 한다. 소용돌이의 일종인 태풍이 한번 생겼다고 영원히 사라지지 않는다면 정말 끔찍한 일이 아닐 수 없다.

소용돌이에 대한 이야기를 계속하기 전에 잠시 '물리학이란 무엇인가?'라는 보편적인 질문을 한번 던져보자. 물리학에 대해 약간의 지식만 갖고 있는 독자라면 아마도 기억나는 공식, 즉 $F=ma$, 또는 $E=mc^2$ 같은 잘 알려진 물리학 공식을 언급할 것이다. 뭐 그렇다면 이런 공식을 출발점으로 '물리학이란 무엇인가?'에 대한 답변을 풀어나가도 좋다.

흔히 물리학 공식이라고 부르는 것들을 좀 더 정확히 표현하자면 '운동방정식'인 경우가 많다. 뉴턴의 방정식 $F=ma$는 가장 널리 알려진 운동방정식이다. 양자역학에도 뉴턴 방정식 못지않게 많이 사용되는 운동방정식이 있다. 양자역학적 입자(가령 전자)가 운동하는 방법이 무언지 알려주는 슈뢰딩거 방정식이다. 물리학은 자연법칙을 이런 운동방정식 형태로 표현하고, 그 방정식을 수학적으로 풀어 답을 구하고, 그렇게 구한 답을 실험 혹은 관찰 결과와 비교해서 공식의 진위 여부를 검증해가는 과정으로 흔히 알려져 있다. 물론 이렇게 물리학을 이해하는 방식이 틀린 것은 아니다. 다만 운동방정식의 풀이가 곧 물리학이라는 주장은 물리학을 지나치게 기계적으로 바라보는 관점이라는 사실을 강조하고 싶다.

물리학을 좀 더 매력적으로 이해하는 관점은 '운동방정식 풀이'보다는 '불변량에 대한 탐색'일 것이다. 예를 들자면 뉴턴역학에서 발견한 에너지 보존법칙이 가장 잘 알려진 불변량의 사례다. 계곡 꼭대기에서 흘러내리는 물을 생각해보자. 물살은 계곡 아래로 내려올수록 빨라진다. 계곡의 기울기와 모양에 따라서 물살이 급격히 빨라지기도 하고, (완만한 경사를 따라 내려오는 경우는) 서서히 빨라지기도 한다. 물살의 흐름은 계곡의 생김새에 따라 제각각이다. 어떤 보편성이나 일관성이 잘 느껴지지 않는다.

똑같은 물살의 운동을 에너지 보존 관점에서 해석하기 시작하면 금세 계곡의 모양새와 관계없는 보편적인 원리가 드러난다. 에너지 보존이란 관점에서 보면 계곡 꼭대기에서 시작한 물살은 많은 양의 '위치에너지'를 갖고 있다. 계곡을 따라 내려올수록 위치에너지는 점점 줄어든다. 줄어든 위치에너지는 '운동에너지'로 변환된다. 계곡을 따라 내려올수록 물살이 빨라지는 이유는 운동에너지가 점점 커지기 때문이다. 운동에너지는 줄어드는 위치에너지의 양과 정확히 같다. 다시 말하면 위치에너지와 운동에너지를 합한 양, 총 에너지는 시간이 흘러도 바뀌지 않는 불변량이다. 뉴턴의 운동방정식을 이용하면 쉽게 증명할 수 있는 사실이다. 계곡물이나 폭포수가 떨어지는 과정은 위치에너지가 운동에너지로 변환하는 과정에 불과하며, 어떤 운동이든 총 에너지는 일정한 값을 유지해야만 한다. 불변량의 관점에서 보기 시작하면 다양한 운동 현상이 하나의 일관된 원리에 따라 작동한다는 걸 알게 된다.

낙차가 큰 계곡에서 떨어지는 물은 물리학적인 관점에서 보면 위치에너지를 운동에너지로 '환전'하는 역할을 하는 주체다. 운동에너지로 충만한 물이 수력발전소의 터빈을 돌리게 되면, 이번에는 그 운동에너지가 전기에너지로 바뀐다. 이 과정에서도 물론 에너지 보존법칙이 적용된다. 수력발전소에서 생산하는 전기에너지의 총량은 물이 선사하는 운동에너지의 총량을 결코 능가하지 못한다. 마찰력에 의한 에너지 손실을 완전히 제거할 수만 있다면 운동에너지를 모조리 전기에너지로 환전할 수 있겠지만, 현실에선 늘 이런저런 불필요한 에너지 소모가 생기기 때문에 운동에너지보다 적은 양의 전기에너지만을 생산할 수 있다. 앞서 잠깐 언급했지만, 헬름홀츠는 이런 에너지 총량 보존법칙이 낙하하는 물체의 운동 같은 역학적 현상에만 적용되지 않고 생체 현상, 다시 말하면 화학 반응 전반에 걸쳐 유효하게 적용된다는 사실을 증명하는 데 기여한 인물이다. 그가 이룬 첫 번째 중요한 과학적 업적은 결국 에너지라는 불변량에 관한 탐구였다.

헬름홀츠가 소용돌이 운동에서 발견한 순환수는 자연현상이 지니고 있던 새로운 종류의 불변량이었다. 순환수는 에너지와 마찬가지로 시간이 흘러도 변하지 않는 양이긴 하지만 에너지와는 사뭇 성격이 다르다. 그 차이를 이해하려면 우선 소용돌이의 순환수를 정의하는 방식을 다시 들여다볼 필요가 있다. 앞서 한번 설명했던 것처럼 순환수는 소용돌이의 축으로부터 어떤 거리에서 재든지 똑같은 값이다. 그렇다면 이런 사고실험을 해볼 수 있다. 소용돌이를 한 번 휘감는 원 모양의 궤도를 다음 그림의 1번 원궤도처럼 그려본다. 이 원을 고무줄이라고 생각해도 좋다. 이 원을 따라가면서 순환수를 측정해본다. 이번엔 이 고무줄의 크기를 '살살' 늘려서 점점 큰 원(3번 원)으로 바꿔본다.
이제 더 커진 원을 따라가면서 순환수를 측정해본다. 순환수는 변하지
않는다. 이번에는 완벽한 동그라미 모양 대신 살짝 찌그러진 모양(2번
궤도)을 따라 순환수를 측정해보자. 여전히 순환수는 똑같다!

　다만, 한 가지 조심해야 할 점이 있다. 원궤도를 따라 순환수를 재는
일은 쉽다. 원 어디서 재든지 액체가 순환하는 속력은 똑같기 때문에
원의 반지름에다 이 빠르기를 곱하기만 하면 된다. 그렇지만 찌그러진
경로를 따라 순환수를 측정하는 일에는 어려움이 따른다. 찌그러진 경
로의 각 지점은 회전축으로부터 떨어진 거리가 제각각이다. 따라서
(속력은 거리에 반비례하니까) 물이 회전하는 속력도 위치마다 다르
기 때문에 거리×속력 값이 경로를 따라가면서 계속 변할 수밖에 없
다. 이럴 때는 휘어진 경로 위에 있는 모든 지점에서 거리×속력 값을

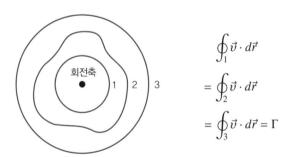

$$\oint_1 \vec{v} \cdot d\vec{r}$$
$$= \oint_2 \vec{v} \cdot d\vec{r}$$
$$= \oint_3 \vec{v} \cdot d\vec{r} = \Gamma$$

▲ 소용돌이의 단면을 그리면 회전축이 한가운데 점으로 보인다. 이 점을 둘러싼 세 종류의 궤도 1, 2, 3
이 있나. 어떤 궤도를 따라 순환수를 계산해도 결과는 똑같다. 오른편은 순환수를 계산할 때 물리학
자들이 사용하는 공식을 보여준다. 최종적 결과인 순환수는 그리스 문자 Γ(감마)로 표시했다.

잰 뒤 평균을 취할 수밖에 없다. 얼핏 생각하면 대단히 난감한 작업일 것 같다. 그러나 다행히 헬름홀츠가 활동하던 시대의 수학자, 물리학자들이 개발한 벡터 적분 방법을 이용하면 이런 평균값 계산을 깔끔하게 할 수 있다. 그 결과는 놀라웠다. 원 모양이 아닌 궤도를 따라 측정한 순환수도 완벽한 원궤도를 따라 계산한 숫자와 조금도 다르지 않았던 것이다.

잘 생각해보면 앞의 그림에 있는 1, 2, 3번 궤도에는 공통점이 있다. 이 모든 궤도는 소용돌이의 축을 한 번씩 감싸고 있다. 즉, 축을 한 번 감싸는 성질을 공유하는 모든 궤도에 대해서는 순환수가 모두 같다. 어떤 양을 계산할 때 사용한 궤도가 '부드럽게' 변해도 여전히 변하지 않는 양, 가령 순환수 같은 불변량을 물리학자들은 차츰 위상수학적인 양이라고 부르기 시작했다. 하지만 이런 용어가 물리학에서 본격적으로 쓰이기 시작한 것은 헬름홀츠의 증명이 있은 뒤 거의 한 세기가 지난 후의 일이다. 헬름홀츠의 증명은 어떤 물질의 상태(가령 액체 물질의 소용돌이 상태)를 순환수라는 위상수학적 불변량으로 표현할 수 있다는 점을 증명한 최초의 사례다.

사람은 모두 제각각이다. 서로 다른 사람을 '분류'하기 위해 우리는 사람마다 이름을 붙인다. 사물에도 제각각 이름이 있다. 입자에도 이름을 붙인다. 전자는 양성자와 다르기 때문에 이름을 달리 붙였지만, 모든 전자는 다 똑같으니까 '전자'라는 이름 하나만 지어주면 된다. 김씨 전자, 최씨 전자, 이런 식의 이름짓기는 불필요하다. 좀 더 과학적인 이름짓기 방법이 있다. 전자는 고유의 질량, 고유의 전하량 값을 갖고 있다. 이 질량과 전하량 값은 양성자의 질량, 전하량 값과 다르다. 그렇다면 입자의 이름 짓기를 (질량, 전하량)이라는 한 쌍의 숫자를 지정해주는 걸로 대신할 수 있다. 두 숫자가 모두 일치하면 두 입자는 동일한 입자다. 그중 하나라도 일치하지 않는다면 다른 입자가 된다. 전자와 양성자는 이 두 숫자가 모두 다르다. 전자의 질량보다 거의 2천 배쯤 양성자의 질량이 크다. 두 입자가 갖는 전하의 크기는 같고 부호는 정반대다. 전자와 질량은 똑같지만 전하량이 정반대인 입자가 있다. 반전자positron 또는 양전자라고 부르는 입자다. 반전자의 전하량은 양성자와 똑같고, 질량은 전자와 똑같다.

소용돌이에도 이름을 지어줄 수 있다. 소용돌이가 탄생하는 순간 각각의 소용돌이는 고유한 이름을 갖고 태어난다. 이 이름을 물리학자들은 순환수라고 불렀다. 순환수는 (이상적인 액체라면) 시간이 지나도 변하지 않는 양이다. 시간이 흐르면서 이름이 계속 바뀌면 그건 이름으로 기능할 수 없다. 소용돌이의 순환수는 전자의 질량이나 전하량처럼 불변하는 양이니까 소용돌이의 이름 역할을 할 자격이 있다. 어떤 물질의 상태를 표현하는 위상수학적인 숫자는 그 대상의 이름을 붙이는 데 사용하기 딱 좋다.

소용돌이 원자론

영국의 물리학자 톰슨*은 헬름홀츠가 발견한 불변량의 폭넓은 의미를

---

* 톰슨은 그의 타고난 성이다. 1866년 빅토리아 여왕으로부터 기사knight 작위를 받아 윌리엄 톰슨 경으로 불렸다. 1892년에는 귀족의 지위에 오르면서 켈빈 경Lord Kelvin으로도 불렸다.

▲ 휴버트 폰 헤르코머, 〈켈빈 경(윌리엄 톰슨)의 초상〉

감지하고 전혀 다른 응용점을 찾아냈다. 헬름홀츠보다 3년 늦게, 1824년 태어난 톰슨은 당대 영국을 대표하는 물리학자이다. 톰슨의 아버지는 수학과 공학을 가르치는 교사였고, 헬름홀츠는 언어학과 철학을 가르치는 교사의 아들로 태어났다. 모두 비교적 평범한 가정 출신이었지만, 자신이 일궈낸 업적을 인정받아 생애 후반 귀족의 작위를 하사받은 점, 수학과 공학과 물리학 전반에 걸쳐 광범위한 업적을 남긴 점을 비롯해 두 사람의 인생 궤적에는 유사한 점이 많다.

　헬름홀츠의 소용돌이 논문을 읽은 톰슨의 첫 반응은 미지근했다고 한다. 그러나 톰슨의 친한 친구이자 물리학자였던 테이트는 헬름홀츠의 소용돌이 이론이 주는 매력에 빠져버렸다. 타고난 열정이 넘치는 사람이었던 테이트는 손수 도구를 제작해, 헬름홀츠의 이론이 얼마나

▲ 테이트가 만들었던 연기 소용돌이 제조기.

매력적인지를 여러 사람들에게 보여주고 싶어했다. 위의 그림에 등장하는 기계는 테이트의 논문에서 따온 것인데, 테이트 자신이 고안한 장치로 알려져 있다. 상자 뒷면에 고무막이 있어, 손으로 한껏 잡아당겼다 놓으면 앞에 있는 구멍에서 그림처럼 연기 소용돌이가 고리 모양으로 발사된다. 물론 상자 속에는 (모기향 같은) 연기를 발생하는 물질이 연소되고 있다. 소용돌이 고리vortex ring는 긴 소용돌이를 말아서 머리와 꼬리를 연결하면 만들어진다.

스모크 링smoke ring, 일명 '담배 도넛'을 잘 만드는 사람에게는 별로 놀라울 것도 없는 시연이긴 하지만, 테이트는 담배 대신 손수 만든 도구를 이용해서 소용돌이의 매력적인 거동을 청중에게 보여주고 싶어했던 모양이다.* 사실은 헬름홀츠의 소용돌이 논문 마지막 단원에 이미 소용돌이 고리를 인공적으로 만드는 방법을 제안하는 대목이 있었

* 전자담배를 이용해 소용돌이 구름을 만드는 동영상을 보고 싶다면 'amazing vape trick'으로 검색해보기 바란다. 꼭 담배 연기일 필요도 없다. 돌고래도 물속에서 공기 방울 고리를 만들고 유희를 즐길 줄 안다. 수영장에서 접시 하나로 소용돌이 고리를 만드는 방법을 배우고 싶다면 'fun with vortex rings in the pool'로 검색해보기 바란다.

다. 하지만 다른 관심사가 많았던 탓인지, 헬름홀츠는 소용돌이 고리를 생성하는 방법만 제안했지 직접 도구를 만들어 시연을 해 보이진 않았다. 그 덕분인지 소용돌이 원자에 대한 엉뚱하리만큼 창의적인 발상은 독일이 아닌 영국에서 탄생했다.

테이트의 멋진 소용돌이 시연을 보고서야 톰슨은 이 매력적인 물체, 소용돌이의 참 의미를 깨달았다고 한다. 소용돌이의 순환수는 시간에 따라 변하지 않는 불변의 양이다. 헬름홀츠의 증명에 따르면 소용돌이 고리는 한번 만들어지면 영원히 파괴될 수 없다. 물론 현실 세계에서야 그깟 담배 도넛쯤 손을 한번 휘저어 없애버릴 수 있다. 저절로 옅어지면서 사라지기도 한다. 그렇지만 그건 담배 도넛이 마찰력과 에너지 손실 등의 문제가 있는 불완전한 매질인 공기 속을 이동하기 때문이다. 만약 완벽한 진공 속에서 소용돌이 고리가 이동한다면 어떻게 될까? 만약 원자 자체가 소용돌이 고리라면?

톰슨이 활동하던 19세기 중후반 시절, '원자란 무엇인가?'에 대한 답변은 여전히 2천 년 넘게 내려오는 데모크리토스식 원자론, '너무나 단단하고 절대 변할 수 없는 어떤 것'이라는 애매한 수준을 넘어서지 못하고 있었다. 수학적, 물리학적으로 예리하게 훈련된 톰슨에게는 데모크리토스의 원자론이 낭만적이고 불완전한, 불만족스러운 주장이었을 것이다. 그런데 뜻밖에 여기 소용돌이가 있고, 한번 만들어지면 영원히 그 존재가 유지된다는 헬름홀츠의 증명이 있고, 테이트의 멋진 시연이 있었다! 2천 년 묵은 원자 가설에 맞설 새로운 원자론을 대담하게 제안할 만큼 톰슨에게 큰 영감을 준 대상은 바로 소용돌이였다.

1867년과 1868년 사이, 톰슨은 기념비적인 논문 두 편을 발표한다.

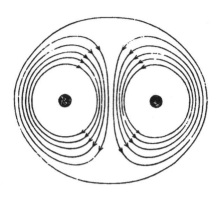

▲ 소용돌이 고리를 반으로 자른 단면.

그중 한 편에는 〈소용돌이의 운동에 관하여On vortex motion〉라는 제목을 달았다. 헬름홀츠가 발표했던 몇 가지 증명을 단순화하고 다듬었으며, 새로운 증명을 추가한 전형적인 물리학 논문이다. 또 다른 논문 〈소용돌이 원자에 관하여On Vortex Atoms〉는 '만약 원자가 소용돌이라면'이라는 가설을 바탕으로 쓴 영감 넘치는 과학적 수필이다. 수학적 지식이 없어도 읽을 수 있고, 인터넷에서 원문 전체를 찾아 볼 수도 있다.* 그의 수필에 등장하는 그림 하나를 소개한다. 소용돌이 고리를 좌우 대칭이 되도록 두 토막 낸다고 생각해보자. 그럼 이 그림에 보이는 것 같은 단면이 드러난다. 가운데 2개의 검은 원은 본래 소용돌이의 중심축이다. 연결하면 원 모양이 되는 이 중심축 지점에서는 공기의 흐름이 없다. 그 바깥의 지점에서는 그림의 화살표 방향으로 움직이는 와류

* 이 논문 전체를 읽어보고 싶은 독자는 https://zapatopi.net/kelvin/papers/on_vortex_atoms.html을 방문해보기 바란다.

(물이 소용돌이치면서 흐르는 흐름) 형태의 공기 흐름이 있다.

헬름홀츠가 증명한 내용은 이런 소용돌이 고리 형태가 (이상적인 액체에서) 한번 만들어지면 영원히 깨지지 않는다는 명제였다. 톰슨은 그의 과학 수필 서론에서 이렇게 선언한다.

"헬름홀츠의 고리야말로 진정 유일한 원자다."

톰슨은 그 당시 원자에 대해 이미 잘 알려진 사실에도 주목했다. 예를 들어 네온 기체는 온도가 올라가면 붉은색으로 발광한다. 네온 기체는 네온 원자의 집단이니까, 네온 기체가 빛을 낸다는 것은 곧 네온 원자가 빛을 낸다는 뜻이다. 그런데 데모크리토스식의 아주 딱딱한 당구공 같은 원자가 어떻게 빛을 낼 수 있을까? 톰슨은 원자가 당구공 대신 소용돌이 고리 같은 모양이라고 가정하면 이런 발광 현상도 이해할 수 있다고 믿었다. 우선 현악기의 줄을 생각해보자. 줄이 가만히 있으면 아무 소리도 나지 않는다. 줄을 뜯기면? 줄이 진동하면서 소리를 낸다. 이 비유를 고리 모양의 원자에 가져가보자. 고리가 가만히 있으면? 빛을 내지 않는다. 투명한 네온 기체의 상태다. 고리가 진동하면? 네온 램프처럼 빛을 낸다! 아직 원자 구조에 대한 정확한 지식이 전무하던 당시 과학계에서 톰슨의 주장은 제법 그럴듯하게 들렸을 것이다.

톰슨의 제안을 좀 더 확장해보면, 왜 네온 기체는 붉은색, 아르곤 기체는 보라색, 크립톤 기체는 희뿌연 색을 내는지도 알 것 같다. 만약 원자 하나하나가 서로 다른 모양의 고리라면 어떨까? 고리 모양이 제

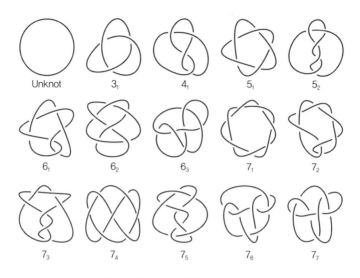

Unknot 3_1 4_1 5_1 5_2

6_1 6_2 6_3 7_1 7_2

7_3 7_4 7_5 7_6 7_7

▲ 테이트의 방법에 따라 분류한 각종 매듭의 모양.

각각이니 진동하는 모양도 서로 다르지 않겠는가. 현악기가 종류에 따라 제각각의 소리를 내는 것처럼, 원자도 각자 다른 매듭 모양을 하고 있으니 그 매듭이 떨리면서 내는 빛도 서로 다를 수밖에 없다.

톰슨은 자신의 도발적인 주장을 담은 논문의 제목을 〈소용돌이 원자에 관하여〉라고 이름 붙였지만 그 핵심을 따져보면 오히려 〈매듭 원자에 대하여On Knotted Atoms〉라고 이름지어도 좋았을 것 같다. 매듭 원자 가설에 대해 톰슨 못지않게 열광했던 사람은 그의 친구 테이트였다. 그는 톰슨에게 소용돌이의 매력을 세뇌시킨 장본인이었지만, 이번엔 오히려 톰슨의 제안에 영감을 받아 독자적으로 새로운 작업에 착수했다. 줄 하나를 갖고 꼬아서 만들 수 있는 매듭의 종류를 체계적으로 분류하는 작업을 하기 시작했다. 위에 있는 그림은 테이트의 방법에 따라 분류한 각종 매듭의 모양을 보여준다. 각 모양 아래 지정된 숫자는 매듭이 본래 자리로 돌아올 때까지 다른 매듭 부위를 지나가는 횟수를 말한다. 가장 간단한 매듭은 물론 소용돌이 고리처럼 꼬임이 전혀 없는 모양이다. 그림에서 'unknot'라고 부른 원 모양의 고리를 말한다. 그다음으로 복잡한 고리는 교차하는 숫자가 3이다. 영어로는 'trefoil'이라고 부르는 매듭이다. 충분히 긴 줄만 있으면 누구나 만들어볼 수 있다.

세 번 교차, 네 번 교차하는 매듭의 종류는 각각 한 가지밖에 없어 단순하지만 다섯 번 교차하는 매듭은 두 가지, 여섯 번 교차하는 매듭은 세 가지로, 차츰 많아진다. 한번 만들어진 매듭을 다른 종류의 매듭으로 바꾸려면 반드시 줄을 끊었다가 다시 이어야 한다. 매듭을 끊고 다시 잇는 절차가 허락되지 않는다면, 그 매듭은 고유의 정체성을 끝까지 유지할 수밖에 없다. 매듭의 정체성, 즉 매듭의 이름은 각 모양 아래 등장하는 숫자다. 소용돌이의 순환수처럼, 이 매듭 숫자 또한 위상수학적인 성격을 띤다. 매듭을 한껏 흔들고, 공중에 던졌다 다시 내려놓아도 매듭이 꼬인 양상은 전혀 바뀌지 않는다. 네온 원자를 가열하면 원자 매듭이 진동하고 떨릴 뿐 매듭의 모양새 자체는 바뀌지 않는다. 네온 원자를 가열해도 여전히 네온 원자로 남아 있는 이유가 여기 있다. 열 번 교차하는 매듭의 종류만 해도 165개나 있으니까, 100여 개로 알려진 원자의 개수를 이미 능가한다. 매듭 원자 가설이 유효한 이론이라면 우주에 존재하는 원자를 다 설명하고도 남을 만큼 충분한 종류의 매듭이 존재한다. 매듭 원자 이론이 옳다면 말이다.

위상 원자 이론의 몰락, 부활, 몰락, 그리고…

영감에 찬 톰슨의 소용돌이 원자 제안은 적어도 영국 물리학계에서는 상당한 영향력이 있었던 것 같다. 소용돌이 원자론을 제안한 톰슨보다 32년 뒤에 태어난 또 다른 톰슨J. J. Thomson(1856~1940, 1906년 노벨 물리학상 수상)은 케임브리지대학교에서 수학과 물리학을 공부하고는 선배 톰슨의 소용돌이 원자론을 확장한 연구를 〈소용돌이 고리의 운동에 관한 논문A Treatise on the Motion of Vortex Rings〉이라는 제목으로 발표했다. 여전히 원자의 내부 구조에 대해서는 제대로 알려진 것이 하나도 없었고, 이론물리학자들은 톰슨의 소용돌이 원자 이론이라도 이용해서 원자의 속성에 대해 계산을 해보려던 시절이었다.

호기심에 이 논문을 들여다보았다. 무려 100쪽이 넘는 논문은 처음부터 끝까지 수식으로 가득 차 있다. 이미 선배 톰슨이 아주 긴 원통 형태의 소용돌이 운동 문제를 풀어낸 적이 있었다. 이론물리학에서는 원통, 구, 원 같은 모양의 대상이 수학적으로 다루기 편하다. 반면 소용돌이 고리처럼 생긴 물체의 운동을 수학적으로 풀어낸다는 건 정말로 끔찍한 일이다. 톰슨은 이런 소용돌이 고리 하나의 운동을 넘어서, 고리 2개가 상호작용하는 문제까지 그의 논문에서 수학적으로 다루었다. 감히 흉내내기 힘든 어마어마한 계산을 성공적으로 마친 덕분인지 그는 촉망받는 젊은 수리물리학자로 이름을 알렸고, 당대 최고의 이론물리학자 중 한 명인 레일리Lord Rayleigh(본명은 존 윌리엄 스트럿John William Strutt이다)의 후임으로 캐번디시 연구소의 교수가 된다. 요즘 말로 하자면 케임브리지대학교의 석좌교수에 임명된 셈이다. 그보다 앞서 이 자리에 임명됐던 사람은 전자기학 이론을 완성한 맥스웰, 그리고 레일리 단 두 명뿐이었다.

불과 28세의 나이에 이 권위 있는 교수 자리를 물려받은 톰슨은 재미있게도 그의 수학적 재능이 아니라 실험적 업적인 '전자의 발견'으로 역사에 이름을 남기게 된다(지금 그의 소용돌이 고리 상호작용 이론을 기억하는 물리학자는 아무도 없다). 음극관 실험을 통해 톰슨은 원자보다 1천 배 이상 가볍고 음의 전하를 띤 어떤 입자가 존재한다고 주장했고, 이 입자는 오늘날 전자로 불린다. 원자는 전기적으로 중성이지만 전자는 그렇지 않다. 따라서 원자를 구성하는 요소에는 전자와 반대의 전하를 띤 또 다른 그 무엇이 있어야 한다. 그 나머지 구성 요소에 대한 수수께끼를 해결해준 인물은 톰슨의 제자이면서 맥스웰-레일리-톰슨에 이어 네 번째로 캐번디시 연구소장을 지낸 러더퍼드Ernest Rutherford(1871~1937, 1908년 노벨 화학상 수상)였다. 톰슨이 전자의 존재를 발표한 1897년으로부터 14년 뒤인 1911년, 러더퍼드는 그의 제자들과 함께 전자와는 반대 부호의 전하를 가진 원자핵의 존재를 실험적으로 증명했고, 이로써 현대적 원자 모델을 완성하는 데 필요한 조각을 거의 다 찾게 된다. 남은 한 조각, 즉 중성자의 존재는 이번엔 러더퍼드의 제자 채드윅James Chadwick(1891~1974, 1935년 노벨 물리학상 수상)이 증명한다.

케임브리지대학교를 중심으로 전자-양성자-중성자로 이어지는 일련의 발견이 이루어지는 가운데 선배 톰슨의 소용돌이 원자 이론은 차츰 그 빛을 잃어갈 수밖에 없었다. 본래 후배 톰슨이 소용돌이 문제를 깊게 다뤘던 이유는 선배의 이론이 원자의 성질을 설명할 수 있지 않을까 하는 바람 때문이었다. 후배 톰슨의 관심사는 애초부터 액체 속의 소용돌이 그 자체가 아니라 원자의 본질이었다. 그의 전자 발견 또한 원자의 참모습에 대한 호기심의 연장선상에서 이루어졌다고 볼 수 있다. 다만 선배 톰슨이 바랐던 방향으로 발견이 이루어지지 않았을 따름이다. 후배 톰슨, 러더퍼드, 채드윅에게는 차례로 노벨상이 주어졌지만 선배 톰슨은 노벨상을 받지 못했다. * 원자는 톰슨과 테이트가 상상했던 이러저리 얽힌 매듭 구조가 아니었다. 선배 톰슨이 미처 상상하지 못했던 점은 원자가 다른 입자, 즉 전자, 중성자, 양성자로 구성된 복합체였다는 사실이다. 새롭게 발견된 사실 앞에서는 아무리 우아한 이론이라도 무력해진다. 현실과 맞지 않는 이론은 폐기될 수밖에 없다. 톰슨이 제안한 위상수학적 원자 이론은 현실과 전혀 어울리지 않았다.

이야기가 이렇게 끝나버렸더라면 우리는 매듭 원자 이론을 그저 톰슨이란 위대한 물리학자의 일생에서 벌어졌던 흥미로운 실수쯤으로 치부하고 잊어버릴 수도 있을 것이다. 그러나 역사는 이보다 훨씬 흥미롭게 전개됐다. 패션에는 유행이 있고, 한물갔던 유행이 복고란 이름으로 몇십 년 만에 부활하기도 한다. 물리학에도 유행이 있다. 한번 지나간 유행이 몇십 년 후에 모습을 살짝 바꿔 부활하기도 한다. 소용돌이 원자의 주창자 톰슨보다 약 100년 뒤에 태어난 영국의 이론물리학자 토니 스컴이 '매듭 소립자 이론'을 주장하기 시작했다. 1962년의

---

* 엄밀히 말하면 러더퍼드는 원자핵의 존재를 증명하는 실험을 할 무렵 이미 방사선 연구에 대한 공로로 노벨 화학상을 받은 뒤였다. 하지만 그가 원자핵의 존재를 검증한 공로로 또 한 번 노벨상을 받았어도 전혀 이상하지 않았을 것이다.

일이다.

스컴은 케임브리지 대학생 시절부터 수학 실력이 뛰어났다. 대학교를 마치고는 2차 세계대전 때 군인으로 차출되었지만, 막상 했던 일은 원자탄 개발에 관련된 수학 문제 풀기였다고 한다. 그가 왕성하게 활동하던 시대는 핵물리학의 전성기였다. 이미 원자의 구조에 대해서는 충분히 많은 지식이 축적된 상태였지만 아직 양성자, 중성자 같은 핵을 구성하는 입자들의 구조에 대해서는 모르는 게 많았다. 이른바 핵자nucleon라고 부르는 이런 입자들에 대한 연구가 그 당시 물리학계의 관심사였다.

데모크리토스부터 톰슨에 이르기까지, 과학자들의 호기심을 자극한 문제는 '왜 원자가 안정적인가?'였다. 그 안정성의 근원을 톰슨은 매듭 구조 같은 위상수학적 원인에서 찾으려고 했다. 이제 똑같은 질문을 핵자에 대해서도 할 수 있다. 한번 만들어진 양성자는 아주 오랜 시간이 지나도 계속 양성자로 남아 있다. 원자가 계속 원자로 남아 있는 이유를 헬름홀츠가 발견한 소용돌이의 불변량에서 찾고 싶어했던 게 톰슨이었다면, 스컴은 왜 양성자가 계속 양성자로 남아 있는지 그 이유를 수학적으로 설명하고 싶어했다.

톰슨이 전자를 발견한 뒤 약 30년 만에 양자역학이 만들어졌다. 그로부터 30년쯤 더 흐른 1960년대에는 양자역학보다 한층 세련된 이론이라고 할 수 있는 양자장론quantum field theory이 자리를 잡아가고 있었다. 헬름홀츠가 그의 뛰어난 수학 실력을 발휘해서 소용돌이의 위상수학적 불변량, 즉 순환수를 찾았다면 스컴은 그 나름대로의 수학적 재주를 발휘해서 양자장론에서 허용되는 전혀 새로운 종류의 위상수학적 숫자topological number를 찾아내는 데 성공했다. 양자장이 존재하는 공간이 1차원, 2차원, 3차원일 때 각각 그 차원에 해당하는 위상 숫자가 하나씩 존재했다. 스컴은 그중에서도 3차원 양자장이 갖는 위상 숫자에 주목했다. 그의 관심사는 핵자의 안정성이었고, 핵자는 3차원 공간에 존재하다 보니 스컴이 3차원 위상 숫자에 주목했던 것도 이상할 게 없다.

톰슨의 원자는 끈 하나를 갖고 여러 번 교차시켜 만든 위상수학적 매듭 구조였다. 스컴이 찾아낸 3차원적 위상 숫자 역시 시각화해서 이해할 수 있는데 그러다 보면 톰슨의 매듭보다 훨씬 복잡한 구조가 드러난다. 다음 사진처럼 한 고리가 다른 고리를 통과하고, 세 번째 고리

▲ 스컴이 제안한 3차원 위상수학적 구조를 시각화한 구조물.

는 앞선 두 고리를 모두 통과한다. 서로 다른 N개의 고리가 있고, 고리 하나가 각각 나머지 N-1개의 고리를 모두 관통하는 구조다. 문방구에서 열쇠고리 한 통을 사서 이런 장난을 해본 사람이라면 그 구조를 어느 정도 상상할 수 있을 것이다. 톰슨과 테이트가 고안했던 매듭과 마찬가지로, 스컴의 고리 매듭을 분리하려면 반드시 어딘가를 끊어야만 한다. 만약 끊을 수 없다면 그 고리는 영원히 안정된 구조를 유지한다. 양성자가 어느날 갑자기 붕괴하지 않는 이유는 바로 이 때문이다. 스컴이 상상한 핵자 이론의 요지다.

앞서 이미 소개했던 것처럼 톰슨의 원자 모형은 후배 톰슨, 러더퍼드, 채드윅의 발견을 통해 무력화됐다. 스컴의 멋진 제안이 맞이했던 운명도 이와 크게 다르지 않았다. 그의 논문이 세상에 나온 지 불과 2년 뒤인 1964년, 겔만Murray Gell-Mann(1929~2019, 1969년 노벨 물리학상 수상)의 쿼크 이론이 등장했다. 물리학에 관심을 두지 않는 사람이라도 쿼크란 단어를 한 번쯤 들어봤을 법하다. 하나의 입자인 줄만 알았던 원자가 더 기본적인 입자인 전자, 양성자, 중성자로 구성된 합성 물질이었듯, 이번엔 하나의 입자인 줄만 알았던 양성자와 중성자가 더 기본적인 입자인 쿼크(정확히 말하자면 업-쿼크, 다운-쿼크)의 합성품이란 주장이 등장한 것이다. 겔만의 쿼크 이론은 치열한 실험적 검증을 통해 이제는 자연을 이해하는 표준모형의 일부가 되었다. 스컴의 이론이 물리학 교과서에 등장하지 않는 이유이기도 하다. 스컴의 모델은 수학적으로 우아했지만, 자연현상과 잘 들어맞지 않았다.

톰슨은 원자 자체의 안정성이란 문제를 풀어보려고 했지만, 원자는 그 자체로 존재하는 것이 아니라 전자, 양성자, 중성자의 복합체임이 판명되었다. 이번엔 공이 핵자로 넘어가서, 핵자의 안정성이 중요한 문제로 등장했다. 스컴은 이 문제에 대한 답을 위상수학적 접근법에서 구하려고 했지만, 핵자 역시 그 자체로서 기본적인 입자가 아니라는 사실이 드러나고 말았다. 공은 결국 원자나 핵자보다 더 기본적인 입자, 즉 전자와 쿼크로 넘어가게 되었다. 전자와 쿼크의 안정성 문제가 남은 셈이다. 입자물리학의 표준모형에서는 전자나 쿼크 같은 기본 입자의 안정성을 처음부터 주어진 (자명한) 사실로 받아들인다. 다시 말하자면 입자의 안정성 문제는 완전히 풀리지 않은 채 그대로 봉인된 셈이다.

수학자라면 아름다운 모델을 다루고, 그 모델의 정확한 답을 구하는 것만으로도 충분한 의미를 느낄 수 있다. 이론물리학자는 기왕이면 그 모델이 현실에서 분명한 의미를 갖길 희망한다. 물리학의 역사를 돌아보면, 수학적으로는 꽤 평범한 이론임에도 불구하고 물질세계를 이해하는 데 쓸모가 있어 주목받는 경우가 있는가 하면, 스컴의 모델처럼 수학적으로는 대단히 매력적이지만 현실과 일대일 대응이 안 되어 대접받지 못하는 이론도 있다. 그러나 실망할 필요는 없다. 스컴이 제안한 모델과 아주 잘 들어맞는 현상이 2010년 무렵부터, 그가 꿈꾸었던 핵의 세계가 아닌 고체 자석의 세계에서 발견되기 시작했다. 이 흥미로운 이야기는 나중에 8장 '양자 자석'에서 다룬다.

스컴은 그의 유명한 모델을 제안한 뒤 영국 버밍엄대학교의 교수로 자리잡는다. 그곳에는 그보다 조금 젊은 물리학자 두 명이 있었다. 그중 바이넌William Vinen(1930~현재)은 초액체superfluid로 잘 알려진 액체헬륨에서의 소용돌이 상태를 실험적으로 연구한 선구자적 인물이다. 다른 한 명은 사울레스, 나의 지도교수이기도 한 양자 물질 이론가였다. 사울레스는 '위상 물리학 이론'을 개척한 공로로 2016년 노벨 물리학상을 받았다.

통상적인 물리학 역사에서 잘 다루지 않는 위상 원자(톰슨), 위상 입자(스컴) 이론을 이렇게 정리하다 보니 묘한 생각이 든다. 버밍엄에서 인생 궤적이 겹쳤던 스컴, 바이넌, 사울레스의 공통점은 무엇일까? 스컴의 핵자 이론은 대표적인 위상수학적 입자 이론이다. 바이넌은 헬름홀츠 시절부터 위상수학적 상태로 잘 알려진 소용돌이에 대한 연구로 명성을 쌓은 사람이다. 사울레스는 (앞으로 자세히 다루겠지만) 양자 물질에서 발현되는 위상수학적 상태를 이론적으로 연구한 학자였다. 우연의 일치일지도 모르겠지만 2016년 위상 물리학 발전에 기여한 공로로 노벨상을 공동 수상한 사울레스와 다른 두 명은 모두 영국인이었다. 톰슨으로부터 시작된 위상학적 물리학의 정신이 은연중 그 후배들에게 스며든 것은 아닐까 하는 추측을 하게 만든다. 이런 게 바로 학문적 전통 아닐까?

3
파울리 호텔

배타적 전자

어떤 호텔이 있다. 이름은 파울리 호텔이라고 한다. 이 호텔에는 독특한, 절대 어길 수 없는 규칙이 하나 있다. 어떤 방이든 각 방에는 남자도 한 명, 여자도 한 명까지만 들어갈 수 있다는 규칙이다. 텅 빈 방, 남자 혼자 투숙한 방, 여자 혼자 투숙한 방, 남녀 한 쌍이 투숙한 방은 있지만 남자 둘, 여자 둘이 같은 방에 들어오는 건 절대 허용되지 않는다. 세상에 어떤 호텔이, 무슨 이유로 이런 묘한 규칙을 요구할까?

알고 보니 문제의 원인은 호텔이 아니라 이곳을 찾는 투숙객들이었다. 이 호텔 손님들은 한결같이 매우 배타적이다. 내가 남성인데 또 다른 남성과 한 방을 쓰라니! 이러면서 혼거를 거부한다. 다 큰 성인 남자 둘이야 그렇다 쳐도, 아빠랑 아들 같은 가족 사이에도 한 방을 안 쓴단 말인가! 이렇게 생각할 수 있겠지만, 여기엔 또 다른 사정이 있다. 파울리 호텔을 찾는 남성은 모두 똑같이 생겼고, 여성도 모두 똑같이 생겼다. 아빠와 아들, 엄마와 딸 같은 인간적인 구분은 존재하지 않

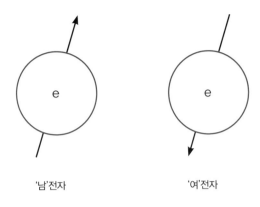

'남'전자   '여'전자

▲ 전자의 두 가지 속성: 전하(e)와 스핀(화살표의 방향).

는다. 단지 비슷한 정도가 아니라 공장에서 찍어내는 공산품처럼 똑같
다. 아니 그 이상이다. 1장 '최초의 물질 이론'에서 우주에 있는 모든
전자는 다 똑같이 생겼다고 강조했는데, 파울리 호텔에 투숙하는 손님
들도 마찬가지다. 정말로 완벽하게 남성은 남성끼리, 여성은 여성끼리
똑같다. 그리고 모든 손님은 동성 손님과 혼숙하는 걸 거부한다. 타고
난 성격이 그러하니 고칠 도리가 없다.

　이쯤 되면 독자들도 충분히 눈치챘을 만하다. 파울리 호텔의 이용객
은 바로 전자다. 전자에는 2개의 성이 있다. 남성과 여성처럼 말이다.
물리학에서는 전자의 '성'을 남성과 여성이라는 이름 대신 스핀spin이
라고 부른다. 스핀은 본래 뱅글뱅글 돈다는 뜻의 영어 단어다. 전자에
는 시계 방향으로 스핀(회전)하는 전자와 그 반대 방향으로 스핀하는
전자, 이렇게 두 가지가 있다는 의미에서 그런 이름을 붙였다. 그렇다
고 해서 전자가 지구본처럼 이리저리 회전할 수 있다는 의미는 아니

다. 전자의 스핀을 가장 정확하게 정의하는 방법은 양자수quantum number라는 개념을 도입하는 것이긴 한데, 이런 설명 방법은 정확하긴 하지만 직관적으로 스핀을 이해하는 데 그다지 도움이 되지 않는다. 오히려 앞의 그림처럼 '전자에는 화살표가 하나씩 달려 있다', 이렇게 표현하면 직관적으로나 물리학적으로나 상당히 정확한 이해라고 할 수 있다. 앞으로는 이 화살표가 위 방향을 가리키면 '남전자', 반대 방향이면 '여전자', 이런 이름을 쓰도록 하자. 진짜 남성, 여성과는 무관한 그저 두 종류의 전자를 구분짓는 편리한 단어 선택으로 받아들이면 충분하다.

동성과의 동침을 절대 허용하지 않는 남전자, 여전자 투숙객들이 있을 때, 파울리 호텔에는 무슨 일이 벌어질까 한번 따져보자. 쉬운 경우부터 생각해보면, 호텔방이 10개 있는데 남전자, 여전자 손님이 각각 열 명씩 있는 경우다. 이런 경우라면 각 방에 남녀 한 쌍씩 들어가면 된다. 고민할 필요도 없이 단순하고, 유일한 배치 방법이다.

남전자 하나가 호텔 복도를 잠시 서성거리다가 다시 자기 방으로 들어간다고 해보자. 남전자는 어디로 들어갈까? 빈자리가 있는 방은 그가 본래 묵었던 방 하나밖에 없으니 달리 고민할 것도, 방을 잘못 찾을 일도 없다. 두 명의 남전자가 동시에 복도에 나왔다 다시 자기 방으로 돌아갈 때는 어떨까? 실수로 두 남전자가 그만 방을 바꿔 들어갈 수도 있다. 인간세계에서는 큰 소동이 벌어지겠지만, 전자의 세계에선 아무 일도 일어나지 않는다. 모든 남전자는 완벽하게 동일하기 때문에, 이 남전자가 바뀐 남전자인지 본래 남전자인지, 여전자 입장에선 분간할 도리가 없다. 도저히 분간할 수 없으니 소동도 없다. 여전자 둘이 방을 바꾸어도 소동이 없긴 마찬가지다.

물질의 분류

파울리 호텔은 바로 물질이다. 물질은 원자를 조합해서 만들어졌고, 각 원자는 양성자와 중성자가 묶여 있는 원자핵, 그리고 그 주변을 맴도는 전자로 구성되어 있다. 결국 모든 물질 속에는 그 물질을 구성하는 원자 개수에 비례하는 수많은 전자가 있는 셈이다. 각각의 전자는 고유한 방 번호가 붙어 있는 방에 투숙하고 있다. 이 방 번호를 양자역학에서는 양자수라고 부른다. 우리 주변에 보이는 모든 물질은 일종의 파울리 호텔이다.

　방금 가정한 것처럼 빈방을 하나도 안 남기고 남녀 한 쌍씩 투숙하는 상황이 어떤 물질에서 벌어질 때, 그 물질을 절연체라고 부른다. 전기를 통하지 않기 때문에 부도체라고도 한다. 반대로 전기를 잘 통하는 물질이 있다. 금속이라고 부르기도 하고, 도체라고도 한다. 물론 가령 생물체는 금속이 아님에도 전기를 통하긴 하지만 이 책에서는 세포처럼 복잡한 물질 대신 고체나 액체 같은 단순한 물질로 대상을 좁혀 이야기하기로 하자. 그렇다면 '도체'와 '금속'은 사실상 같은 의미이다. 금속 속의 전자가 투숙한 파울리 호텔은 어떤 모습이길래 전기를 잘 통하는 것일까? 그 대답을 듣기 전에 잠시 짚고 가야 할 문제가 있다. '전기를 통한다'는 말을 일상생활에서 참 많이 사용한다. 이 책에서도 앞으로 많이 사용할 표현이다. 그러니까 도대체 '무엇이' 전기를 '어떻게' 통한다는 것인지, 그 물리학적 의미를 여기서 정확히 알고 가는 편이 좋을 것 같다.

물질 속에 있는 전자가 그 물질의 한쪽 끝에서 다른 쪽 끝을 향하여 물 흐르듯 흐르는 게 바로 '전기를 통한다'고 부르는 현상이다. 말하자면 물질은 강이고 전자는 그 강을 따라 흐르는 강물인 셈이다. 그럼 다시 질문해보자. 전기를 잘 통하는 물질과 전기를 잘 통하지 않는 물질의 차이는 무엇일까? 얼핏 생각하면, 전자가 많으면 전기를 잘 통하고, 전자가 부족하면 전기를 조금밖에 못 통할 것 같다. 적어도 강물의 흐름에 대해서는 설득력 있는 설명이 된다. 그렇지만 만약 이 주장이 맞다면 이번엔 새로운 질문이 떠오른다. 전기를 아예 안 통하는 절연체에는 전자가 하나도 없다는 말인가? 하지만 분명 절연체에도 원자가 있고 원자에는 전자가 있으니, 절연체가 금속보다 전자 개수가 부족할리는 없다. 무언가 다른 이유가 있어 전자의 흐름을 방해하고 있을 것같다.

실상은 이렇다. 절연체 속의 전자는, 만실이 된 파울리 호텔의 투숙객처럼 꼼짝달싹할 수 없는 상태에 있다. 설령 남전자 하나가 옆방의 남전자와 자리를 바꾼다 하더라도 그건 그저 자리 바꿈에 불과할 뿐이지, 결과적으론 아무것도 달라지지 않는다. 만약 전자가 좀 덜 배타적이었다면, 그래서 한 방에 남전자 둘, 여전자 하나쯤 들어올 수 있게 허용했더라면 상황은 전혀 달라질 것이다. 한 방에 한 쌍씩 전자가 이미 투숙했다 하더라도, 얼마든지 전자는 옆방으로 이동할 수 있다. 가령 남전자가 옆방으로 이동하면 그가 본래 있던 방엔 여전자 하나, 다른 방엔 남전자 둘과 여전자 하나가 들어 있게 된다. 그런 상황이 허용되기 시작하면 한번 옆방으로 이동한 전자는 또 그 옆방으로 이동할 수도 있을 것이고 하니, 그 이동은 끊임없이 계속될 수 있다. 그러나 현실은 이런 일을 절대 허락하지 않는다. 전자의 배타성 때문에, 전자들이 모여 사는 사회는 유동성을 잃어버린 셈이다. 우리 주변에 보이는 대부분의 물체는 전기를 통하지 않는다. 전자의 배타성 덕분이다. 우리가 24시간 전기에 감전되는 끔찍한 상황을 피해 생활할 수 있게 해준 전자의 배타성이 오히려 고맙기까지 하다.

이렇게 까칠한 전자들이 모인 사회에 유동성을 부여하려면 어떻게 해야 할까. 답은 간단하다. 투숙객의 숫자를 조금 줄이면 된다. 방은 1층에 3개, 2층에 7개 있는데 투숙객은 남녀 합해 다섯 쌍이라고 가정해보자. 그럼 손님을 방에 채우는 방법은 여러 가지가 생긴다. 한 방법은 1층에 세 쌍의 전자가 들어가고, 나머지 두 쌍은 2층의 방을 차지하는 것이다. 이 밖에도 남전자, 여전자가 모두 독방을 쓰는 경우 등, 다양한 가능성이 수학적으로 존재한다. 하지만 실제 물질에 해당하는 파울리 호텔에서는 전자들이 기를 쓰고 아래층의 방부터 차지하려고 한다. 그러다 보니 전자 손님을 배치하는 방식도 대단히 간단해진다. '에너지 최소화'라는 전자 세계의 비밀이 작동하는 덕분이다.

다시 파울리 호텔로 돌아가서 호텔의 내부 구조를 좀 살펴보자. 여느 호텔처럼 어떤 방은 1층에, 어떤 방은 2층에 있다. 위층으로 가려면 투숙객들이 고생을 해야 한다. 공짜 엘리베이터나 짐을 날라주는 종업원 같은 건 없는 호텔이기 때문이다. 그런데 전자는 대단히 게으른 존재다. 게으른 전자는 1층에 있는 방부터 서로 차지하려고 한다. 1층 방이 모두 차면 2층, 그다음엔 3층, 이런 식으로 채워나간다. 아래층 방이 비어 있는데도 불구하고 위층 방을 채우는 법은 없다. 힘이 남아돌아 전망 좋은 위층으로 날아가듯 올라갈 사람이 인간세계에는 있을지 언정 전자의 세계에선 없다. 전자의 게으름은 물리학 법칙의 일부다. 어떤 물질이든 자신의 에너지를 최소화한 상태가 가장 안정적인 상태다. 파울리 호텔의 층수는 곧 전자의 에너지다. 낮은 층에 손님이 많이 머물수록 그 호텔(물질)의 총에너지는 낮아진다.

앞서 제시한 사례로 다시 돌아가보자. 다섯 쌍의 남녀 전자 중 세 쌍이 1층에 있는 3개의 방을 채우고, 나머지 두 쌍은 2층에 투숙한다. 2층의 7개 방 중에서 어떤 방 2개를 고를까 하는 건 어디까지나 전자의 자유다. 어느 방을 고르건, 방 2개는 채워질 것이고 나머지 5개의 방은 비어 있을 것이다. 같은 층이기 때문에 4개의 전자가 모두 각방을 써도 상관없다. 어쨌든 이제 빈방이 생겼으니 전자의 움직임도 자유로워진다. 이런 상황에 처한 물질을 우리는 금속, 또는 도체라고 부른다. 그리고 이 비유에 따르면, 어떤 물질이 절연체냐 금속이냐를 결정하는 조건은 전자의 개수도, 방의 개수도 아니다. 오히려 그 상대적인 비율이 결정적인 요소다. 예를 들어 1, 2, 3층에 있는 모든 방을 전자 쌍으로 가득 채운 물질은 절연체다. 그러나 3층의 절반만 채운 물질은 금속이다. 전자의 개수는 비록 더 적지만, 빈방 덕분에 유동성이 생겨 금속이 된다.

잘 생각해보면 어떤 층에 있는 방의 딱 절반만 숙박 손님으로 차 있을 때 손님의 유동성도 가장 좋아질 것이란 짐작이 간다. 절반보다 적으면 이동할 수 있는 손님의 수 자체가 적어 유동성이 줄어든다. 절반보다 많으면 이번엔 이동할 수 있는 빈 공간이 적어져서 유동성이 줄어든다. 딱 절반을 채운 상태가 유동성을 늘리기 위한 최적의 조건이다. 마침 전기를 가장 잘 통하는 금, 은, 동 같은 물질의 전자 구조가 꼭 이런 상황이다. 주기율표를 보면 동(구리)이 은 위에 있고, 은은 금 위에 있다. 주기율표에서 아래로 한 칸 내려가는 것은 파울리 호텔에서 한 층 올라가는 것과 유사하다. 말하자면 구리는 1~3층이 손님으로 꽉 차 있고 4층은 절반만 차 있는 파울리 호텔이다. 은은 1~4층이 손님으로 꽉 차 있고 5층엔 손님이 절반밖에 없다. 금은? 1~5층이 손님으로 차 있고 6층은 절반만 차 있다. 주기율표에서 금 밑에 있는 원자는 뢴트게늄인데 원자번호가 111이나 되고, 실험실에서 억지로 간신히 만들어내는 원자라서, 자연에 존재하는 물질이라고 보기 어렵다. 한편, 1층만 가득 차 있고 2층은 절반만 차 있는 물질은 원자번호 3번인 리튬이다. 전기차나 휴대전화에 사용되는 재충전 전지에 쓰는 물질이다. 1, 2층은 가득, 3층은 절반만 차 있는 물질은 원자번호 11번 나트륨이다. 역시 금속이다. 리튬, 나트륨, 구리, 은, 금은 모두 전도성이 아주 좋은 금속이다. 파울리 호텔의 이 지극히 단순한 손님 배치 원리만 알아도 주기율표의 규칙성이나 물질의 성질을 어느 정도 이해할 수 있다.

물론 이렇게 파울리 호텔에 투숙한 손님 수로 부도체와 도체를 깔끔하게 분류하는 것은 이론적으로나 가능한 일이다. 실상에선 어떤 물질 속의 전자가 호텔 몇 층까지 차 올라와 있는지 직접 눈으로 확인할 도리가 없다. 그 대신, 물질이 전기를 잘 통하는지 알고 싶을 때 우리는 그 물질을 살살 건드려본다. 어떻게 건드리는가 하면, 건전지를 연결해서 꼬마전구에 불이 들어오는지 확인해본다. 전구가 밝아지면 도체, 가만있으면 부도체다. 파울리 호텔로 비유하자면 건전지를 연결하는 행위는 호텔을 살짝 기울여주는 역할을 한다. 2층에 있는 7개 방 중에 2개의 방에만 손님이 있었는데, 어떤 거대한 힘이 작용해서 호텔 전체를 한쪽으로 살짝 기우뚱하게 만들었다. 그러면 같은 층에 있던 방이라도 높낮이 차이가 난다. 전자는 그 특유의 게으른 속성 때문에 건물이 기울어지는 순간, 좀 더 낮은 곳에 있는 빈방으로 데굴데굴 굴러간다. 전자가 움직였으니 전류가 흐른 셈이다. 하지만, 그 층에 있는 방이 모두 꽉 차 있다면 아무리 건물을 기울여봐야 손님들이 자리를 이동할 도리가 없다. 절연체에서 벌어지는 일이다.

제이만, 로런츠, 파울리

배타원리로 알려진 이런 전자의 특이한 배타성을 파울리Wolfgang Pauli (1900~1958, 1945년 노벨 물리학상 수상)가 깨닫고 세상에 발표했을 때가 1925년이다. 천재 이론물리학자의 전형으로 알려진 파울리는 수학 실력이 대단히 뛰어난 사람이었다. 그러나 막상 그의 일생일대의 발견이라고 할 만한 배타원리는 그의 수학 실력을 전혀 필요로 하지 않았던 성과였다. 오히려 그 당시 널리 알려졌던 실험 결과 더미 속에서 자연의 비밀을 찾으려고 고심하다가 우연히 거둔, 철저히 직관에 의존한 성취에 가깝다.

마침 같은 해, 같은 뮌헨대학교의 지도교수 조머펠트Arnold Sommerfeld (1868~1951) * 밑에서 동문수학한 그의 1년 후배 하이젠베르크가 양자

---

* 조머펠트는 노벨상을 받지 못했지만, 1917년부터 그가 사망한 1951년에 걸쳐 역사상 가장

역학의 새로운 관계식을 발표했다. 1장에서 소개한 하이젠베르크의 자서전《부분과 전체》를 보면, 그가 어떤 실험 결과를 이해해보려고 끙끙 몸살을 앓다가 어느 순간 갑자기 행렬역학이라는 새로운 수학 체계를 창안하는 과정이 극적으로 묘사되어 있다. 파울리를 괴롭히던 문제도 이와 유사한 실험 결과였다. 1920년대 초반은 양자역학을 통해서만 설명할 수 있는 정밀한 실험 결과들이 여기저기 널려 있었지만, 아직 양자역학 자체는 발명되지 않은 어정쩡한 시기였다.

그런 상황 속에서 하이젠베르크나 파울리 같은 이론물리학자들은 수학에 의지하는 대신 실험 결과를 오랫동안 응시하다가 어느 순간 돈오점수頓悟漸修식으로 진리를 발견해나갔다. 뉴턴이 나무에서 떨어지는 사과를 통해 그의 역학 이론에 대한 영감을 얻었다면, 파울리와 하이젠베르크에게는 그 당시 잘 알려진 실험 결과들이 그 사과 역할을 한 셈이다. 파울리를 그의 위대한 발견으로 이끌었던 실험에 대해 이야기하려면 우선 장소를 독일에서 네덜란드로 옮기는 게 좋겠다.

네덜란드의 과학자 제이만Pieter Zeeman(1865~1943)은 노벨상이 제정된 이후 두 번째로 노벨 물리학상을 받은 인물이다(1901년 최초의 수상자는 엑스선을 발견한 뢴트겐이다). 그에게 물리학을 지도한 스승

많이(82회) 후보로 지명된 기록을 갖고 있다. 그 당시 노벨상 후보를 지명할 권한은 그 시대를 대표하는 학자들, 혹은 스웨덴의 노벨상 선정 위원회에만 있었다. 비록 그 자신은 노벨상을 놓쳤지만 조머펠트의 지도로 박사학위를 받은 학생 중에서 노벨 물리학상 수상자가 무려 네 명이나 나왔다. 그중 두 명은 하이젠베르크와 파울리, 다른 두 명은 피터 디바이, 한스 베테다. 스승에서 제자로 이어지는 노벨상 전통은 계속됐다. 하이젠베르크의 지도를 받은 블로흐, 디바이의 학생 온사게르, 베테의 학생 사울레스가 각각 노벨상을 받았다.

은 두 명이었는데, 한 명은 당대의 이론가 로런츠Hendrik Lorentz(1853~1928, 1902년 노벨 물리학상 수상), 다른 한 명은 당대의 실험가 오너스 Kamerlingh Onnes(1853~1926, 1913년 노벨 물리학상 수상)다. 오너스에 대한 소개는 다음 장 '차가워야 양자답다'에서 자세히 하기로 한다. 로런츠는 광범위한 분야에서 이름을 남긴 물리학의 현자였고, 특히 물질이 전기장이나 자기장과 상호작용하는 방식에 대한 이해를 넓힌 사람으로 기억된다.

대학원생 제이만이 관심을 두었던 분야는 분광학spectroscopy이었다. 제이만보다 조금 앞선 세대의 물리학자인 독일의 분젠Robert Bunsen (1811~1899)과 키르히호프Gustav Kirchhoff(1824~1887)의 노력으로 발전한 분야였다. 말 그대로 '빛을 나누는' 기법과 그 기법을 이용해서 물

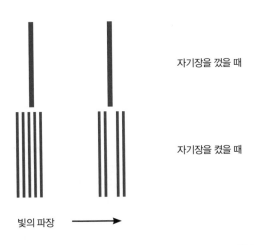

자기장을 껐을 때

자기장을 켰을 때

빛의 파장 ⟶

▲ 나트륨 기체에 자기장을 걸어주었을 때 나타나는 제이만 효과. 화살표의 방향은 빛의 파장이 커지는 쪽을 가리킨다.

질의 성질을 탐색하는 일을 한다. 분광학의 대단한 성과 중 하나는 물질이 우리 눈에 보이는 색깔보다 훨씬 다양한 종류의 빛을 발산한다는 사실을 알아냈다는 점이다. 물론 뉴턴 시절부터 태양빛 같은 백색광이 프리즘을 통과하면서 무지개 색으로 갈라진다는 사실 정도는 잘 알려져 있었다. 분광학적 장치는 프리즘의 원리를 한층 발전시킨 도구라고 볼 수 있다. 앞 장 '꼬인 원자'에서도 잠깐 언급했듯 이미 19세기 중반부터 원자 기체가 담긴 투명한 병을 뜨겁게 달구고, 그 기체가 발광하는 빛을 체계적으로 분석하는 분광학적 작업이 진행되고 있었다. 5장 '빛도 물질이다'에서 좀 더 자세히 설명하겠지만 분광학 도구를 이용하면 발광하는 기체에서 나오는 빛의 파장을 정확하게 측정할 수 있다. 그 파장 값은 앞의 그림 위쪽처럼 기록 용지의 특정한 지점에 한 줄의 띠로 찍힌다. 이미 제이만보다 한 세대 앞선 19세기 중반에 완성된 실험 기법이었다.

제이만은 그의 스승 로런츠의 영향을 받아서인지, 강한 자석의 효과를 더했을 때 기체 상태가 어떻게 변할까 한번 탐색해보기로 했다.* 기존의 분광학 도구에 커다란 자석을 부착해서는, 자석이 있을 때와 없을 때 물질로부터 나오는 빛의 속성이 어떻게 변하는가를 탐구했다. 그러자 그림의 아래쪽처럼, 1개인 줄 알았던 분광학 선이 2개, 3개, 혹은 4개로 갈라지는 신기한 현상을 목격하게 된다. 그림에서 한 줄의

---

* 새로운 연구 주제를 찾는 좋은 방법 중 하나는 이전 연구자들이 고려하지 않았던 변수 하나를 추가하는 것이다. 제이만은 자기장이라는 새로운 변수를 그의 연구에 도입했다. 그 결과는 놀라웠고, 당대 물리학자들에게 머리를 싸매고 고민할 문제 하나를 제공해주었다. 그 덕분에 파울리의 배타원리도 탄생했다. 놀라운 실험은 놀라운 이론을 잉태한다.

선으로 표시된 자국은 소리로 비유하자면 그 소리의 높이를 나타낸다. 높은 소리는 진동수가 높고, 낮은 소리는 진동수가 낮다. 진동수란 1초에 몇 번이나 떨리는가 하는 횟수를 나타낸다. 분광학적 도구를 사용하면 빛의 초당 진동수를 아래 그림처럼 한 줄의 막대로 표현할 수 있다. 우리 눈은 진동수의 차이를 색깔의 차이로 인식한다. 빨간색과 보라색은 그 빛에 해당하는 진동수가 서로 다르다. 제이만의 발견을 과장해 말하자면 초록빛 나는 에메랄드 보석에 자석을 갖다 댔더니 보석 색깔이 빨간색과 보라색으로 갈라진 격이다.

제이만이 그의 흥미로운 발견을 네덜란드 물리학회에서 발표한 날은 1896년 10월 31일 토요일이었다. 불과 이틀 뒤인 월요일, 그의 스승 로런츠는 제이만을 자기 연구실로 불렀다. 로런츠는 주말 사이에 제이만의 실험 결과를 설명할 수 있는 이론을 만들었고, 그 이론을 월요일 아침 이 기특한 제자에게 설명해주었다. 이런 실험과 이론의 조합 덕분인지 두 사람은 1902년의 노벨 물리학상을 공동 수상한다. 제이만의 나이 37세, 로런츠의 나이 49세 때의 일이다. 로런츠는 당대 최고의 이론물리학자 중 한 명이었지만, 막상 노벨상을 받을 때는 이렇게 제자 덕도 조금 보지 않았나 싶다. 제이만이 애초에 분광학 기계에 자석을 갖다 대도록 동기를 준 것은 로런츠였으니 스승과 제자가 서로 덕을 본 셈이라고 해야 더 정확하겠다. 어찌됐든 로런츠는 전기력과 자기력이 물질에 주는 영향에 대해서는 세계 최고의 안목을 가진 이론가였으니, 그가 가리키는 방향을 충실히 따라가 새로운 발견을 하는 것도 그리 놀라운 일은 아니다. 뛰어난 이론가의 역할 중 하나는 실험물리학자들에게 무엇을 해야 할지 방향을 제시해주는 일이다.

제이만이 흥미로운 관찰을 하고 로런츠가 즉석에서 이론을 만든 시기는 양자역학이 본격적으로 탄생하기 무려 30년 전이었다. 심지어 (2장에서 언급한) 영국의 톰슨이 전자를 발견하기도 전이었다. 비록 전자의 존재가 증명되기 이전이었지만, 로런츠는 전하를 띤 어떤 입자, 즉 전자가 있다고 가정하고 이론을 만들었고, 제이만의 실험을 설명할 수 있었다. 제이만 효과라고 불리는 분광학 선의 갈라짐 현상은 다행히도 양자역학의 도움을 전혀 받지 않고도 어느 정도 이해할 방법이 있었고, 로런츠는 제이만의 보고를 들은 지 이틀 만에 그 방법을 찾은 것이다.

제이만이 실험에 사용했던 나트륨 가스는 고온에서 노란색으로 발광한다. 분광학 도구를 이용해 이 노란색을 분석하면 사실 여러 개의 빛, 즉 여러 종류의 파장이 섞여 있다는 걸 알게 된다. 다시 말하면 나트륨 기체에서 나오는 분광학 선은 1개가 아니라 여러 개다. 다만 우리 눈은 충분히 정밀하지 않아서 그걸 뭉뚱그려 노란색 하나로 인식할 뿐이다. 그중 어떤 선은 자석을 가까이 댔을 때 로런츠의 공식이 예측한 대로 갈라졌다. 다른 선은 그렇지 않았다. 로런츠가 예측한 것보다 더 많은 가짓수의 선으로 갈라진 것이다. 이 점은 물리학자들에게 큰 고민거리를 안겨주었다. 오죽하면 로런츠의 이론으로 설명할 수 없는 갈라짐 현상을 비정상 제이만 효과anomalous Zeeman effect라고 불렀겠는가. 이런 고민의 대열에 합류한 젊은 물리학자 중 한 명이 파울리였다.

파울리의 노벨상 수상 소감을 읽어보면 그가 적어도 1922년부터 비정상 제이만 효과를 두고 고민했다는 점을 알 수 있다. 자석에 의한 분광학 선의 갈라짐에는 뭔가 전자의 비밀이 숨어 있는 게 분명했지만,

그걸 한마디로 표현할 언어가 아직 존재하지 않았다. 오랜 고민 끝에 파울리는 그냥 전자에는 그동안 몰랐던 "새로운 속성이 하나 더 있어야만 한다"라는 결론에 도달한다. 1925년 출판된 그의 논문에서 파울리는 그 전자의 새로운 속성을 "고전역학적으로는 설명할 수 없는 두 값의 속성"이라고 불렀다.* 논문의 요지는 이렇다. 비정상 제이만 효과를 설명하려면, 그동안 질량과 전하량 값만 갖고 있다고 믿었던 전자에 또 하나의 숨은 속성, 즉 +1 또는 −1이란 두 가지 값만 갖는 속성이 추가로 존재해야만 한다는 주장이었다. 이걸 딱히 이론이라고 불러야 할지조차 고민스러운, 변명에 가까운 주장으로 들리기도 한다.** 중요한 점은, 파울리가 이런 새로운 속성의 존재를 인정해야만 비정상 제이만 효과를 이해할 수 있다고 주장하는 논문을 최초로 썼다는 사실이다. 고양이 목에 방울 달기를 한 셈이다. 파울리 호텔 비유에서 '남성'과 '여성'으로 불렸던 전자의 속성 스핀은 이렇게 비정상 제이만 효과를 비롯한 각종 분광학적 결과를 이해해보려는 분투 가운데 발견되었다.

- 파울리의 1945년 노벨상 수상 소감은 다음에서 볼 수 있다. https://www.nobelprize.org/prizes/physics/1945/pauli/lecture/
- 1930년, 파울리는 그의 인생을 대표할 중요한 발견을 또 한 번 한다. 이번엔 베타붕괴beta decay라고 알려진 일종의 물질 붕괴 현상이 그의 관심사였다. 파울리는 베타붕괴를 제대로 설명하기 위해서는 지금까지 알려지지 않았던 새로운 입자가 반드시 존재해야 한다고 주장했다. 그 입자의 이름은 중성미자neutrino이고, 지금은 잘 알려진 기본 입자 중 하나다. 파울리의 인생을 대표하는 두 업적('베타'와 '베타')은 이렇게 실험 결과를 설명해보려고 끙끙대다가 어느 순간 영감을 받아 만든 이론이었다. 파울리는 수학 천재이면서 동시에 직관의 천재가 아니었나 싶다.

전자의 사회학

다시 파울리 호텔로 돌아가보자. 호텔방의 층은 실제 물질세계에선 전자의 에너지와 대응된다. 게으른 전자는 낮은 에너지 상태, 즉 호텔의 낮은 층에 있는 빈방을 찾아가려고 한다. 가열하지 않은 나트륨 원자 속에 있는 전자는 각자 가장 낮은 층의 방에 들어가 움직이지 않은 채 편안히 있다. 원자 기체를 담은 용기를 가열하는 건 마치 호텔에서 난방을 뜨겁게 하는 것과 같다. 손님들은 덥다고 시원한 방으로 바꿔달라고 아우성이지만 빈방은 한참 꼭대기 층으로 가야만 있다. 이미 높은 층에 투숙한 손님은 어떤가. 조금만 힘을 쓰면 좀 더 시원한 빈방으로 옮길 수 있다. 본래는 7층까지만 손님이 차 있던 파울리 호텔이라면 군불을 땜으로 해서 8층, 9층에도 손님이 방을 잡기 시작한다. 물리학에선 이런 상황을 들뜬 상태excited state라고 부른다. 한번 위층으로 방을 바꾼 전자 손님들은 불행히도 그 방에 가만히 앉아 있질 못한다. 전자 특유의 게으른 속성 때문에 끊임없이 아래층 방으로 다시 내려가려고 한다. 그러다가 너무 덥다며 다시 위층으로 올라간다. 층과 층 사이를 오르락내리락한다. 비록 눈에 보이진 않지만 우리 주변의 물질에서는 이런 전자의 오락가락 운동이 지금도 쉬지 않고 반복되는 중이다.

파울리 호텔에는 또 다른 비밀이 있다. 높은 층으로 올라갈 때는 조용히 올라갈 수 있지만 낮은 층으로 다시 내려올 때는 그렇게 하지 못한다. 대신 각 층마다 복도 한가운데 구멍이 뚫려 있다. 아래층으로 내려가고 싶으면 이 구멍을 통해 쿵 떨어져야 한다. 인간세계라면 말도 안 되는 규칙이겠지만, 자연이 이렇게 설계한 호텔이니 어쩔 수 없이 모든 물질은 이 규칙을 따를 수밖에 없다. 덕분에 호텔 바깥을 지나가는 사람도 쿵 떨어지는 소리만 잘 들으면 손님이 몇 층에서 몇 층으로 떨어졌는지를 정확하게 파악할 수 있다. 3층에서 1층으로 떨어질 때 나는 소리는, 2층에서 1층으로 떨어질 때의 소리와 다르다. 그뿐 아니라, 3층에서 2층으로 떨어질 때와, 2층에서 1층으로 떨어질 때의 소리도 서로 다르다. 똑같이 한 층씩 떨어지긴 했지만 1, 2층 사이의 간격은 2, 3층 사이의 간격과 다르기 때문이다. 양자역학이라는 설계사가 파울리 호텔을 그렇게 설계했으니 달리 할 말이 없다. 호텔마다 층 간격이 제각각인 덕분에 밖으로 들리는 소리를 가만히 기록하다 보면, 저 호텔의 층 구조를 속속들이 알아낼 수 있다. 쿵, 끙, 쾅, 꽈당, 깽, 이런 소리가 나는 파울리 호텔이 있는가 하면 깽, 꾸둥, 파당, 으직, 이런 소리를 내는 파울리 호텔도 있다.

전자는 들떠서 높은 에너지 상태(높은 층)로 올라갔다가 다시 게을러져서 낮은 에너지 상태(낮은 층)로 떨어지는 과정에서 쿵 소리 대신 빛을 낸다. 물질마다 제각각 다른 색깔의 빛을 낸다. 한 물질에서도 여러 가지 다른 색깔의 빛이 나온다. 이걸 잘 조사하고 분석해보면 그 물질 속에 있는 전자의 에너지 구조, 즉 호텔의 내부 구조를 역추적할 수 있다. 물질로부터 발생하는 빛을 분석해 물질의 성질을 역추적하는 과학이 분광학이다. 19세기 유럽의 과학자들은 분광학 기술을 창조하고 개선해나갔고, 그 덕분에 '물질의 말소리'를 귀기울여 들을 수 있게 되었다. 그러나 이 말소리는 외계인의 언어 같아서, 그 의미를 파악하려면 해독하는 방법을 알아야만 했다. 그 해독법은 양자역학의 언어로 쓰였다. 역사적으로 보면 양자역학이라는 대발견은 그보다 한참 앞 세대인 19세기 중반부터 차근차근 쌓아온 분광학적 실험 결과를 해석하는 과정에서 얻어진 산물이다.

왜 비정상 제이만 효과가 생기는지 이해할 방법이 있다. 본래는 남전자의 몸무게가 여전자의 몸무게와 같기 때문에 3층에서 1층으로 쿵 떨어질 때 두 성별의 전자는 똑같은 소리를 냈었다. 호텔 밖에 있는 사람이 아무리 주의를 기울여도 방금 떨어진 전자가 남성인지 여성인지 구분해낼 도리가 없었다. 그런데 자석을 가까이 대면 신기하게도 남전자의 몸무게는 늘어나고, 여전자의 몸무게는 줄어든다(물론 비유를 위해 이렇게 상황을 설정한 것이지 실제 전자의 무게가 달라지는 것은 아니다). 따라서 남전자가 떨어질 때 더 큰 쿵 소리가 난다. 이젠 전자가 몇 층에서 몇 층으로 떨어졌는지뿐만 아니라, 남전자와 여전자 중 무엇이 떨어졌는지도 구분할 수 있다. 전자가 두 가지 성을 갖고 있다는 사실을 무시했을 때에 비해 좀 더 다양한 종류의 쿵 소리가 나는 이유를 이제 이해할 수 있다. 로런츠는 전자의 스핀이란 속성을 모르는 상태에서 그의 이론을 만들었기 때문에 제이만의 실험 결과 중 일부를 설명할 수 없었다. 이제 비정상 제이만 효과는 더 이상 비정상적인 현상이 아니다. 그저 전자에는 남성과 여성이라는 2개의 성이 존재한다는 사실을 반영하는 현상일 뿐이다.

양자 물질 이론의 두 초석이라고 불러 마땅한 배타원리와 양자역학은 1925년 나란히 탄생했다. 하이젠베르크의 양자역학은 호텔의 설계도에 해당한다. 몇 층에는 몇 개의 방이 들어가고, 층과 층 사이의 간격은 얼마고, 이런 걸 결정해주는 게 양자역학이다. 한편 파울리의 배타원리는 호텔을 운영하는 방식을 결정한다. 배타원리는 곧 '전자의

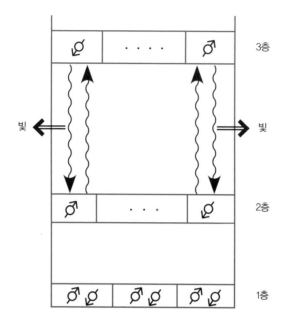

▲ 파울리 호텔의 내부 모습. 낮은 층부터 남전자, 여전자가 하나씩 방마다 들어가 있다. 층과 층 사이의 간격은 일정하지 않고 제각각이다. 호텔이 더워지면(온도가 올라가면) 일부 전자는 높은 층의 빈방으로 옮겨간다. 다시 아랫방으로 내려올 때는 빛 알갱이 하나를 방출한다. 위로 올라간 전자와 아랫방에 남은 전자의 성(스핀)은 서로 달라야만 한다.

사회학'이다.

전자의 사회학엔 두 가지 핵심적인 측면이 있다. 그중 하나는 전자에게 성, 즉 스핀이 존재한다는 점이다. 또 다른 측면은 전자끼리 자리를 나눠 갖는 방법에 대한 규약이다. 자연은 지극히 단순한 원리를 채용해 자리 배치 문제를 해결한다. 모든 자리(상태)에는 각 성별의 전자가 하나씩만 앉을 수 있다. 그것이 자연이 정해준 자리 배치 원리다. 여기에다 늘 낮은 자리만 찾아가려는 전자의 겸손함(게으름)까지 가

세하면, 전자 집단이 자리 배치 문제를 스스로 해결하는 방법은 명확해진다. 한 덩이의 물질 속에는 아보가드로의 수라고 하는 10^{23}개, 혹은 그 이상의 전자가 살고 있다. 이 많은 전자들이 낮은 층의 방부터, 남녀 한 쌍씩 자리를 차곡차곡 차지하고 앉아 있어야 한다. 자연히 파울리 호텔의 층수는 어마어마하게 많다. 대부분의 전자들은 상온, 즉 절대온도 300도의 군불을 때줘도, 그저 가만히 앉아 있다. 빈방은 너무나 높은 층에 있기 때문에 도저히 낮은 층에 있는 전자가 올라갈 도리가 없다. 조상님께 물려받은 금두꺼비를 금고에 보관해두고 10년 만에 다시 꺼내보아도 그 광택이 바래지 않는 것은 배타원리 덕분이기도 하다. 금덩이 안에 있는 대부분의 전자들이 할 일이란, 그저 '아무것도 안 하기'밖에 없다. 전자들이 아무것도 안 하니 금두꺼비 상태가 변할 리 없다.

전자의 사회성을 이런 식으로 묘사하다 보니 마치 개인주의, 혼밥주의가 팽배한 미래 사회를 그린 것 같다. 그러나 만약 전자가 조금 더 사회적이었다면, 그래서 동성 간의 자유로운 혼거를 허용했다면, 어떤 일이 벌어졌을까? 우선, 이 세상에 절연체가 존재하지 않게 된다. 철저한 배타주의가 전자의 흐름을 방해하는 원인이었는데, 이 원칙이 사라지게 되면, 모든 물질은 전자가 자유롭게 움직일 수 있는 상태로 바뀐다. 따라서 절연체는 사라지고 모든 물체는 금속으로 바뀐다. 만약 온 세상 물질이 다 금속이었다면? 우리는 건조한 날 금속 손잡이를 만질 때 겪는 따끔한 느낌을 하루 24시간, 앉으나 서나 누우나 일어서나 겪어야 할지도 모른다. 뿐만 아니라, 번개가 치는 날이면 세상 만물이 모조리 피뢰침으로 변해 번개를 맞아야 한다. 손에 닿는 물질마다 황금으로 변해버리는 미다스 왕의 저주처럼, 금속만 있는 세상에선 전기뱀장어를 제외한 나머지 생명체가 존재하기 어려울 것이다. 전자의 배타성은 세상을 금속과 비금속으로 구분해, 물질세계에 질서를 부여해주었다.

블로흐의 증명

이번 장을 마무리하기 전에, 파울리 호텔의 '방'의 실체에 대해 독자들에게 좀 더 솔직한 고백을 해야 할 필요가 있겠다. 우리 일상생활에서의 방은 공간적으로 서로 분리된 위치에 있을 때 다른 번호를 배정받는다. 파울리 호텔의 방 이야기를 한참 듣다 보면 물질 속에도 이런 방이 공간적으로 차곡차곡 분리된 채 있어, 어떤 전자는 물질의 이쪽 구석, 다른 전자는 같은 물질의 저쪽 구석에 있는 방으로 들어가는구나, 이렇게 생각할 수도 있다. 그러나 전자가 사는 세계는 우리 일상 세계와는 매우 다르다. 전자가 거주하는 파울리 호텔의 방 번호는 일상생활에서 어떤 물건의 위치를 나타낼 때 종종 사용하는 X, Y, Z 좌푯값하고는 전혀 다르다. 지금부터 방 번호가 갖는 의미를 탐색해보자.

전자 하나를 물질 밖에서 안으로 집어넣는 사고실험을 해보자. 전자가 유리구슬 같은 존재라면, 그 구슬을 상자 속에 넣었을 때 여전히 구슬 모양을 그대로 유지하고 있을 것이다. 하지만 전자는 구슬이 아닌 양자역학적 입자다. 이런 입자들은 유리구슬과는 달리 '파동적인' 속성을 가지고 있다. 5장 '빛도 물질이다'에서 좀 더 자세히 다룰 내용이긴 하지만, 여기서도 약간의 비유를 통해 이해할 수 있다. 이해를 돕기 위해 잉크 한 방울이 투명한 물로 가득 찬 유리잔 속에서 확산되어 마침내 유리잔 전체를 채우는 과정을 상상해보자. 잉크 방울은 어디 있을까? 누군가 이런 질문을 한다면 대답은 자명하다. 잉크 방울은 유리잔 전체에 퍼져 있다. 이와 비슷하게 물질 속의 전자 하나하나는 이미 물질 전체에 퍼져 있다. 양자역학의 지배를 받는 입자는 이런 식으로 거동한다.

양자역학적 입자의 거동은 물잔 속에서 확산한 잉크 방울보다 더 오묘하다. 양자적 입자의 존재 방식은 오히려 파동과 매우 비슷하다. 파동을 직관적으로 시각화하는 방법은 악기에 매달린 줄의 진동을 떠올리는 것이다. 낮은 소리를 낼 때 줄이 떨리는 모양을 보면 그 줄에 마디가 잡히지 않는다. 높은 소리를 낼수록 줄에 마디가 하나씩 잡히기 시작한다(마디는 줄이 흔들리지 않고 고정된 지점을 말한다). 한 마디가 잡히는 진동이 내는 소리는 두 마디가 잡히는 줄이 내는 소리

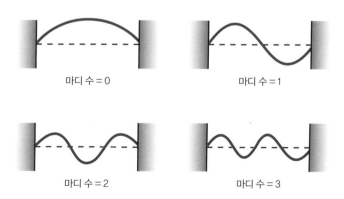

▲ 줄이 진동하는 형태는 그 마디 수로 구분된다. 각 마디 수에 해당하는 줄의 진동 모습.

와 다르다. 마디라는 개념을 이해하기 어렵다면 주름이라는 표현으로 대신해도 좋다. 주름이 많다는 건 곧 마디가 많다는 뜻이니까. 앞의 그림처럼 마디의 개수, 즉 마디 수가 다른 진동은 각각 다른 소리를 낸다.

전자의 상태를 표현하는 수학적 함수를 파동함수라고 한다. 이 파동함수를 들여다보면 그 전자 상태의 마디 개수를 셀 수 있다. 어떤 전자는 물질의 한쪽 끝에서 다른 쪽 끝까지 가는 사이에 주름을 세 번 접는다. 다른 전자는 네 번, 또 다른 전자는 다섯 번, 이렇게 전자마다 주름의 개수가 다르다. 전자의 상태를 구분하는 방법은 바로 이 주름의 개수를 세는 것이다. 물질은 보통 3차원적이니까 주름도 X, Y, Z 각각의 방향으로 다 접혀 있다. X방향으로 주름이 A번, Y방향으로 B번, Z방향으로 C번 접혀 있는 꼴이다. 다 모아보면 3개의 정수 A, B, C가 그 전자의 주름진 상태를 표시해준다. 이 숫자의 모임이 바로 파울리 호텔의 방 번호다. 전자는 예외 없이 물질 전체에 편재해 있지만, 모두 똑같은 방식으로 편재하는 것은 아니다. 각각의 전자는 서로 다른 주름 수 (A, B, C)를 갖고 있다. 파울리 호텔은 지구상의 여느 호텔처럼 실제 공간에 토대를 쌓고 지은 건물이 아니라 이런 추상적인 공간, 즉 (A, B, C)란 정수의 집합이 존재하는 수학적인 공간에 세워져 있다.

펠릭스 블로흐Felix Bloch(1905~1983, 1952년 노벨 물리학상 수상)는 22세의 나이에, 그보다 불과 네 살 많은 라이프치히대학교의 젊은 신임 교수 하이젠베르크의 첫 제자로서 본격적인 물리학자의 경력을 쌓기 시작했다. 두 사람의 첫 만남은 1927년 10월이었으니, 양자역학이 탄생한 지 불과 1, 2년밖에 되지 않았을 무렵이다. 그 당시의 다른 젊은 물리학도처럼 블로흐도 양자역학이라는 신세계에서 그의 박사 논문거리를 찾고 있었다. 게다가 그의 지도교수는 양자역학의 틀을 만든 사람 아닌가! 블로흐에게는 하이젠베르크의 지도를 받아 원자 세계의 오묘한 진리를 캐내는 일에 동참할 욕심이 분명 있었을 것이다. 그런데 뜻밖에도 하이젠베르크가 그의 풋내기 학생에게 제시한 주제는 원자 세계의 문제도, 우주의 문제도 아니었다. 그가 내린 화두는 "자석은 왜 자석인가?"와 "왜 금속에서 전류가 흐르는가?" 이 두 문제였다. 이제 막 양자역학이란 멋진 도구가 탄생했고, 유럽의 능력 있는 이론물리학자라면 너도나도 그 과실을 따 먹으려고 눈에 불을 켜고 달려들던 때인데, 왜 하이젠베르크는 하필 이런 유치한 문제를 두고 고민하면서 학생에게 풀어보라고 시켰을까?

후일의 역사가 증명하듯, 그 두 문제는 현대 정보 문명의 거대한 두 기둥이라고 할 만한 반도체소자, 그리고 자기 기억소자를 개발하는 데 요구되는 가장 원초적인 질문이었다. "자석은 왜 자석인가?"란 질문의 대답을 찾아가는 과정을 통해 물리학자들은 차츰 더 효과적인 기억소자를 개발해왔다. "금속은 왜 전기를 통하는가?"란 질문의 핵심에는 전자가 고체 속에서 존재하고 이동하는 방식에 대한 이해가 있었다. 그 이해를 통해서 우리는 반도체를 이해하게 됐고, 반도체의 성질을 조작하는 법을 배웠고, 그 궁극적 결과물로서 반도체를 기반으로 한 문명을 꽃피웠다.

블로흐는 지도교수가 제시한 두 번째 문제에 대해 고민해보기로 했다. 금속 속에서 전자가 움직이는 모습을 머릿속으로 그려보면 숨이 턱 막힌다. 원자가 빽빽이 쌓여서 만들어진 게 물질이다 보니, 그 속에 사는 전자는 그저 텅 빈 공간을 자유롭게 움직일 수 있는 상황이 전혀 아니다. 물질 속의 실제 모습은 나무가 발 디딜 틈 없이 빽빽이 자라는 울창한 밀림에 가깝다. 전자가 과연 이런 밀림을 요리조리 잘 헤쳐가면서 물질 전체에 그 존재를 확산할 수 있을까? 만약 전자가 구슬처럼 단단한 공에 가까운 입자라면 이런 문제는 정말 해결하기 어려울 것 같다.

그런데 전자가 애초부터 파동 형태로 존재한다고 가정하면, 상황이 전혀 달라진다. 중력 법칙의 지배를 받는 사과가 나무에서 땅으로 떨어지는 것이 당연한 것만큼이나, 전자가 물질 전체에 퍼져 있는 꼴로 존재하는 것이 오히려 당연한 일이 되어버린다. 굳이 물질이라는 밀림 속에서, 원자라는 나무 사이를 이리저리 헤치고 다니는 유리구슬 같은 전자일 필요가 없다. 그건 전자가 구슬 같은 알갱이라는 우리의 고정관념에서 비롯된 착각일 뿐이다. 블로흐는 약간의 수학 지식만 있으면 금방 증명할 수 있는 방식으로, 전자는 고체 속에서 애초부터 파동 형태로 편재하고 있으며, 각각의 전자 상태는 조금 전 소개한 (A, B, C)라는 3개의 마디 수로 표기할 수 있다는 점을 증명해버렸다. 그가 하이젠베르크와 처음 대면한 지 불과 1년 만인 1928년의 일이다. 이제는 (A, B, C)라는 명패가 붙은 각 방에 파울리 원리에 따라 남과 여, 두 가지 성의 전자를 차곡차곡 쌓기만 하면 고체 속의 전자 구조를 깔끔하게 이해할 수 있다.

블로흐가 지도교수로부터 받은 또 다른 화두 "자석은 왜 자석인가?"의 운명은 어떻게 되었을까? 어쩌면 그가 해냈던 고체 속의 전자 상태에 대한 증명이 너무나 단순명료했던 탓이었는지, 블로흐는 더 이상 이 문제에 마음을 두지 않고 자석의 문제로 관심을 돌려 자성체에 대한 중요한 업적을 하나씩 쌓아나갔다. 자성체의 거동에 대한 그의 성과는 나중에 노벨상 수상으로까지 이어졌다. 그의 업적과 그 연구가 실생활에 미친 흥미로운 영향에 대해서는 8장 '양자 자석'에서 자세히 다루기로 한다.

THE PHYSICS OF MATTER

4

차가워야 양자답다

절대영도의 세계

전자는 무척 힘이 세다. 다른 전자가 가까이 오면 강한 전기력으로 밀쳐낸다. 전자는 가볍다. 가볍다 보니 조금만 힘을 주어도 빠르게 움직인다. 전자의 힘이 얼마나 센가 정확히 알고 싶다면 다른 힘과 비교해보면 된다. 여기 2개의 전자가 있다고 하자. 두 전자는 중력의 힘으로 서로를 끌어당긴다. 또 한편, 한 쌍의 전자는 전기력이란 힘으로 서로를 밀쳐낸다. 따라서 두 전자 사이에는 끄는 힘과 미는 힘이 공존한다. 어느 쪽이 더 셀까? 힘겨루기를 해보자. 중력의 법칙과 전기력의 법칙은 이미 잘 알려져 있으니, 전자 한 쌍이 밀고 당기는 힘을 계산하는 건 단 몇 분이면 된다. 막상 셈을 해보면, 비교가 부끄러울 만큼 전기력이 중력보다 세다. 100만 배의 100만 배의 100만 배의 100만 배의 100만 배의 100만 배의 100만 배만큼 세다. 쉽게 말하면 전기력이 존재하는 곳에서 중력은 그저 존재하지 않는 힘이나 다를 바 없다.

이렇게 힘이 센 전자가 한 100개쯤 모여 있으면 어떨까? 아니면

100만 개? 1조 개? 물질 속에 들어 있는 원자 개수를 셀 때 흔히 사용하는 아보가드로의 수는 대략 10^{23} 정도이다. 이토록 많은 힘센 전자가 제멋대로 우당탕 돌아다니는 세계가 바로 물질이라면, 우리는 그 물질 속 전자가 쉴 새 없이 충돌하면서 내는 소리를 마치 초등학교 운동장에서 쉬는 시간에 아이들이 떠드는 소리를 듣는 것처럼 늘 들어야 하지 않을까. 현실 속의 물질에선 아무 소리도 안 나는 걸 보면, 물질 속에 있는 그 장난꾸러기 힘센 전자들이 좀 얌전히 놀게 하는 처방이 그 나름대로 있는 것 같다.

이미 앞 장 '파울리 호텔'에서 그 처방이 무엇인지 소개했었다. 물질 속의 전자는 운동장을 자유롭게 뛰어다니는 아이들 같은 처지가 아니다. 대부분의 전자는 자기 방에 갇혀 꼼짝 못 하는 '죄수' 전자다. 1층, 2층, 이렇게 아래층부터 파울리 호텔방을 채워나가다 보면 방을 나와 움직일 자유는 가장 위 몇 개의 층에 투숙한 전자들에게만 허용된다. 전자가 아무리 힘이 센들, 배타원리라는 상위법을 어기면서 살 수는 없다. 파울리 호텔의 한참 아래층에 갇혀 있는 전자들은 그 센 힘을 마땅히 쓸 곳이 없다. 배타원리 덕분에 물질은 대개 '잠잠한' 상태로 있다.

최상층 부근의 전자들이 누리는 생활은 사뭇 다르다. 그들에게는 빈방으로 이동할 자유가 어느 정도 보장되어 있다. 물질 속의 전자 대부분이 죄수 상태에 있긴 하지만, 자유를 누리는 전자의 숫자 또한 만만치 않다. 예를 들어 아보가드로의 수만큼 많은 전자 중에 1만분의 1만 자유 상태에 있다 하더라도 그 개수는 1조를 1억 번 곱한 수에 달한다. 이렇게 수많은 전자들이 쉴 새 없이 호텔방을 들락날락거리다 보면 힘센 전자들끼리 서로 충돌하는 경우도 빈번해질 수밖에 없다. 위층으로 올라갔다 아래로 쿵 떨어지는 전자, 다른 전자랑 박치기하고 길을 잃어 헤매는 전자. 최상층 부근의 전자 세계에서는 이런 혼잡스러운 모습이 벌어진다.

물질로부터 이런 최상층 전자들의 부산스러움마저 제거하려면 어떻게 해야 할까? 파울리 호텔의 비유를 떠올려보면, 대답은 간단하게 나온다. 온도를 더욱 낮추면 된다. 높은 온도는 전자를 '열받게' 만들고, 그래서 자기 방을 떠나 더 위층의 빈방으로 도망가게끔 한다. 반면 온도가 낮아 시원해질수록 모든 전자는 허용되는 가장 낮은 층의 방에 들어가서는 나오려고 하지 않는다. 모든 전자가 자기 방에서 절대 나오지 않는 상태가 되면, 파울리 호텔은 더할 나위 없이 조용해진다. 모든 전자들이 아무것도 안 하는 상태보다 더욱 아무것도 안 하는 상태는 상상할 수 없으니, 전자들이 모두 제 방에 들어가 앉아 있는 상태는 그 고요함에 있어서 어떤 절대적인 의미를 갖는다고 할 수 있다. 이런 상태가 되게끔 온도를 낮추었을 때, 그 온도를 절대영도라고 부른다. 아마도 독자들이 과학 시간에 배운 절대영도의 정의와는 조금 다르게 느껴질 수 있겠지만, 이런 방식으로 절대영도를 정의하는 것도 괜찮은 방법이다. 전자계에 아무런 움직임이 없다는 것은 무질서도 없다는 의미이다. 무질서가 전혀 없는 상태는 오직 절대영도에서만 구현된다는 것이 열역학의 법칙이기도 하다.

오너스의 냉장고

절대영도가 개념적으로만 가능한 상태인지, 아니면 정말 이 세상에 존재하는지 알고 싶다면 어떻게 해야 할까? 직접 절대영도짜리 냉장고를 만들어보면 된다. 절대영도에 해당하는 온도를 섭씨로 환산하면 영하 273.15도이니, 이 온도까지 물질을 냉각시킬 수 있는 냉장고를 만들어보면 된다. 남극의 온도는 영하 60도까지 내려가고, 우주 공간의 온도는 영하 270도 근방이다. 우주는 이미 절대영도에 가까운 냉장고다. 그렇다고 해서 모든 과학자가 장비를 들고 우주로 나갈 수는 없는 노릇이니 대신 우주를 실험실로 불러 들여야 한다.

절대영도에 근접한 냉장고, 곧 절대 냉장고를 만드는 데 앞장선 대표적인 과학자는 3장 '파울리 호텔'에서 소개한 네덜란드 물리학자 제이만의 스승인 카메를링 오너스다. 그의 제자 제이만은 나이 마흔이 채 되기 전에 역사상 두 번째로 노벨 물리학상을 (로런츠와 공동으로) 받았지만, 막상 스승이었던 오너스는 각고의 노력 끝에 55세가 되어서야 절대 냉장고를 만들었고, 환갑이 되어서야 노벨상을 받았다. 제자의 수상보다 11년 늦은 1913년의 일이었고, 네덜란드 물리학자로서는 로런츠, 제이만, 판데르발스Johannes van der Waals(1837~1923, 1910년 노벨 물리학상 수상)에 이은 네 번째 수상이었다.

오너스는 1853년에 태어났다. 일찌감치 물리학에 재능을 보여 고등학생 시절에는 네덜란드 전국 물리 경시대회에서 상을 받기도 했고, 잠시 독일 하이델베르크대학교에서 유학하는 동안에는 당대 독일의 최고 물리학자 키르히호프와 분젠에게 배웠다. 오너스는 실험물리학자로 알려져 있지만 사실은 이론물리학에도 상당한 재능이 있었던 것이, 박사학위도 〈지구의 자전에 관한 새로운 증명〉이라는 흥미로운 제목의, 이론과 실험을 겸비한 논문을 써서 받았다. 1879년의 일이다. 네덜란드 출신의 다른 노벨상 수상자 로런츠와 판데르발스도 비슷한 시기인 1875년과 1873년에 네덜란드의 레이던대학교에서 박사학위를 받았다. 로런츠는 앞 장 '파울리 호텔'에서 이미 소개했듯이 전자기력이 물질에 미치는 효과를 이론적으로 탐구하는 작업에서 선구자였다. 반면 판데르발스는 기체를 구성하는 원자와 원자 사이의 상호작용을 통해 기체가 액체로 변환하는 과정을 설명하는 이론을 개척했다. 마치 신의 축복이라도 내린 듯, 네덜란드라는 자그마한 나라의 물리학은 동시대를 살다 간 이 몇몇 인물 덕분에 독일이나 프랑스, 영국과 견줄 만한 수준을 누렸다. 네덜란드 과학의 황금기라고 할 만한 시대였다.*

오너스는 1882년, 29세에 네덜란드 레이던대학교의 교수로 임명되었다. 그 당시에는 신임 교수가 자신이 앞으로 추구할 학문 방향과 포부를 대학교 강당에서 연설하는 전통이 있었다. 오너스는 자신의 취임연설 자리에서 앞으로 자연철학자로서 추구할 목표를 기념비적 문장 "Door meten tot weten"으로 요약했다. 여기서 'meten'은 영어에서 '측정measure'에 해당한다. 'weten'은 '안다know'는 의미이다. 다시 말하면 과학의 목표는 측정과 실험을 통한 지식의 습득이고 "측정을 통한 지식through measurement to knowledge" 추구를 그의 좌우명으로 삼겠다는 선언이었다. 같은 날 연설에서 오너스는 그가 가장 중요하다고 믿는 문제, 그래서 앞으로 집요하게 추구할 탐구 대상이 무엇인지도 공개했

* 이 장에서 인용하는 많은 역사적 사실은 《Freezing physics: Heike Kamerlingh Onnes and the quest for cold》(Dirk van Delft 저)를 참고했다. 그 밖에 노벨상 홈페이지에 올라온 오너스의 이력서를 참고했다. https://www.nobelprize.org/prizes/physics/1913/onnes/biographical/

다. 그것은 "분자의 성질, 그리고 그로부터 설명할 수 있는 물질의 성질"이었다. 이 목표는 다분히 판데르발스의 연구에서 영감을 받은 듯하다. 좀 더 쉽게 말하면 판데르발스가 이론적으로 이해하고자 했던 기체의 액화 현상을 자신은 실험적으로 접근해보겠다, 이런 뜻이었다. 그리고 그 목표에 근접하기 위해 그가 취한 실험적 방법은 기체를 직접 액화해보는 일이었다.

열기구가 공중에 뜨고 내리는 모습을 본 사람이라면 쉽게 상상할 수 있는 일인데, 따뜻한 기체를 식히면 그 부피가 줄어들고, 덥히면 늘어난다. 차츰 크기가 작아지는 기체 덩이는 어떤 온도보다 더 차가워지면 더 이상 기체 상태로 남지 못하고 액체로 변한다. 우리에게 친숙한 수증기란 이름의 기체는 섭씨 100도 이하에서 액체, 즉 물로 변한다. 대부분의 기체는 이것보다 훨씬 낮은 온도까지 식혀줘야만 비로소 액체 상태로 바뀐다. 과학자들은 (참 어이없게도) 모든 기체를 하나씩 액체로 바꾸는 작업에 오랫동안 몰두해왔고, 그들이 원했던 대로 하나하나씩 정복(액화)해나갔다. 과학사적으로 대단히 의미 있는 작업이긴 했지만, 그런 일을 몇십 년씩 붙잡고 하는 과학자를 자기 자식으로 둔 엄마, 아빠는 대체 무슨 생각을 했을까? 아마 '아가, 그런 거 하면서도 밥벌이가 되냐?' 아니었을까 싶다. 어쨌든 기체의 액화 문제는 과학자들에게는 에베레스트 산과 같은 것이었고, 왜 정상에 오르려고 하는지 누군가 질문한다면 산악인 힐러리 경이 했던 대답 그대로 들려줄 수밖에 없다. "산이 거기에 있으니까Because it is there."

19세기 후반 무렵, 기체의 액화 문제에 도전하던 과학자는 비단 오너스뿐만이 아니었다. 보온병의 발명가로도 잘 알려진 스코틀랜드의

▲ 헬륨 냉각기 옆의 오너스.

제임스 듀어James Dewar(1842~1923)가 이미 액체수소(1898년)와 고체수소(1899년)를 만들어내는 데 성공한 상태였다. 상온에서 기체로 존재하는 수소가 절대온도 20도까지 차가워지면 액체로 변하고, 절대온도 14도에서는 다시 고체로 바뀐다. 그러나 절대온도 14도까지 온도를 내려도 헬륨 가스는 여전히 기체 상태로 남아 있었다. 이제 과학자들이 액화에 성공하지 못한 유일한 기체는 헬륨이었고, 헬륨을 액화시키려면 절대온도 14도보다 낮은 온도로 내려가야 했지만, 아직 그런 저온 시설은 세계 어디에도 존재하지 않았다. 오너스가 세계 최초로 헬륨 액화라는 과학계의 에베레스트를 정복하려면 우선 세계 최고의 냉장고를 만드는 일부터 시작해야 했다.

기체의 액화라는 올림픽 경기에서 네덜란드는 후발 주자였다. 헬륨을 뺀 나머지 기체를 최초로 액화시키는 데 성공한 기록은 다른 나라의 과학자들이 보유하고 있었다. 오너스는 냉각 장치에 필요한 기계들을 하나씩 주문하거나 연구실에서 직접 제작해야 했다. 제작을 위해서는 솜씨 좋은 기계 제작공을 고용하고, 필요한 기술을 습득할 시간을 주어야 했다. 기계를 설계하는 일은 오너스가 직접 할 수 있었지만 두 손으로 그걸 만드는 일은 장인의 몫이었다. 오너스에게 필요한 것은 단순한 과학 연구실이 아니라, 잘 훈련된 직원을 거느린 '과학 공장'이었다.

오너스의 실험실에서 완성한 냉각 장비는 여러 단계를 거쳐 차츰 온도가 낮아지면서 마침내 절대영도 부근까지 내려가게끔 설계되어 있다. 1단계 냉각은 메틸렌 클로라이드를 사용한다. 이 기체가 액화와 증발하는 과정을 순환하면서 온도는 영하 90도까지 내려간다. 2단계는 에틸렌이다. 이번엔 영하 160도까지 온도를 내린다. 그다음은 산소와 공기 차례. 영하 259도까지 내릴 수 있다. 마지막으로 헬륨을 순환시키면 온도가 영하 272도, 절대온도로는 1도까지 내릴 수 있게 된다. 각 단계를 수행하는 데는 많은 시간이 필요하고(냉장고에 물을 넣고 얼음을 만들려면 몇 시간 기다려야 하는 것과 마찬가지이다), 순환 과정에서 가스가 새거나, 너무 급히 냉각시켜 기체가 순식간에 고체로 얼어버리는 일이 없도록 조심해야 한다. 작은 고체 결정이라도 생기면 기체가 흘러가는 가느다란 관을 막아버려 냉각기 전체를 엉망으로 만들 수도 있다(추운 겨울, 수도관이 동파하는 모습을 상상해보라!). 오너스와 그의 제작진은 냉각기의 설계를 끊임없이 개선하고, 기계의 결함이 발견될 때마다 하나씩 고쳐나갔다.

오너스는 저온 실험실을 레이던대학교에 설립하고는 20년 넘게 헬륨 액화에 성공하기 위해 애썼을 뿐만 아니라, 1901년에는 실험 기구를 제작할 전문가를 양성하는 학교까지 대학교 내부에 설립했다. 실험 기구 제작의 달인 헤릿 플림Gerrit Flim 같은 이들이 그의 곁에서 일을 도왔다. 결국 오너스와 그의 연구진은 절대온도 4도 부근에서 소량의 액체헬륨을 얻어내는 데 성공한다. 1908년 7월 10일의 사건이었다. 그의 취임 연설이 있던 1882년 11월 11일로부터 무려 26년 만의 성과였고, 그의 나이는 이미 50대 중반을 넘어서고 있었다.

그 26년 동안 오너스가 과학적인 성과라고 할 만한 것을 딱히 거두었을 리 만무하다. 그가 했던 일이라고는 그저 세계 최고의 저온 냉장고를 만들기 위해 장비를 설계하고, 설계를 수정하고, 장비를 만들고 관리할 전문 숙련공을 훈련시키는 것이었다. 과학자의 인생이나 그의 성취를 너무 낭만적으로 묘사하거나 영웅시하는 일은 물론 경계해야겠지만 이 대목에서 한 번쯤 가슴 뭉클해지는 감정이 들지 않을 수 없다. 26년이란 세월을, 딱히 세상에 자랑할 만한 논문 한 편도 없이, 어떻게 버텼을까! 오너스의 집념, 그 주변 사람들의 이해와 도움, 그리고 그의 연구실에서 하는 사업을 꾸준히 지원해주었던 네덜란드라는 국가나 레이던대학교의 제도 등을 상상해보면 놀라움과 부러움과 존경심이 한꺼번에 교차된다.

영하 20도로 설정된 냉장고에 식재료를 넣으면 결국 영하 20도짜리 식재료가 된다. 오너스가 헬륨 가스를 절대온도 4도까지 내려서 액화시키는 데 성공했다는 것은, 이제부터는 어떤 물질이든 액체헬륨 속에 담그기만 하면 그 물질도 절대온도 4도만큼 차가워진다는 뜻이었다. 오너스의 실험진이 헬륨의 액화에 성공한 날은 어떤 물질이든 절대영도 근방까지 식힐 수 있는 절대 냉장고가 탄생한 날이기도 했다. 이제는 천하 유일의 장비를 들여다보고 이용해보려고 유럽 각지의 과학자들이 오너스의 실험실에 모여들었다. 오너스의 실험실이 있는 레이던은 성지였고, 수많은 순례자들이 그 성지를 방문했다. 흥미롭게도, 오너스의 절대 냉장고를 구경하고도 그만큼 성능 좋은 냉장고를 다른 실험실에서 만드는 데 무려 15년이란 세월이 더 걸렸다고 한다. 오너스가 개척한 세상은 그만큼 흉내내기 힘든 전인미답의 영역이었다.

양자다운, 너무나 양자다운

19세기 중반부터 차곡차곡 쌓여온 분광학의 결과물이 19세기 후반부터는 원자의 비밀을 풀어내는 열쇠인 양자역학의 탄생을 견인하기 시작했다는 이야기를 앞 장 '파울리 호텔'에서 했다. 반면 오너스의 절대 냉장고는 20세기 전반에 걸쳐 양자 물질의 비밀을 풀어내는 데 필요한 단서를 하나씩 제공해주었다. 물론 물질은 원자로 만들어져 있고, 원자를 이해하는 유일한 도구는 양자역학이며, 따라서 그 원자의 집합체인 물질의 성질도 양자역학을 이용해야만 이해할 수 있다는 점에서, 우리 일상에 널려 있는 모든 물질은 (심지어 우리 몸조차도) 양자 물질이라고 할 수 있다. 하지만 이런 원칙론에서 벗어나 현실에서 양자 물질의 진면목을 보고 싶다면 온도를 극저온까지 낮춰야만 한다. 모든 물질이 양자 물질이긴 하지만 차가울수록 더 양자스러운 양자 물질, 온도가 높아질수록 덜 양자스러운 양자 물질이기 때문이다.

어떤 사람의 참 인품을 알고 싶으면 그 사람이 가장 배고프고, 버림받고, 위험한 상황, 그러니까 극한 상황에서 처신하는 모습을 보는 게 좋다고 한다. 자연을 지배하는 가장 기초적인 원리, 즉 물리학의 원리를 제대로 보고 싶을 때도 극한의 환경이 필요하다. 쉬운 예부터 시작하자면 뉴턴 법칙과 진공이란 환경 사이의 관계를 들 수 있다. 갈릴레오가 정말로 피사의 기울어진 탑에서 쇠망치와 깃털을 떨어뜨리는 실험을 했는지는 알 수 없지만, 만약 그가 그런 실험을 했다면 두 물체가 같은 시간에 땅바닥에 닿았을 리 만무하다. 뉴턴의 중력 법칙이 맞다면 정말로 두 물체는 무게와 모양에 상관없이 똑같은 운동을 해야 하겠지만, 그건 어디까지나 매질인 공기가 제공하는 마찰의 힘을 무시한 환경을 두고 한 말이다. 뉴턴 법칙이 정말 옳은지 알고 싶다면 일단 공기가 하나도 없는 환경, 즉 진공부터 만들어야 한다. 그런 진공 환경이 잘 만들어졌다면, 깃털과 쇠망치를 같은 높이에서 떨어뜨리는 실험을 해도 좋다. 그러면 뉴턴 법칙이 얼마나 현실과 잘 맞는 이론인지 눈으로 확인할 수 있다(진공 속에서 두 물체를 떨어뜨리는 종류의 실험 동영상은 인터넷에서 쉽게 찾을 수 있다).

태양 주변을 도는 수성, 금성, 지구 등 행성의 궤도를 수십 년간 관측한 결과를 분석하는 과정에서 케플러Johannes Kepler(1571~1630)가 발견한 행성 운동의 제1, 2, 3법칙이 있다. 제1법칙은 행성 운동의 궤도가 원이 아니라 타원이라고 했고, 제3법칙은 태양과 행성 사이의 거리를 세제곱한 수와 행성의 공전주기를 제곱한 수 사이에 보편적인 비례 관계가 있다고 했다. (제2법칙은 말로 옮기기에 가장 어렵다.) 그러나 뉴턴은 그가 만든 역학 법칙을 이용해서 케플러가 공들여 발견한 행성 운동의 세 가지 법칙을 수학 문제 풀듯이 '손쉽게' 증명해버렸다. 물리학 역사에서 손꼽을 수 있는 획기적인 사건이었다. 뉴턴이 행성 운동을 정확히 설명할 수 있었던 첫째 이유는 물론 뉴턴의 법칙이 옳았기 때문이지만, 또 다른 매우 중요한 이유는 우주가 거의 완벽한 진공이기 때문이다. 진공상태에서의 운동은 뉴턴역학과 만유인력 법칙을 깔끔하게 따른다. 우주가 진공이란 사실은 곧 우주가 뉴턴의 이론을 실험해볼 아주 좋은 실험실이라는 뜻이다. 그러나 낙하하는 두 물체의 운동이 동일하다는 걸 증명하기 위해 과학자들이 매번 우주로 나갈 수는 없는 일이다. 대신 과학자들은 진공의 우주를 실험실로 가져오는 방법을 개발해왔다.

극저온 환경도 비슷한 맥락에서 이해할 수 있다. 온도가 올라갈수록 양자역학적인 물질의 속성을 제대로 보는 것이 어려워진다. 절대영도에 가까워질수록 투명하게 드러나는 양자 물질의 속성은 무엇인가? 그것은 물질의 성질이 파동함수라고 부르는 하나의 함수로 기술된다는 사실이다. 다시 파울리 호텔로 돌아가보자. 절대영도의 호텔이라면 모든 전자가 어디 있는지 정확히 알려져 있다. 그저 1층부터 손님이 들어간 방의 번호를 차례대로 세어보면 된다. 이런 호텔의 상황을 일련의 숫자로 표현하면 (2, 2, 2, 2 … 2, 0, 0, 0 …) 이런 식으로 쓸 수 있다. 숫자 2는 1층 1호실부터 시작해서, 각 방에 들어가 있는 투숙객의 숫자다. 방마다 남녀 한 쌍씩 들어가기 때문에 각 방의 투숙객 숫자는 2이다. 손님을 다 채우고 나면 갑자기 그다음 방부터는 투숙객의 숫자가 0으로 떨어진다. 절대영도 환경에 놓인 물질의 상태는 이런 숫자의 배열로 표시된다. 양자역학의 파동함수를 이해하는 방법에는 여러 가지가 있지만, 이런 숫자의 배열이 곧 파동함수라고 이해하는 것도 한 방법이다.

온도가 올라가면서 단순했던 파동함수의 숫자 배열이 차츰 어지러워진다. 절대영도에서 (2, 2 … 2, 2, 2, 0, 0, 0 …)이었던 파동함수는 일부의 전자가 빈방으로 이동하면서 (2, 2 … 2, 2, 1, 1, 0, 0 …)으로, 또는 (2, 2 … 2, 2, 0, 1, 1, 0 …)으로, 또는 (2, 2 … 2, 1, 1, 1, 0, 1 …)으로 바뀐다. 일부 상류층에 있던 전자가 본래 자리를 이탈해서 위층의 빈방으로 이동하면서 파동함수에도 변화가 생기기 때문이다. 절대영도에서 단 하나의 파동함수로 깔끔하게 표현되었던 물질의 상태가 이제 서로 다른, 아주 많은 종류의 파동함수로 표현되어야 한다. "이 물질의 파동함수는 무엇입니까?"라는 질문에 대해 더 이상 유일한 대답을 줄 수 없는 상황이 벌어진다. 그 물질은 서로 다른 파동함수로 표현되는 수많은 파편으로 조각나기 시작한다. 물질의 어떤 구역은 (… 2, 2, 1, 1, 0, 0 …)이란 파동함수로, 또 어떤 구역은 (… 2, 2, 0, 1, 1, 0 …)이란 파동함수로, 또 다른 어느 구역은 (… 2, 1, 1, 1, 0, 1 …)이란 파동함수로 기술된다. 온도가 올라갈수록 전자는 더 높은 층의 빈방까지 올라갈 수 있고, 따라서 더 많은 종류의 파동함수로 물질의 상태를 표현해야 한다. 물론 우리가 들여다보고 있는 금덩어리가 조각나고, 깨지고, 파편화된다는 뜻은 아니다. 눈으로 보기에는 매끈하고 흠이 하나도 없는 금덩어리지만, 막상 그 속에 존재하는 전자의 상태는 아주 작은 구역 단위로 파편화되어 있다는 의미다.

온도가 올라갈수록 하나의 물질은 더 작은 구역으로 갈라지고, 더 많은 종류의 파동함수가 각자의 소구역을 관리하는 지역 영주 노릇을 한다. 이런 상태를 양자역학에서는 '결이 깨졌다decoherent'고 표현한다. 결이 많이 깨진 물질일수록 하나의 파동함수로 기술할 수 있는 영역이 작다. 거꾸로 말하면 물질의 온도를 내릴수록 서로 결이 맞는 영역은 점점 넓어지고, 절대영도에선 그 물질이 통째로 하나의 결, 즉 하나의 거대한 파동함수로 기술된다. 아래 보이는 그림처럼, 온도가 낮아지면서 서로 군웅할거하던 파동함수가 하나의 함수로 천하통일된다.

그런데 때로는 이것보다 훨씬 흥미로운 현상도 극저온의 세계에서 일어난다. 본래 서로 경쟁하던 파동함수 중 하나가 천하를 통일하는 대신, 아예 전혀 질적으로 다른 함수가 절대영도의 물질 세상을 지배하기도 한다. 어찌 보면 "양적인 변화는 질적인 변화를 초래한다"는 사회학의 명제가 물질세계에도 적용되는 셈이다. 어떤 물질의 온도를 10도, 9도, 이렇게 차츰 낮춘다는 건 그 물질의 성질에 관한 양적인 변

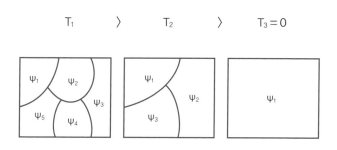

▲ 높은 온도 T_1의 물질(사각형) 상태는 다양한 파동함수 (ψ_1, ψ_2, ψ_3, ψ_4 …)가 공존하는 형태로 존재한다. 온도가 내려갈수록(T_2) 차츰 더 큰 영역을 하나의 파동함수로 표현할 수 있다. 절대영도(T_3=0)까지 온도를 내리면 물질 전체의 상태가 단 하나의 파동함수 ψ_1로 표현된다.

화다. 그러나 물질의 상태가 항상 온도 변화에 맞춰 연속적으로 일어나는 건 아니다. 임계온도critical temperature라고 부르는 특정한 온도 이하로 물질의 온도가 내려가는 순간 그 물질의 성질은 전혀 새로운 성격을 지닌 파동함수의 등장으로 인해 바뀐다. 파동함수의 성격이 바뀜과 동시에 임계온도보다 높은 온도에서는 볼 수 없었던 새로운 물성이 갑자기 그 물질에서 드러난다. 그런 사례 중에서도 가장 신비롭다고 할 만한 현상은 바로 오너스의 실험실에서 발견되었다.

초전도체와 힉스 입자

헬륨의 액화에 성공한 오너스의 연구진은 헬륨 냉장고를 이용해 독자적인 극저온 연구를 요모조모 수행했다. 그러던 중 1911년 4월 8일, 액체헬륨 환경 속에 놓인 수은 덩어리의 저항이 절대온도 4.2도 근방에서 0으로 뚝 떨어지는 현상을 관측했다. 수은은 상온에서 액체 상태로 존재하지만, 차가워지면 고체 금속으로 변한다. 금속에 건전지를 연결하면 전류가 흐른다. 건전지의 세기를 전압이라고 부르고, 흔히 V로 표시한다. 전압 덕분에 흐르는 전류의 양은 흔히 I로 표시한다. 독일의 과학자 옴Georg Ohm(1789~1854)은 금속에 흐르는 전류와 전압 사이에 항상 비례 관계가 존재한다는 사실을 발견했다. 식으로 표현하면 $V / I = R$이라고 쓸 수 있다. R은 그 전선의 저항resistance 값을 나타낸다. 이 관계식을 가만히 들여다보면 왜 이걸 저항이라고 부르는지 알 만하다. 전압(V)을 주었는데도 전자의 흐름(I)이 적다는 건 곧 흐름에 대한 저항(R)이 크다는 걸 의미한다. 모든 금속 물질은 그 나름대로의 저항 값을 갖고 있다.

초전도체superconductor(도체는 'conductor'라고 한다)는 이런 옴의 법칙을 깨버린다. 굳이 건전지를 걸어주지 않아도 전류가 흐른다. 즉 저항 값이 0이다. 무슨 뜻인지 이해하기 위해서 물놀이 공원의 유수풀을 떠올려보자. 튜브 위에 누워 몸을 맡기면 풀의 경로를 따라 내 몸이 한 바퀴 여행을 한다. 풀장의 물이 흘러가기 때문에 내 몸도 따라 흘러간다. 그러나 입장 시간이 끝나고 모터의 전원이 꺼지는 순간 풀장의 물 흐름도 멈춘다. 건전지를 떼는 순간, 스위치를 끄는 순간, 전자 제품은 작동을 멈추는 게 상식이다. 만약 초전도체처럼 작동하는 유수풀이라면 어떨까? 전원을 내려도, 모터를 더 이상 돌리지 않아도, 물은 계속 풀장을 돌아다닌다. 밀어주는 힘이 없어도 운동을 멈추지 않는 상태, 이런 상태가 금속 속의 전자에게 벌어질 때 그 물질을 초전도체라고 부른다.*

헬륨 기체를 액화하는 것이 오너스가 품었던 평생의 꿈이었고, 20년이 넘는 각고의 노력 끝에 그 꿈을 이루었다면, 금속의 초전도성 발견은 그야말로 우연에 가까웠다. 저항 값 R은 그 금속 물질의 고유한 성질이라고 앞서 소개했는데, 여기에는 중요한 가정이 하나 있다. 금속의 저항은 온도의 변화에 따라 변한다. 즉 저항 R은 온도 T에 의존하는 물질의 속성이다. 어떤 금속선의 저항 값을 얘기할 때는 일반적으로 상온에서의 값을 말한다. 온도를 차츰 내리면 도선의 저항도 함께

---

* '~에게'는 본래 사람이나 동물에게만 붙이는 조사다. 지난 수십 년간 전자의 거동에 대해 생각하며 지내다 보니 때론 전자가 사람처럼, 생물처럼 느껴지기도 한다.

줄어든다. 즉, 금속은 차가워질수록 점점 전기를 잘 통하는 도체가 된다. 저온 냉장고 속에 도선을 집어넣고 온도를 내려가면서 저항을 측정해보면 금방 확인할 수 있다.

물리학자들의 호기심은 이 정도에서 그치지 않는다. 온도를 내릴 때 저항이 줄어든다면, 온도를 절대영도까지 내릴 때는 어떤 일이 벌어질까? 이미 1900년에 독일의 과학자 드루데Paul Drude(1863~1906)가 금속의 저항은 절대온도에 비례해서 꾸준히 줄어들 것이라고 예측했었다. 앞서 말한 파동함수의 비유로 돌아가자면, 군웅할거하는 파동함수가 온도를 내릴수록 차츰차츰 하나의 파동함수로 통일되어간다는 주장에 해당한다. 그러나 이듬해인 1901년, 영국의 톰슨(2장 '꼬인 원자'의 주인공)은 금속의 저항이 줄어들다가 절대영도 근방에서는 다시 커질 것이라고 예측했다. 막상 오너스의 냉장고에서 실험을 해보니 절대영도가 채 되기 전, 절대온도 4도 근방에서 수은이란 금속의 파동함수는 질적인 변화를 거치게 되고, 그 결과 꾸준히 줄어들던 저항 값이 절대온도 4도 근방에서 0으로 뚝 떨어지는 급격한 변화를 겪었다. 기존의 그 어떤 주장도 오너스의 냉장고에서 발견한 초전도체의 존재를 예견하진 못했다.

그도 그럴것이, 드루데나 톰슨의 주장은 양자역학이 탄생하기 수십 년 전에 나온 것이었다. 양자역학에 의존하지 않고서는 물질 이론을 제대로 만들 수 없을 뿐 아니라, 초전도 물질이 생기는 원인을 이해하려면 양자역학을 한 단계 뛰어넘는 다체계 양자역학 이론이란 것을 구사해야만 한다. 이런 이론적 도구는 1900년대 초반에는 존재하지 않았다. 드루데와 톰슨의 주장은 이런 의미에서 분명 시기상조였지만,

오히려 오너스에게는 좋은 자극이 되었을 것이다. 뛰어난 이론가 두 명이 두 가지 상반된 주장을 펼친다는 건 실험가에게는 늘 즐거운 상황이다. 논란의 한가운데 뛰어들어가서는 심판 역할을 할 좋은 기회이기 때문이다. 오너스에게는 세계 최고 성능을 자랑하는 냉장고가 있었으니, 그 속에 금속을 넣어 저항을 측정해보면 될 일이었다. 그 결과는 아무도 예상하지 못했던 초전도체의 발견이었다.

수은 금속은 절대온도 4도 근방까지는 예상대로 저항이 서서히 줄어들다가, 이 온도를 지나는 순간 갑자기 저항이 0으로 뚝 떨어진다. 금속 상태에 '질적인 변화'가 일어났다는 신호다. 오너스와 그 동료들은 처음엔 실험이 잘못된 것이려니 생각했지만, 실험을 반복할 때마다 수은이 똑같은 온도를 지나는 순간 저항이 사라지는 현상이 관측되자 초전도체의 존재를 더 이상 부정할 수 없는 사실로 받아들이고 이를 학계에 발표했다. 수은뿐 아니라, 납과 주석도 초전도체로 변한다는 사실을 곧이어 확인했다. 더욱 극적인 실험은 1914년 이루어졌다. 앞서 풀장의 비유를 통해 초전도체의 성질을 설명했는데, 오너스는 고리 형태로 둘둘 말린 전선에 건전지를 연결하지 않아도 전류가 끊임없이 흐른다는 사실을 증명해 보였다. 잠시 후에 설명할 마이스너 효과를 제외하면, 초전도체의 중요한 성질은 오너스의 실험실에서 모조리 발견한 셈이다. 건전지를 연결하지 않아도 초전도체를 통해 흐르는 전류를 지속전류persistent current라고 부른다.

오너스는 1913년 노벨 물리학상을 수상했다. 헬륨의 액화에 성공한 지 5년 만이고, 초전도체를 발견한 지 2년 만의 일이다. 수상 이유는 "저온 물질의 탐색, 그중에서도 액체헬륨의 제조"였다. 흥미롭게도 초전도체 발견에 대한 직접적인 언급은 없다. 사실 오너스가 초전도체 발견이란 공로로 노벨상을 또 한 번 받았더라도 전혀 이상하지 않았을 것이다. 그만큼 중요하고, 신비한 현상이다. 그러나 초전도 현상은 오너스의 동시대 물리학자들이 이해하기엔 너무나 어려운 과제였다. 1926년 오너스가 사망하고도 30년이 더 흐른 1957년이 되어서야 비로소 금속이 낮은 온도에서 초전도체로 바뀌는 이유를 제대로 설명하는 이론이 나왔다. 이론을 제안한 세 사람의 이름 바딘Bardeen, 쿠퍼 Cooper, 슈리퍼Schrieffe의 머릿글자를 따서 'BCS 이론'이라고 부른다(이세 사람은 초천도체 이론을 만든 공로로 1972년 노벨 물리학상을 공동 수상했다). BCS 이론이 성공한 것 중 하나는 극저온에서 금속 상태가 취하는 전혀 새로운 종류의 파동함수가 무엇인지 밝혀냈다는 점이다. 발견자의 이름을 따서 'BCS 파동함수'라고 부르기도 한다. 이 파동함수에는 보통 금속의 상태를 표현하는 파동함수에 없는 새로운 양, 새로운 숫자 하나가 등장한다. 이 숫자가 0이면 금속 상태를, 0이 아니면 초전도 상태를 나타낸다.

독일의 물리학자 마이스너Walther Meissner(1882~1974)는 오너스의 냉장고와 비슷한 헬륨 냉장고를 자체적으로 만드는 데 성공한 유럽의 과학자 중 한 명이다. 그는 1933년, 초전도체의 또 다른 기묘한 특성을 발견한다. 그 발견의 중요성을 이해하려면 우선 자석과 금속 사이의 상호작용을 조금 알 필요가 있다. 자석(가령 나침반)은 그 주변에 자기장을 만들어낸다. 자기장은 주변에 있는 다른 자석에 힘을 미치는 근원이기도 하다. 자석 주변에 종이를 갖다 대도 자기장은 종이를 가볍게 통과해버린다. 이번엔 금속막을 갖다 대본다. 역시 통과해버린

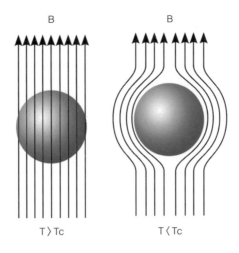

B　　　　　B

T ﹥ Tc　　　T ﹤ Tc

▲ (좌)금속이 초전도체로 바뀌는 임계온도(Tc)보다 높은 온도(T)에서는 자기장(B)이 금속을 통과한다.
(우)그보다 낮은 온도에서는 금속이 초전도체로 바뀌고 자기장은 초전도체를 비껴간다.

다. 자기장의 입장에서 보면 종이나, 금속이나, 거의 존재하지 않는 물
질이다. 자기장은 나침반의 바늘이 특정한 방향을 가리키게 하는 힘이
다. 그런 나침반을 금속 통 속에 넣어두건, 통 밖에 놓아두건, 나침반의
바늘이 가리키는 방향은 변하지 않는다. 자기장이 금속을 그냥 통과해
버리기 때문이다.

그런데 나침반을 담고 있던 금속 통이 초전도 상태로 바뀌면 어떤
일이 벌어질까? 나침반의 바늘은 어느 방향을 가리켜야 할지 모른 채
이리저리 방황하기 시작한다. 그 이유는 자기장이 초전도체를 통과하
지 못하고 '밀려나기' 때문이다. 마치 검정색 천이 모든 종류의 가시광
선을 차단시켜버리듯, 초전도체 물질은 자기장을 차단시킨다. 혹시 자
기장 알레르기가 있는 사람이라면 초전도체로 만든 집에서 살면 된다.

좀 더 정확히 말하면 자기장을 비롯한 전자기파는 초전도체의 아주 얇은 껍질 부위까지만 침투할 수 있다. 그 발견자의 이름을 따서 마이스너 효과Meissner effect라고 부르는 이런 현상을 그림으로 그리면 앞의 오른쪽 그림처럼 보인다.

1962년, 미국의 양자 물질 이론가 필립 앤더슨Philip Anderson(1923~2020, 1977년 노벨 물리학상 수상)은 마이스너 효과를 이해하는 아주 멋진 방법을 제안했다. 그의 제안을 이해하려면 일단 자기장이나 전기장이 모두 전자기파의 서로 다른 측면이라는 점을 먼저 알고 넘어가야 한다. 전자기파는 맥스웰 방정식이라고 불리는 파동방정식의 원리에 따라 거동한다. 또한 아인슈타인의 광자 해석에 따르면 전자기파는 광자라는 입자로 볼 수도 있다. 다음 장 '빛도 물질이다'에서 자세히 설명하겠지만 이른바 입자와 파동 사이에 존재하는 이중성의 한 표현이라고 하겠다.

그럼 초전도체는 어떤가. 초전도 물질 내부에서 전자기파가 거동하는 방식을 잘 따져 그 운동방정식을 적어보니, 본래의 맥스웰 방정식이 아니라 약간 변형된 꼴의 파동방정식을 만족한다는 사실을 알게 되었다. 이 변형된 방정식에도 파동과 입자의 이중성 원리를 적용해볼 수 있다. 그럼 흥미롭게도 보통 금속을 지나가는 전자기파, 즉 광자는 질량이 없는 입자의 방정식에, 초전도체를 지나가는 전자기파는 질량이 있는 입자의 방정식에 해당된다는 재미있는 해석이 가능해진다. 즉, 본래 질량이 없는 입자였던 광자가 초전도체 속으로 들어오는 순간 질량이 유한해진다는 뜻이다. 그렇다면 이런 질문을 할 수 있겠다. 왜 광자는 초전도체 속에서 몸이 무거워지는걸까?

이 질문은 물리학의 가장 원초적인 질문 중 하나, 즉 '질량의 근원'에 대한 질문과 서로 일맥상통한다. 본래 질량이 없던 광자가 초전도체 속에서 질량을 얻게 되는 과정을 이해할 수 있다면 온 우주에 있는 전자, 양성자, 중성자 같은 입자가 질량을 갖게 된 이유도 알 수 있지 않을까? 일단 초전도체라는 맥락에서 앤더슨이 제공한 답은 무엇이었는가 살펴보자.

BCS 이론에 따르면 초전도체를 표현하는 파동함수, 즉 BCS 파동함수에는 금속의 파동함수에는 없는 새로운 숫자 하나가 등장한다. 이 새로운 숫자의 의미를 잘 따져보면 금속에는 없는 새로운 상태, 그 발견자의 이름을 따서 난부-골드스톤Nambu-Goldstone • 상태 또는 입자라고 부르는 것이 초전도체에는 존재한다는 결론에 다다른다. 초전도체 밖에서 안으로 침투해 들어온 광자는 난부-골드스톤 입자를 만나 서로 상호작용한다. 그 결과는? 광자가 무거워진다!

인간적인 드라마로 비유를 하자면 이렇다. 바람처럼 가볍게 세상을 떠도는 두 남녀가 있었다. 자세히 말하자면 광자 양은 세상 어디든지 갈 수 있는 몸이었고, 난부 군은 강 건너 초전도 마을에만 살고, 결코 이 마을을 떠날 수 없는 운명을 지고 태어난 청년이었다. 어느 날 광자 양이 무심코 강을 건너 초전도 마을에 들어왔고, 두 사람은 한눈에 사랑에 빠지고 말았다. 그 결과, 광자 양은 그만 몸이 무거워졌다. 무거워

• 난부Yoichiro Nambu(1921~2015)는 초전도체를 설명하는 BCS 이론이 등장하자, 이걸 자기 나름대로 이해해보려고 노력하는 과정에서 난부-골드스톤 입자 상태라는 개념에 착안했다고 한다. 그는 이와 비슷한 현상이 소립자 세계에서도 일어난다는 이론을 만든 공로로 2008년 노벨 물리학상을 받았다.

진 몸 때문에 더 이상 어딜 돌아다닐 수 없게 된 광자 양은 (예전의 자유를 그리워하며?) 강 어귀에 정착해 살기 시작했다. 한편 난부 군은 여전히 초전도 마을에 살기는 했지만 그의 모습을 다시 보기가 무척이나 어려워졌다. 다만 몸이 무거워진 광자 양의 모습만 강가에서 쉽게 발견할 수 있었다.

참 우스운 연애 소설 같은 이런 일이 실제로 초전도 물질 속에서 벌어진다는 게 앤더슨의 지적이었다. 광자가 저절로, 자발적으로 질량을 갖게 되는 게 아니라, 난부-골드스톤이란 입자와의 상호작용을 통해서 질량이 생긴다는 주장이다. 난부 군과의 연애로 몸이 무거워진 광자는 초전도체의 껍질 부근에서만 발견된다. 이 껍질의 두께는 그저 몇 미크론 정도이고(1미크론은 1밀리미터의 1,000분의 1이다), 그 이상 깊이 초전도체 속으로 들어가면 광자는 더 이상 발견되지 않는다. 광자가 초전도체를 침투할 수 없다는 것은 광자의 다른 이름인 전자기파도 초전도체를 침투할 수 없다는 뜻이다. 그리고 자기장은 전자기파의 일부라는 점을 기억한다면, 결국 자기장도 초전도체 껍질 부근까지만 침투할 수 있다는 결론을 얻는다. 자기장은 초전도 물질을 통과하는 대신 앞서 나온 오른쪽 그림처럼 그 주변을 빙 돌아갈 수밖에 없다. 마이스너 현상을 설명하는 앤더슨의 멋진 제안이었다. 이 제안은 그로부터 몇 년 뒤에 초전도체 현상을 넘어서는 훨씬 포괄적인 의미를 띠기 시작했다.

중력의 근원이 질량이라는 사실은 뉴턴 시절부터 잘 알려져 있었다. 질량은 대표적인 물질의 속성이다. 따라서 질량의 근원이 무엇인가 하는 것도 중요한 질문이다. 물질이 질량을 갖는 이유는 물질을 구성하는 입자가 유한한 질량을 갖기 때문이다. 그렇다면 입자는 왜 질량을 갖게 되었는가? 이 질문에 대한 답을 앤더슨의 제안에서 찾을 수 있다. 앤더슨의 제안이 나온 지 2년 만인 1964년, 여러 명의 입자 이론물리학자들이 입을 모아 이와 비슷한 현상이 소립자의 세계에서도 일어난다고 주장하기 시작했다. 자연에 존재하는 기본 입자들은 본래 질량이 없는 아주 가벼운 존재였다. 그런데 이 기본 입자들이 '힉스 입자'와 연애(상호작용)를 하는 바람에 몸이 무거워졌다. 그 덕분에 우리가 실제로 관측하는 입자들이 대부분 질량을 갖게 되었다는 주장이다.* 아닌 게 아니라 자연에 존재하는 대부분의 입자들은 질량이 있다.

그런 제안을 한 물리학자 중 한 명인 영국의 힉스Peter Higgs(1929~현재) 이름을 따서 힉스 입자라고 부르는 이 입자를 발견할 수만 있다면 질량의 근원이 무엇인지를 이해하는 셈이 된다. 막상 이런 제안이 나왔을 1964년 당시에는 힉스 입자는커녕, 지금 알려진 수많은 다른 입자들조차 아직 발견되지 않은 상태였다. '힉스 입자와의 상호작용을 통한 질량 취득'이라는 이론의 얼개는 그럴듯했지만, 막상 힉스 씨를 찾아내는 일은 요원한 상황이었다. 그러나 반세기에 걸친 기술 발전과 탐색 끝에, 드디어 이 은둔형 입자의 존재를 유럽의 초거대 가속기 연

---

* 조금 더 조심스럽게 말을 다듬어보자. 전자, 쿼크 같은 소립자는 힉스 입자와의 상호작용을 통해 질량을 얻는다. 하지만 양성자나 중성자의 경우는 그 질량이 쿼크 입자의 질량뿐 아니라 쿼크를 서로 묶어 양성자나 중성자 상태로 존재하게 만드는 글루온이라는 입자의 에너지까지 포함한 값으로 결정된다. 설령 힉스 입자가 없었다고 해도 글루온의 에너지만으로도 핵자가 상당한 질량을 가질 수 있기 때문에 원자 또한 질량을 가질 수 있긴 하다. 이 점을 정확히 지적해준 박성찬 교수에게 감사한다.

구소 CERN에서 2012년 공식적으로 발표했다. 다음 해인 2013년, 힉스와 또 다른 이론물리학자 앙글레르Francois Englert(1932~현재)는 힉스 입자를 이론적으로 제안한 공로로 노벨 물리학상을 공동 수상했다. 힉스 입자의 질량은 상당히 무겁다. 양성자 질량의 100배가 넘으니까, 제법 무거운 원자 하나의 무게쯤 되는 입자다. 이렇게 무거운 입자를 실험실에서 발견하려면 (아인슈타인의 질량-에너지 등가원리에 따라) 굉장히 많은 에너지를 소모하는 시설이 필요하다. 많은 과학 발전이 그러했듯, 힉스 입자도 충분히 좋은 기계가 만들어지기 전까지는 그 모습을 드러내지 않다가 어느 순간부터는 '쉽게' 보이기 시작했다. 앞에서 온도를 낮추는 양적 변화가 초전도체 파동함수의 출현이라는 질적 변화를 이끌어냈다는 이야기를 한 적이 있다. 따지고 보면 힉스 입자의 발견 과정도 양적 변화(가속기 기술 발전)가 축적되자 질적 변화(안 보이던 입자가 보인다!)가 따라오는 양상을 보였다.

아침 신문 기사의 제목이 만약 "마이스너의 발견: 초전도체는 자기장을 밀어낸다!"였다면 독자가 굳이 그 기사 내용까지 읽어보려고 할 것 같지 않다. 그러나 만약 이 신문사의 편집장이 앤더슨이었다면 그 제목은 좀 더 멋지게 바뀌었을 것이다. "초전도체: 난부와 광자의 사랑으로 빚은 물질." 한층 더 자극적인 제목을 원한다면 "신의 입자 발견!"이라고 바꿔 달 수도 있다. 어떤 제목을 붙이느냐에 따라 독자 수, 요즘 식으로 말하자면 조회 수가 기하급수적으로 달라지는 것이 엄연한 현실이다. 그러나 차분히 따져보면 이 모든 사건의 발단은 오너스의 냉장고였다는 결론을 피해갈 수 없다. 힉스 입자의 기원을 거슬러 올라가다 보면 어느새 우리는 오너스가 평생을 바쳐 만든 바로 그 절대 냉장고 앞에 서 있게 된다.

두 종류의 액체헬륨

오너스의 냉장고에서 발견된 수은 초전도체는 분명 놀라운 존재였지만 다른 한편으론 극저온 세계에 사는 기묘한 양자 물질 중 첫 사례에 불과하기도 했다. 수은 초전도체 이후 수많은 초전도체가 발견됐다. 앞으로 다루게 될 양자 홀 물질도 절대영도 근방에서 발견된 전자계의 독특한 양자 상태다. 꽤 오랜 기간 동안 물리학자 사이의 정설은 "새 입자를 예측하거나 발견하면 노벨상을 받는다"였다. 실제로 수많은 노벨상이 이런 이유로 이론가와 실험가들에게 주어졌다. 양자 물질계에도 비슷한 정설이 있다. "새로운 물질을 발견하거나, 물질의 새로운 상태를 발견하거나, 그 새로운 상태를 설명하는 이론을 만들면" 노벨상을 받을 수 있었다. 수은 금속은 전혀 새로운 물질이 아니었지만 극저온에서 수은 금속이 보인 초전도 상태는 새로운 상태임에 분명했다. 그리고 그 초전도체의 원리를 최초로 설명한 BCS 이론의 창시자 세 명이 노벨상을 받았다. 액체헬륨 온도보다 훨씬 높은 온도에서 초전도 현상을 보이는 이른바 '고온 초전도체' 물질을 최초로 발견한 두 사람에게도 노벨상이 돌아갔다. 양자 홀 물질의 발견과 그 이론에 대해서는 여러 차례 노벨상이 주어졌다.

대중적으로는 거의 알려져 있지 않지만 실험과 이론 양면에서 여러 차례 노벨상이 주어진 유명한 양자 물질에 초액체가 있다. 유수풀의 물은 모터를 끄면 그 흐름을 멈춘다. 벽과의 마찰, 물방울과 물방울 사이의 충돌로 인한 에너지 손실 등이 그 이유다. 그런데 이런 저항을 조금도 느끼지 않고 계속 수로를 따라 흐르는 액체가 있다. 초액체다. 이 독특한 양자 물질의 발견 뒤에는 그 물질만큼이나 흥미로운 이력을 가진 인물이 있다.

카피차Pyotr Kapitsa(1894~1984, 1978년 노벨 물리학상 수상)는 러시아에서 태어났지만 영국 케임브리지로 건너와 러더퍼드의 연구실에서 일했다. 2장 '꼬인 원자'에 잠깐 등장했던 러더퍼드라는 인물은 맥스웰-레일리-톰슨에 이어 캐번디시 연구소 소장 자리를 물려받은 실험물리학자였다. 실험가로서의 그의 명성 자체도 전설에 가까웠지만, 동시에 그의 연구실은 세계 각지에서 유능한 젊은 과학자들이 양자 물리학의 과실을 따기 위해 모여드는 유럽 물리학의 성지이기도 했다. 실험물리학자로서의 재능이 탁월했던 카피차가 처음 추구했던 분야는 아주 강력한 자석을 만드는 일이었다. 자연에서 채굴하는 광물성 자석이 만드는 자기장의 세기는 상당히 미약하기 때문에, 이보다 수십, 수백 배 강한 자석이 필요한 실험실에서는 인공적인 방법으로 자석을 만들어야 한다. 좋은 방법이 하나 있긴 하다. 전선을 코일 모양으로 돌돌 감은 뒤 굉장히 강한 전류를 흘리면 된다. 코일을 따라 맴돌이 모양으로 흐르는 전류는 자기장을 만들어낸다. 이렇게 만들어진 자석을 전자석electromagnet이라고 부른다. 전원을 내리면 전류가 사라지고 전자석의 자성도 함께 사라지니까 실험실에서 사용하기도 편하다. 그러나 전자석은 조심스럽게 다루지 않으면 너무 강한 전류가 흐르는 바람에 도선이 녹아내리거나 전자석 자체가 폭발하기도 한다. 카피차는 안정적으로 작동하는 전자석 설비를 직접 만들고 그걸 이용해 강한 자기장 환경에서의 물성을 탐색하는 일에 뛰어난 성과를 보였다.

케임브리지에서 그가 일궈낸 다음 성과는 헬륨 냉장고를 만들어낸 것이다. 1934년 4월 19일, 그가 독자적으로 만든 기계에서도 액체헬륨이 성공적으로 만들어졌다. 같은 해 여름, 카피차는 잠시 고국 러시아를 방문했다가 그만 출국을 금지당한다. 스탈린이 소련을 통치하던 시절이었고, 카피차라는 뛰어난 인물이 갖고 있던 기술을 서방 세계 대신 조국을 위해 쓰길 바란 정치인들의 판단이 있었다고 일설은 전한다. 카피차는 자신의 출국을 금지한 정치인들을 설득해서 모스크바에 새로운 연구소를 세웠다. 그러고는 케임브리지에서 막 시작했던 액체헬륨 연구를 계속했다. 오너스가 만든 냉장고는 이제 세계 여러 곳에서 재현된 상태였다. 오너스가 있던 레이던대학교에서도 그의 사후에 액체헬륨 연구가 계속되었다.

일단 액화된 물질은 온도를 더 내리면 계속 액체로 남아 있든가, 아니면 고체로 굳어져야 한다. 그러나 특이하게도 절대온도 4도 근방에서 한번 액화된 헬륨은 절대온도 2도 근방에서 또 다른 액체 상태로 바뀐다는 사실이 발견됐다. 액체헬륨이 차가워져 고체가 되는 게 아니라 제2의 액체로 변했다. 굳이 물리학적 훈련을 받지 않아도, 기체와 액체가 서로 다른 상태이고, 액체와 고체는 또 다른 상태라는 것을 직관적으로 알 수 있다. 그렇지만 같은 헬륨 원자가 만들어낸 액체에 두 종류가 있다는 건 어떻게 이해해야 할까? 그 당시 최고 수준의 물리학자들도 해결하기 어려운 문제였다. 일단 절대온도 2~4도 사이에 존재하는 액체헬륨을 헬륨1, 그리고 절대온도 2도 미만에서 발견된 새로운 액체를 헬륨2라고 이름지었다. 두 액체의 물성 차이는 여전히 의문으로 남아 있었다.

때마침 1936년, 레이던의 실험실에서 중요한 단서 하나를 찾아냈다. 헬륨2가 헬륨1에 비해 열전달을 훨씬 잘한다는 사실을 발견했다. 액체 한쪽 끝의 온도를 다른 쪽보다 살짝 높이면 한쪽에서 뜨거워진 액체가 차가운 쪽으로 이동하면서 자연스럽게 열을 전도한다. 열전도가 뛰어나다는 말은 헬륨2가 헬륨1에 비해 훨씬 유동성이 좋다는 의미이다. 그렇다면 다음 질문은 유동성이 과연 '몇 배' 좋은가이다. 러시아에서 이 소식을 전해 들은 카피차는 이 질문에 대한 답을 구하기 위해 새로운 실험을 고안했다. 머리카락보다 가는 관을 만들어 그 속에 액체헬륨을 통과시키는 실험이었다. 그가 발견한 사실은 놀라웠다. 헬륨1은 관을 통해 몇 분 흐르다가 멈추었는데, 헬륨2는 그 흐름이 1천 배 이상 오랜 시간 유지되었다. 마치 벽과의 마찰이나, 헬륨 원자끼리의 충돌이 전혀 없는 것처럼 보였다. 카피차는 초전도 상태의 금속에서 전류가 회로를 따라 지속적으로 흐르는 현상과 그가 발견한 현상이 매우 유사하다는 걸 눈치채고, 헬륨2를 과감하게 초액체superfluid라고 이름지었다.

카피차의 발견은 1938년 〈네이처〉 141호 74쪽에 보고되었다. 75쪽에는 같은 현상을 관측한 앨런John Allen(1908~2001)과 마이스너Don Misener(1911~1996)의 결과가 실려 있었다. 앨런은 영국 케임브리지 연구실에서 카피차와 함께 액체헬륨 실험을 시작했는데, 카피차가 영국으로 돌아오지 못하는 바람에 실험실을 이어받아 독자적으로 실험을 계속했었다. 논문의 출판 시기로만 따져보면 초액체는 이 세 명의 '공동 발견'이 분명했다. 그러나 1978년의 노벨 물리학상은 카피차 한 사람의 발견만을 인정했다. 관례적으로 3인까지 노벨상 공동 수상을 인정하는 전통에 비춰봤을 때 좀 의아한 결정이기도 했다. 카피차가 다른 두 명과 함께 공동 수상하기는 했다. 초액체 발견과는 아무런 관계도 없는, 우주배경복사의 신호를 최초로 발견한 펜지어스Arno Penzias(1933~현재)와 윌슨Robert W. Wilson(1936~현재)이 두 명의 다른 수상자였다.*

두 종류의 액체헬륨을 구분하는 좀 더 극적인 방법이 있다. 우선 물을 통에 담고 통을 돌리는 실험을 상상해보자. 다음 그림의 왼쪽처럼 물도 따라 회전하고, 원심력 효과 때문에 가장자리의 수위도 약간 높아진다. 통돌리기를 멈추어도 물은 당분간 회전을 계속하다가 결국 마찰력 때문에 회전을 멈춘다. 회전하는 액체가 만들었던 소용돌이 상태도 에너지를 잃고 소멸되어버린다. 액체 소용돌이가 만들어내는 순환수(소용돌이 중심으로부터의 거리에 회전 속력을 곱한 값으로, 2장 '꼬인 원자'에 등장했다)는 통을 세게 돌릴수록 커진다. 딱히 어떤 특정한 값을 가질 필요는 없다. 2장 '꼬인 원자'에서 다룬 헬름홀츠의 유명한 증명은 소용돌이의 순환수가 (이상적인 액체에서는) 시간에 따라 변하지 않는다는 점을 증명했을 뿐이지, 그 숫자가 무엇이어야 하는지에 대해서는 아무런 제약을 주지 않았다. 액체헬륨의 두 가지 상태 중 하나인 헬륨1을 통에 담고 회전시켜보아도 마찬가지 결론에 도달한다.

---

* 초액체 발견과 관련된 역사적 서술은 세바스티앵 발리바Sebastien Balibar의 논문 〈The Discovery of Superfluidity〉를 참고했다. 해당 논문은 https://link.springer.com/article/10.1007%2Fs10909-006-9276-7에서 찾아볼 수 있다.

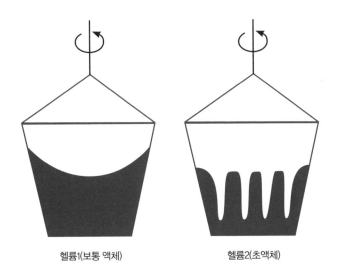

헬륨1(보통 액체)   헬륨2(초액체)

▲ (좌)보통 액체를 담은 통을 돌렸을 때의 액체 단면. (우)초액체를 담은 통을 돌렸을 때의 단면. 움푹
파진 우물 모양 하나하나는 양자화된 소용돌이를 나타낸다.

　이번엔 헬륨2, 즉 초액체를 담은 통을 돌려 똑같은 실험을 해보자.
초액체 역시 돌면서 소용돌이를 만든다. 통의 회전이 멈추어도 초액체
는 회전을 계속한다. 초액체는 벽과의 마찰력이 없기 때문에 멈추지 않
고 계속 회전한다. 뿐만 아니라 이 실험에서 우리는 초액체의 독특한
특성 하나를 발견할 수 있다. 회전하는 초액체가 만드는 소용돌이의 순
환수는 아무 값이나 될 수 없다. 다음 장 '빛도 물질이다'에서 자세히
다룰 플랑크 상수 h와, 헬륨 원자 하나의 질량 m을 조합해서 h/m이
란 수를 만들 수 있다. 초액체 소용돌이의 순환수는 오직 이 값만 가질
수 있다. 초액체를 담은 통을 회전시키다가 멈추면 초액체 여기저기에
소용돌이가 위의 그림 오른쪽처럼 맺힌다. 각각의 소용돌이가 갖는 순

환수는 모두 동일하게 h/m이다. 엄밀히 말하자면 h/m의 정수배 소용돌이, 그러니까 $2h/m$, $3h/m$짜리 순환수를 갖는 소용돌이도 허용되긴 하지만 현실 세계에선 이런 큰 덩어리 소용돌이가 만들어져도 곧 여러 개의 h/m짜리 작은 소용돌이로 분해되어버린다. 어떤 자연현상이 하나, 둘, 셋, 이런 정수로 표현될 때 우리는 그 현상을 "양자화되었다"고 한다. 초액체의 소용돌이는 양자화된 소용돌이quantized vortex이다.

1장 '최초의 물질 이론'에서 언급했듯 원자 속 전자의 상태를 몇 개의 정수, 즉 양자수로 표시할 수 있다. 양자화라는 말은 몇 개의 정수로 입자의 상태를 표기할 수 있다는 의미다. 꽤 오랫동안 이런 양자화된 표현법은 원자 혹은 입자 하나를 다룰 때에나 유효한 방법이라고 믿어왔다. 1949년 온사게르Lars Onsager(1903~1976, 1968년 노벨 화학상 수상)가 초액체 헬륨의 소용돌이 순환수가 h/m의 정수배로 양자화될 것이란 예측을 했을 때, 그 말을 당연하게 받아들인 사람은 별로 없었다. 그의 예측이 옳았다는 걸 영국의 (2장 '꼬인 원자' 말미에 잠깐 등장했던) 바이넌이 검증하는 데는 10년 가까운 기다림이 필요했다. 이론적 관점에서 보면 헬륨1은 '결이 깨진incoherent', 헬륨2는 '결이 맞는coherent' 상태다. 결이 맞는 상태는 수많은 헬륨 원자가 모인 액체헬륨이라는 집합이 단 하나의 파동함수로 기술된다는 의미이다. 초액체 상태가 하나의 파동함수로 기술된다는 사실을 받아들이기만 하면 소용돌이의 순환수가 h/m의 정수배로 양자화된다는 사실은 간단한 수식으로 증명할 수 있다. 바이넌의 실험은 초액체 헬륨이 하나의 거대한 파동함수로 기술된다는 점을 입증해주었다.

과학적 낙수 효과

오너스의 대단한 업적에도 불구하고 그의 이름을 대중적으로 친숙한 과학자의 반열에 올리기엔 무리가 있다. 심지어 물리학자 사이에서도 그의 이름은 생소하다. 물리학 교과서에서는 그의 이름을 '초전도체를 최초로 발견한 사람' 정도로 기록하고 있다. 물론 틀림없는 설명이긴 하지만, 그가 남긴 업적의 깊이를 제대로 전달하기엔 부족하다. 그의 진짜 업적은 절대 냉장고를 만들었다는 것 그 자체에 있다. 초전도체 발견은 오히려 냉장고 하나를 기가 막히게 잘 만든 덕분에 주어진 덤이었다.

그가 만든 절대 냉장고에 집어넣었을 때 비로소 양자 물질적 본성을 드러내고, 상온에서는 보이지 않던 기묘한 물성을 발현하는, 그래서 노벨 물리학상의 영광까지 누렸던 물질을 하나씩 꼽아보자. 우선 저항이 없는 금속과 액체, 즉 초전도체와 초액체가 있다. 초전도체와 관련된 노벨상 수상은 역대 세 번 있었다. 초액체와 관련된 노벨상 수상은 무려 네 번이나 있었다! 나중에 6장 '양자 홀 물질'에서 다룰 2차원 전자계는 이른바 위상 물질의 첫 사례였다. 그 발견 역시 차디찬 냉장고 속에서 이루어졌다. 양자 홀 물질의 발견 혹은 그 이론에 대한 노벨상 수상은 세 번 있었다. 21세기 물리학의 중요 쟁점이 될 게 분명한 양자 컴퓨터가 작동하는 환경도 절대영도 근방이다. 말 그대로 물질의 양자성이 제대로 발현될 때만 작동하는 게 양자 컴퓨터이니만큼, 극저온 환경이 꼭 필요한 것도 당연하다.

과학적 발견이 성숙해서 공학적 개발로 이어지고, 그 파급효과는 일상생활로, 경제로 흘러넘친다는 주장을 종종 접한다. 이른바 '과학적 낙수 효과'다. 물리학의 역사에서 이런 사례는 적지 않다. 뉴턴역학이 없었더라면 기계공학이 존재할 수 없었을 것이고 초고층 건물을 안전하게 짓는 일은 생각할 수 없었을 것이다. 19세기를 통해 완성된 전자기 현상의 이해 덕분에 20세기의 전기 문명이 가능해졌다. 20세기 후반부터는 전기 문명을 토대로 한 전자 문명, 즉 디지털 기기를 일상생활에서 사용하는 문명이 시작됐는데, 그 출발점은 반도체란 물질의 양자 물성 연구였다. 레이저도 어느 이론가(아인슈타인)의 방정식으로부터 출발해서, 실험실에서의 구현을 거쳐 상업화까지 성공적으로 일궈낸 대표적인 물리학의 산물이다(다음 장 '빛도 물질이다'에서 좀 더 자세히 다룬다). 한편, 이런 멋진 성공 사례들은 예외 없이 상온에서 작동하는 기계들이라는 것을 우리는 잘 알고 있다. 우주 공간만큼 차가운 곳에서나 발견되는 현상이 일상생활에 쓸모 있는 기계로 탈바꿈하기를 기대할 수 있을까? 우주는 호기심의 대상이고, 지구의 일은 그 나름의 문제다, 이렇게 생각하기 쉽다. 과연 그럴까?

몸이 아파 정밀 검사를 받으러 병원에 가면 MRI라는 기계 속으로 들어간다. 이 기계의 작동 원리에 대해서는 나중에 8장 '양자 자석' 편에서 다룰 예정이지만, 아마 그 기계를 한 번이라도 접한 사람이라면 강력한 자석이 MRI 장치 어딘가에 있다는 걸 알고 있을 것이다. MRI라는 단어는 Magnetic Resonance Imaging(자기 공명 영상기)의 약자다. MRI는 강력한 자기장을 발생하는 전자석을 사용한다. 이론적으로는 전류만 많이 흘리면 얼마든지 강한 자기장을 만들어낼 수 있다. 현실은 어떤가. 핸드폰으로 장시간 통화를 한 사람은 잘 알겠지만, 전자 제품은 오랫동안 쓰면 뜨거워진다. 전선을 따라 전류가 흐를 때 열이 발생하기 때문이다. 발생하는 열은 그 전선이 갖는 저항 값에 비례한다. 옴의 법칙에는 두 가지 측면이 있다. 하나는 전자를 밀어주는 힘에 비례해서 전류가 흐른다는 것이고, 다른 측면은 저항 값에 비례해서 열이 발생한다는 것이다. 아주 강한 자기장을 만들어내려면 그만큼 많은 열을 감당할 전선이 필요하다. 현실 속의 전선은 많은 전류를 흘리면 녹아버린다. 집집마다 설치된 두꺼비집에서 간혹 벌어지는 일이기도 하다.

초전도 금속으로 코일을 만들면 이 문제를 단번에 해결할 수 있다. 저항이 없으니 전류를 아주 많이 흘려도 열이 발생하지 않고, 계속 그 온도를 유지한다. 강력한 자석을 만들려면 일단 금속선을 코일 형태로 잘 감은 뒤, 액체헬륨 속에 집어넣으면 된다. 이른바 초전도 자석superconducting magnet의 작동 원리다. 대형 병원마다 설치되어 있는 MRI 기계 어딘가에는 초전도 자석이 있고, 그 뒤에는 액체헬륨을 담은 통이 숨어 있다. 액체헬륨과 초전도 자석은 이런 이유 때문에 종종 한 쌍으로 붙어다닌다. 게다가 초액체 헬륨은 기가 막힌 냉각수 역할도 해준다. 열전도를 잘 하는 액체는 그만큼 뜨거운 물체에서 열을 빼앗아 다른 곳으로 보내는 일도 효과적으로 한다. 초전도체, 액체헬륨, 그리고 초액체. 모두 오너스의 냉장고 속에서 탄생한 작품이다.

5
빛도 물질이다

그때는 틀리고 지금은 맞다

이 책은 '모든 물질은 양자 물질이다'라는 자명한 명제를 바탕으로 쓰였다. 물리학을 전공하지 않은 독자라도 이젠 이 명제의 자명함에 충분히 공감할 수 있을 것이다. 우리 주변에 보이는 모든 것들이 양자 물질이긴 하지만 이 책에서는 그중에서도 양자역학적 특성이 독특하게 발현되는 물질을 중점적으로 다루고 있다. 이미 4장 '차가워야 양자답다'에서 다룬 초전도체, 초액체가 그 좋은 사례다. 금속과 비금속은 일상에서 너무나 흔히 접하기 때문에 군이 양자역학과 결부시킬 필요를 느끼지 못할 수도 있지만, 3장 '파울리 호텔'을 읽은 독자라면 이런 친숙한 물질조차 양자역학과 배타원리라는 두 심오한 자연의 법칙을 알아야만 그 작동 원리를 제대로 이해할 수 있다는 점에 동의할 것이다.

지나가는 사람 아무나 붙잡고 "빛도 물질입니까?"라고 대뜸 물어보면 어떤 대답이 돌아올까? 물론 행인의 심기를 불편하게 만드는 질문일 수도 있다. 빛은 물질(가령 거울)로부터 반사되거나, 물질(가령 뜨거운 난로)로부터 복사된다. 다시 말하면 빛과 물질은 서로 상호작용한다. 그렇지만 "빛도 물질입니까?"란 질문은 그 이상의 대답을 요구하고 있다. 한편에는 빛의 세계가 있고 다른 한편에는 원자의 세계가 있어 그 두 세계 사이에 서로 상호작용이 있는 게 아니라, 애초부터 빛과 원자 모두 하나의 전체 집합, 즉 물질이란 집합 속에 소속된 구성원인가를 묻는 질문이다. "어쩌면 그럴 수 있을 것 같긴 하지만 잘 모르겠다" 정도가 보편적인 답변 아닐까 짐작한다. 고대 그리스의 4원소설만 봐도 그렇다. 불, 흙, 공기, 물은 4원소에 포함되지만 빛은 아니다. 빛은 물질이 아니라는 생각이 부지불식간에 있었다. 구약성경의 기자는 태초에 천지가 만들어지고, 그다음엔 빛이 생겼다고 말한다. 이 대목을 과학적으로 좀 '유연하게' 해석하자면 '천天, heavens'은 우주 공간, '지地, earth'는 물질이라고 볼 수 있다. 그렇다면 성경 역시 물질과 빛의 탄생 과정을 명백히 구분해서 기록하고 있는 셈이다.

우리가 딱히 깊은 사고를 하지 않아도 은연중 당연하다고 느끼는 물질의 보편적인 속성이 있다면, 그것은 물질이 알갱이, 즉 입자들의 집합체라는 점이다. 그렇다면 "빛도 물질인가?"란 질문은 "빛도 입자인가?"란 질문과 대동소이하게 받아들일 수 있다. 과연 빛은 입자인가? 빛의 속성이 무어냐고 물어보면 따뜻함, 밝음, 일곱 가지 무지개색 등이 대답으로 떠오를 것 같다. 우리의 체험을 통해 익숙한 빛의 속성 중엔 입자, 알갱이와 결부될 만한 성질이 없다. 어떤 대상이 입자라면 당연히 그 대상을 상자에 넣어 보관하고 운반할 수 있어야 한다. 그런데 음파(소리)는 상자에 가두지 못한다. 호수 표면에 이는 물결파도 상자에 담지 못한다. 빛도 마찬가지다. 빛을 담아 택배로 보낼 수 있는 상자는 존재하지 않는다.

이 장에서는 과학자들이 몇 세기에 걸쳐 빛의 정체를 차츰차츰 밝혀나갔던 흐름을 훑어보려고 한다. 빛에 대한 이해가 정확해지면서, 드디어 "빛도 입자구나!"라는 자각에 도달했고, 그 깨달음을 바탕으로 입자와 물질에 대한 양자역학 이론이 탄생했다. 거꾸로 말하면, 과학자들은 빛이 입자라는 사실을 인정하고 나서야 비로소 양자역학이란 건물을 지을 마음의 준비가 되었다. 양자역학의 한가운데에는 플랑크상수라는 수가 하나 있다. 어떤 물리학 공식이나 풀이에 이 상수가 등장한다면, 그 수식은 결코 뉴턴식 역학에서 유도할 수 없는, 온전히 양자역학적인 틀 안에서만 존재하는 결과라는 뜻이다. 양자역학에서 절대적 위치를 차지하고 있는 이 상수, 따라서 모든 양자 물질 이론에 빠지지 않고 등장하는 이 상수가 도입된 역사적인 맥락은 흥미롭게도 빛의 기묘한 거동을 이해하려는 시도였다.

'각금시이작비覺今是而昨非.' 도연명(365~427, 동진 말기 송나라 초기에 살았던 중국 시인. 동진 멸망 후 이름을 잠潛으로 개명)이 불혹의 나이 41세에 벼슬을 버리고 귀촌하여 지은 시 〈귀거래사歸去來辭〉의 한 구절이다. 그때는 틀리고(昨非), 지금은 맞는(今是) 모습이 보이는 건 인생살이뿐만이 아니다. 예전에는 물질과 빛이 서로 다르다고 믿었으나, 차츰 빛도 물질이구나 인정받아가는 과정이 곧 양자물리학 발전의 과정, 즉 '작비이금시昨非而今是'의 과정이었다. 빛에 대한 제대로 된 이해는 20세기 초반에 완성됐지만 그 이야기의 시작은 물리학의 아버지, 아이작 뉴턴의 작은 장난감, 프리즘이었다.

빛에 대한 공학적 접근: 빛을 나누는 장치

뉴턴은 그가 일생을 두고 연구한 업적을 두 권의 기념비적인 책으로 남겼다. 1687년, 나이 45세가 되던 해에 출판된《프린키피아Principia》는 그가 이미 20대 중반부터 그 기초를 닦았던 역학 체계(뉴턴의 1, 2, 3법칙)와 중력 법칙의 집대성이었다. 뉴턴이 알아낸 물질(입자) 세계의 원리를 다룬 작품이라고 할 수 있다. 한편 1704년 출판된《광학Opticks》에서는《프린키피아》에서 다루지 않았던 세계, 즉 빛의 세계에 대한 그의 탐구와 발견을 서술했다. 뉴턴의 세계관에서도 물질과 빛은 여전히 뭔가 다른 존재로 보였다.

전무후무한 수학자, 물리학자이면서 손재주가 뛰어난 공학자이기도 했던 뉴턴은 빛의 속성을 밝히기 위한 접근법으로 대단히 공학적인 방법을 택했다. 다음 그림은 뉴턴이 고안한 프리즘 실험이 무엇이었는지를 잘 보여준다. 그림 왼편에 S로 표시한 태양빛이 프리즘을 통과하면 여러 갈래 색으로 갈라진다. 물론 이 정도 실험은 요즘 초등학생도 누구나 한 번쯤 해봤을 것이다. 뉴턴의 집요함과 명석함은 그다음 단

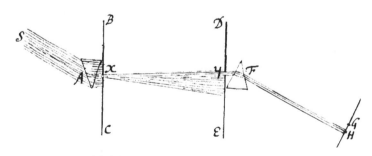

▲ 뉴턴이 자신의 이중 프리즘 실험을 설명하기 위해 그린 개략도.

계에서 드러난다. 첫 단계에서 갈라진 빛 중 하나만을 구멍으로 통과시킨다. 그림에 보이는 구멍 x가 그 역할을 한다. 백색광이었던 태양빛은 이런 여과 과정을 거치면서 특정한 색, 가령 빨간색 혹은 파란색이 지배적인 단색광으로 변한다. 구멍 x를 통과하면서 이미 정제된 빛은 두 번째 구멍 y 뒤에서 기다리는 프리즘 F를 지날 때 더 이상 여러 가지 색깔로 갈라지지 않을 만큼 순수한 단색의 빛이 되어 있다. 두 번째 구멍 y의 위치를 조금씩 바꾸다 보면 때로는 빨간색, 때로는 파란색으로 정제된 빛을 걸러낼 수 있다. 뉴턴의 프리즘은 분광학, 즉 여러 가지 색으로 섞여 있던 빛을 각자 고유의 색깔로 나누어주는 기술의 시초였다.

뉴턴이 개발한 분광학적 방법은 19세기 초반, 독일 바이에른 지역에서 태어난 프라운호퍼Joseph von Fraunhofer(1787~1826)의 손을 거쳐 비약적으로 발전한다. 11살에 부모를 잃고, 유리세공 기술을 배우기 시작한 그는 기하학적으로 완벽에 가깝고 결점이 없는 렌즈를 잘 만드는 기술자로 명성을 쌓았다. 프라운호퍼가 잘 만들었던 또 다른 광학 도구는 회절격자diffraction grating였다. 렌즈와 회절격자를 잘 부착하면, 분광기spectroscope를 만들 수 있다. 분광기의 작동 원리를 굳이 여기서 자세히 설명할 필요는 없을 것 같다. 뉴턴의 프리즘을 돋보기라고 치면, 프라운호퍼가 고안한 분광기는 현미경에 해당하는 정밀 기계였다.

프라운호퍼가 그의 분광기를 이용해 빛의 성질을 정밀하게 탐구하는 길을 개척했다면, 영국의 패러데이Michael Faraday(1791~1867)는 평생 전자기 현상을 끈질기게 탐구했다. 1845년 발표한 전자기 유도 현상은 그의 일생을 대표하는 업적이고, 물리학 역사상 가장 중요한 실험적 발견 중 하나이다. 패러데이는 프라운호퍼와 유사한 인생 역정으로도 흥미를 끈다. 비록 어려서 부모를 잃지는 않았지만 가난한 집에서 태어나 14세 때부터 인쇄소에서 책 만드는 일을 거들면서 독학으로 차츰 과학의 세계로 입문해서, 영국을 대표하는 존경 받는 과학자로 성장했으니 말이다. 그러나 프라운호퍼와 패러데이 사이에 놓인 정말 중요한 유사성은 그들의 인생 역정이 아니다. 프라운호퍼의 빛, 그리고 패러데이의 전자기 현상은 알고 보니 정확히 똑같은 방정식에 의해 기술되는 하나의 자연현상이었다. 빛과 전자기 현상의 대통합이 이루어진 현장, 19세기 영국으로 가보자.

빛은 파동이다: 맥스웰의 대발견

빛의 본질에 대한 '최초의 올바른 이해'는 스코틀랜드 출신의 과학자 맥스웰James Clerk Maxwell(1831~1879)이 만든 방정식을 통해서 이루어졌다. 1864년 12월 4일, 영국 왕립학회에서 구두로 발표한 논문에서 맥스웰은 그 당시 알려진 모든 전기적, 자기적 현상을 몇 개의 방정식으로 완벽하게 정리할 수 있다는 점을 보였다. 그뿐 아니라, 같은 논문에서 맥스웰은 그 방정식들을 잘 조작하면 전기장과 자기장의 움직임에 잘 들어맞는 방정식이 물결이나 음파의 거동을 지배하는 파동방정식과 똑같은 형태로 쓰인다는 사실을 증명했다.

아주 오랜 세월 동안 과학자들은 전기적 현상과 자기적 현상을 따로 구분해서 이해해왔다. 그러다가 패러데이가 결정적인 실험을 통해서 가만히 있지 않고 움직이는 자기장은 그 주변에 전기장을 만들어낸다는 사실을 증명했다. 패러데이의 발견을 쉽게 설명하자면 자석을 마구 흔들어대기만 하고 그 주변에 있는 꼬마전구에 건전지를 연결하지 않아도 저절로 불이 들어온다는 뜻이다. 이른바 전자기 유도 현상의 발견이었다. 나의 어린 시절, 70년대의 동네 자전거에는 두 종류가 있었다. 자전거 앞쪽에 전등이 있는 명품 자전거와 그렇지 못한 평범한 자전거. 기계 장난감이 별로 없던 시절, 자전거를 타고 갈 때마다 꼬마전구에 불이 들어오는 모습을 관찰하는 것은 상당히 흥분되는 체험이었다. 그때 우리는 자전거를 타면서 패러데이 원리를 체험했다. 전기 문명의 심장이라고 할 수 있는 발전소 역시 정확히 같은 원리로 작동한다. 발전소 어딘가에 있는 거대한 자석을 수력, 원자력, 풍력, 혹은 화력 등 다양한 방법으로 돌린다. 자석이 돌면 그 자석이 만들어내는 자기장도 같이 돌고, 회전하는 자기장은 전기장을 만들어낸다. 전기장은 전선에 있는 전자를 밀어주는 힘이다. 그렇게 움직이기 시작한 전자는 도선을 따라 우리의 가정으로, 일터로 전달되어 전기를 공급한다. 인류 문명의 역사를 서술할 때 결코 무너질 수 없는 주장을 하나 들어보라면 나는 "패러데이의 전자기 유도 원리 발견이 없었다면 현대의 전기 문명은 존재할 수 없었다"를 든다. 이 주장을 부정하는 것은 뻔히 알려진 자연법칙이 존재하지 않는다고 우기는 것과 마찬가지다.

맥스웰 이론의 정점은 단순히 전자기파의 운동방정식을 유도하는 데에 있지 않았다. 모든 파동방정식에는 그 파동이 진행하는 빠르기에 해당하는 숫자가 반드시 등장한다. 파동은 어떤 매질의 떨림이다. 줄의 떨림이나 목청의 떨림은 음파를, 호수나 바닷물의 떨림은 물결과 파도를 만든다. 각자의 떨림은 그 진원지로부터 일정한 빠르기로 퍼져

나간다. 음속은 초속 340미터 하는 식으로 모든 파동에는 각각 그 흔들림이 전달되는 빠르기가 있다. 맥스웰이 얻은, 전기장과 자기장의 진동에 잘 들어맞는 파동방정식에도 어떤 고유한 숫자가 등장했다. 그 숫자, 즉 전자기파의 진행 속력은 신기하게도 그 당시 알려진 빛의 속력과 매우 비슷했다. 우연의 일치라고 하기엔 좀 이상하다 싶을 정도였다. 맥스웰은 별다른 고민 없이 담담한 어조로 논문*에서 '자성과 빛은 본질적으로 같은 현상이고, 빛은 전자기장이 요동해서 생긴 파동이다'라고 결론 내린다.

맥스웰은 한 문장으로 표현했지만, 사실 여기엔 두 가지 중요한 선언이 섞여 있다. 그중 하나는 과학자들이 아주 오랫동안 서로 다른 존재라고 믿어왔던 전기장과 자기장, 빛이 사실은 같은 대상의 서로 다른 측면이었다는 자각이다. 두 번째는 빛이란 존재가, 그 자체의 파동방정식에 따라 움직이는 파동의 한 형태라는 사실이다. 이 짧막한 문장을 통해 맥스웰은 "빛이 무엇이냐"라는 인류의 아주 오랜 질문에 대한 정답을 찾아냈다. 그가 찾은 정답을 표현하는 데는 단 한 문장이면 충분했다. 그리고 비록 맥스웰이 논문에서 명시하진 않았지만, 그 선언의 함의는 분명했다. 빛은 파동방정식에 따라 움직이는 파동이다. 따라서 빛은 물질이 아니다. 우리에게 익숙한 파동의 예를 생각해보자. 물이라는 매질이 있고, 이 매질이 진동하면 물결의 흔들림, 즉 물결

---

* 맥스웰이 왕립학회에서 발표한 논문은 다음 해 《전자기장의 동역학 이론A Dynamical theory of the electromagnetic field》이란 제목으로 출판된다. 빛이 전자기파라는 주장은 논문의 6단원 '빛의 전자기 이론'에 등장한다.

파가 생긴다. 공기라는 매질의 떨림은 음파다. 이런 식으로, (빛을 포함한) 모든 파동은 이미 주어진 어떤 물질의 떨림이지, 그 자체를 물질로 볼 수는 없다. 이것이 빛에 대해 인류가 얻은 '최초의 올바른 이해'였다.

뉴턴의 프리즘을 통과한 빛은 제각각의 색깔로 갈라진다. 맥스웰의 이론에 따르면 서로 다른 빛은 서로 다른 전자기 파동에 해당된다. 또한 맥스웰 방정식에 따르면 모든 전자기파의 속력은 정확히 동일해야만 했다. 그렇다면 색깔의 차이는 전자기파의 어떤 속성으로 생기는 것일까? 그 차이는 각 색깔의 빛이 갖고 있는 파장波長, wavelength에서 비롯된다. 한자 뜻 그대로, 파동의 길이를 파장이라고 부른다. 운동장에 여러 명의 달리기 선수가 있다고 해보자. 한 선수는 키가 2미터, 다른 선수는 1미터, 또 다른 선수는 불과 50센티미터다. 동시에 출발선을 뛰어나간 세 명의 선수는 똑같은 시간에 결승점으로 들어온다. 똑같은 거리를 똑같은 시간에 달렸으니 속력, 즉 거리를 시간으로 나눈 값은 동일하다. 키가 2미터인 선수는 한 걸음에 2미터씩 내달렸다. 그대신 2초에 한 걸음씩을 달렸다. 키 1미터인 선수는 1초에 한 번씩 1미터를 내달렸다. 0.5미터짜리 선수는 발이 빨라 1초에 두 걸음씩, 한 걸음을 뗄 때마다 0.5미터씩 달렸다. 세 선수의 달리기 속력은 그래서 똑같다.

빛의 파장은 달리기 선수의 보폭과 같다. 어떤 빛은 보폭이 굉장히 크고, 다른 빛은 보폭이 작다. 전자기파의 세계에서 파동이 가질 수 있는 값은 수 킬로미터에서 수억분의 일 미터까지 다양하다. 서로 다른 파장을 갖는 파동은 한 번 떨리는 데 걸리는 시간, 즉 진동수(1초당 파동이 진동하는 횟수) 또한 제각각이다. 달리기 선수의 발걸음이 얼마나 잦은가를 측정하듯, 어떤 빛이 얼마나 자주 떨리는가 알려주는 숫자다. 빛의 진동수는 그 빛의 파장과 정확히 반비례한다. 그래서 어떤 전자기파든 그 파장 값과 진동수 값을 곱하면 항상 똑같은 값, 빛의 속력 c가 나온다. 수식으로 적으면 이렇다.

$$(빛의\ 파장) \times (빛의\ 진동수) = c$$

전자기파는 온갖 종류의 파장 형태로 다 존재할 수 있다. 인간의 눈은 그중에서 아주 특별한 파장 영역에 걸쳐 존재하는 전자기파를 '색깔'로 인식한다. 대략 수백 나노미터 길이의 파장을 갖는 전자기파를 우리는 빛으로 인식한다. 우리 눈에는 적외선, 자외선, 엑스선을 감지하는 기능이 없는 탓에 빛(가시광선)이 특별하게 느껴질 뿐이지, 물리학적인 측면에선 가시광선과 엑스선과 전자레인지에서 나오는 마이크로파 사이에는 아무런 차이도 없다. 맥스웰 방정식이 우리에게 가르쳐준 교훈이다. 그럼에도 불구하고 우리는 전자기파라는 단어를 사용해야 적절한 맥락에서도 여전히 빛이란 단어를 쓴다. 과학자들도 예외는 아니다. '빛'이 주는 뿌리깊은 친숙함은 과학의 힘으로도 극복할 수 없는 면이 조금은 있다.

만약 맥스웰의 답이 정답이라면, 그의 답은 최초의 답일 뿐 아니라 최후의 답이기도 해야 한다. 그런데도 앞에서는 맥스웰의 결론이 '최초의' 올바른 답이라고 줄곧 썼다. 이제부터 그 이유를 살펴보기로 하자.

물리학을 잘 모르는 사람이라도 속도의 상대성이 무엇인지 잘 알 것이다. 고속도로에서 시속 100킬로미터로 나란히 가는 두 대의 차는 피차 서로 정지해 있는 것처럼 보인다. 상대속도가 0이기 때문이다. 그러나 반대편 차선에서 시속 100킬로미터로 오는 차는 무척 빨라 보인다. 이 경우 두 차 사이의 상대속도는 무려 시속 200킬로미터다. 어떤 물체가 움직이는 속도는 관찰자가 움직이는 속도가 무엇이냐에 따라 다르게 관측된다. 고속도로에서 서로 다른 방향으로 주행하는 운전자가 빛의 속도를 각자 나름의 방법으로 측정하면 어떤 결과를 얻을까? 상식적으로는 이 결론 역시 관찰자의 이동 방향에 따라 달라야 한다. 빛이 진행하는 방향으로 운전하는 관찰자는 조금 느린 속력을, 반대 방향으로 차를 모는 운전자는 조금 빠른 속력을 측정해야 한다.

두 명의 미국인 마이컬슨Albert Michelson(1852~1931, 1907년 노벨 물리학상 수상)과 몰리Edward Morley(1838~1923)는 1887년 4월과 7월 두 차례에 걸쳐 빛의 속도를 정밀하게 측정하는 실험을 해보았다. 왜 하필 석 달 간격을 두고 실험을 했을까? 그럴 만한 이유가 있다. 석 달이면 지구가 태양 주위 궤도를 1/4만큼 돌아갈 시간이다. 궤도가 대략 원 모양이니까, 석 달이면 지구가 움직이는 방향이 90도만큼 꺾인다. 말하자면 동쪽으로 달리는 차와, 북쪽으로 달리는 차 두 대가 각각 빛의 속력을 관측하고 보고한 셈이다. 차 대신 지구의 운동을 이용했을 뿐, 서로 다른 방향으로 움직이는 관찰자 두 명이 동원됐다는 점에서는 앞에서 예를 든 고속도로 사례와 같다. 석 달 간격으로 측정한 빛의 속력은 적어도 마이컬슨과 몰리가 사용한 실험 도구가 허용하는 정확도 안에서는 차이를 보이지 않았다. 이 역사적인 실험이 있었던 해 아인슈타인의 나이는 8세였다. 그가 물리학에 기여를 할 나이가 되었을 때는 이미 빛의 속력이 관측자가 움직이는 속도에 무관하게 일정하다는 사실이 거역할 수 없는 자연의 섭리로 인정받고 있었다.

빛도 입자다! 난로와 전자레인지의 교훈

요즘은 집에서도, 학교에서도, 어디서도 보기 힘들긴 하지만 석탄 난로가 무엇인지 모르는 독자는 아마 없을 것이다. 한번 상상해보자. 따뜻한 난로 곁에 앉아 있으면 무엇이 느껴지는가. 말 그대로 난로의 따뜻함이 느껴진다. 일단 난로와 접촉하고 있는 공기가 따뜻해지고, 그 뜨거워진 공기가 차츰 주변으로 확산되어서 우리 몸까지 따뜻해진다. 이번엔 상황을 조금 더 재미있게 만들어보자. 만약 난로 주변의 공기를 청소기로 모두 빨아들여 진공상태가 되었다고 해보자. 물론 난로 속 석탄이 타는 데 필요한 공기와, 인간이 숨쉬는 데 필요한 공기는 여전히 있다고 가정하고, 단지 난로의 열을 전도해줄 매개체로서의 공기만 강제로 제거했다고 치자. 우리는 여전히 난로의 따뜻함을 느낄 수 있을까? 태양이 우주라는 거대한 진공을 통해서 지구에 따뜻함을 전달해주는 데 아무런 문제가 없는 걸 보면 난로 역시 공기의 도움 없이도 사람들에게 따뜻함을 전달할 수 있을 것 같긴 하다. 태양이나 난로가 우리에게 전달해주는 것은 엄밀히 말하면 열이 아니라 빛이다.* 빛

---

* 빛, 즉 가시광선뿐 아니라 눈에 보이지 않는 다양한 파장의 전자기파가 모두 방출되지만, 여전히 우리는 오랜 습관 때문에 그것들을 다 뭉뚱그려 빛이라고 부른다.

은 일정한 양의 에너지를 갖고 있고, 그 에너지는 지구의 공기와 만나 열에너지로 바뀐다. 우리는 빛의 따스함을 느끼는 게 아니라 빛이 뜨끈하게 달군 공기의 따스함을 피부로 느낀다. 열을 전달해주는 매질이 없어도, 빛은 여전히 진공을 빛의 속도로 날아와 자신이 갖고 있던 에너지를 상대에게 덜어준다. 이런 에너지 전달 과정을 복사輻射, radiation 라고 한다.

앞서 뉴턴이 사용한 프리즘이 프라운호퍼의 손을 거쳐 정교한 분광학 기계로 발전했다고 언급했었다. 프라운호퍼의 기계는 빛을 색깔별로, 즉 파장별로 잘 나누어준다. 만약 이런 기계를 한층 더 발전시킬 수 있다면, 각 색깔별 빛이 갖고 있는 에너지도 측정할 수 있지 않을까? 방법은, 적어도 원리적으로는 간단하다. 앞에서 나온 뉴턴의 도식처럼, 구멍을 뚫어 특정한 색깔의 빛만 통과시키는 장치를 분광기에 추가한다. 그 구멍을 통과한 빛은 예리할 만큼 정확한 색깔(파장)을 가진 빛이다. 이번엔 그 빛이 내는 열의 양을 정밀하게 측정할 기계를 부착한다. 가령 구멍 뒤에 물을 조금 담은 물통을 갖다놓은 뒤, 그 빛을 쏘인 물의 온도가 얼마만큼 올라가는지를 정밀하게 측정하면 된다. 물의 온도가 변화하는 정도는 정확히 빛이 물에게 덜어주는 에너지의 양을 반영한다. 물론 실제 기계는 이것보다 훨씬 세련된 방법을 사용해 에너지를 측정하지만, 그 원리를 따져보면 물의 온도 변화를 측정하는 것과 다르지 않다.

문제는 정교함에 있다. 이런 기계를 고안하고, 완벽한 성능으로 작동할 때까지 개선을 거듭하려면 누군가의 일평생이 다 소진될 수도 있다. 과학의 역사에는 장인 정신으로 무장한 기술자들의 헌신이 과학 발전의 주춧돌 역할을 하는 모습이 종종 보인다. 오너스 옆에서 실험 기구 제작을 담당했던 플림 같은 인물 말이다. 19세기 말 독일에는 그런 장인 정신이 만들어낸 분광학 기계가 있었고, 그 기계 덕분에 난로에서 발생하는 빛의 에너지를 색깔별로 정확히 측정할 수 있었다. 물론 진짜 석탄 난로를 실험에 쓴 것은 아니다. 어떤 물체든지 높은 온도까지 가열하면 발광한다. 발광하는 물체를 흑체blackbody라고 부르기도 한다. 19세기가 끝나갈 무렵 유럽의 물리학자들이 가장 관심 있어 했던 주제 중 하나는 흑체복사blackbody radiation 문제, 다시 말하면 '난로의 물리학'이었다.

플랑크Max Planck(1858~1947, 1918년 노벨 물리학상 수상)는 그 당시 나이 마흔을 바라보는 열통계 물리학에 정통한 이론가였다. 역사적인 업적을 남긴 이론물리학자들에게 흔히 통용되는 '20대 천재론'을 적용하기에는 이미 때가 늦은, 그런 물리학자였다. 1900년 무렵 그의 관심을 끌던 실험 결과는 흑체에서 발생한 빛의 에너지를 빛의 파장별로 잘 측정한 그래프였다. 마침 그가 있던 곳, 베를린에 있는 실험물리학자들이 얻은 최신 결과였다. 측정 결과는 굉장히 매력적이었지만, 기존 이론으로는 그 실험을 완벽하게 설명할 수 없었다. 문제는 빛의 파장별로 발생되는 에너지를 그린 그래프의 모양이 상당히 복잡하다는 점이었다. 다음 그래프처럼, 아주 낮은 파장과 아주 큰 파장의 빛은 그다지 큰 에너지를 갖고 있지 않았다. 하지만 어떤 적당한 파장값에서는 방출되는 에너지의 값이 최대로 올라갔다. 뿐만 아니라 그 최대 에너지를 방출하는 빛의 파장은 난로의 온도와 깊은 연관성이 있었다. 온도가 올라가면 최대 에너지를 방출하는 빛의 파장은 오히려 줄어들

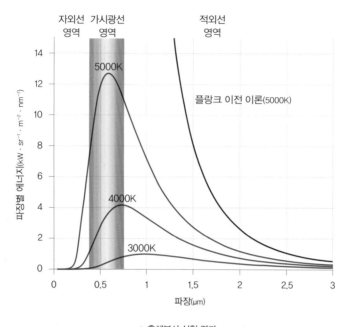

▲ 흑체복사 실험 결과.

었다. 플랑크 이전에 발표된 이론은 이 그래프의 모양을 부분적으로
설명하긴 했지만 전체 파장 구간에 대해 옳은 결과를 주지 못했다.

물리학 연구를 오래 해본 사람이라면 그런 실험 결과를 들여다보고
있던 플랑크의 묘하게 흥분된 마음 상태를 짐작할 수 있다. 신선한 생
선을 도마에 올려놓은 초밥 요리사의 느낌, 최고 품질의 대리석을 작
업장에 갖다놓은 조각가의 심정에 비유할 수도 있다. 비록 미약하지만
나 자신의 연구 경험에 비추어 보아도 자신 있게 다음과 같이 말할 수
있다.

"좋은 실험 결과는 이미 답(이론)을 품고 있다."

실험 결과 속에 숨어 있는 답은 이론가에게 속삭인다. "조금만 더 노력하면 나를 찾을 수 있어. 포기하지 마!" 세이렌의 유혹 같은 그 속삭임에 빠진 이론가는 밤낮으로 그 실험 결과를 머릿속에 그린다. 그뿐 아니라 평소와는 다른, 본인도 설명하기 어려운 특이한 사고방식의 지배를 받기 시작한다. 논리적 사고 대신 직관적 사고의 지배를 받기 시작한다. 쉽게 말하자면 실험을 설명하기 위한 답을 풀어내는 대신 답을 '찍는다'. 플랑크가 성공적으로 흑체복사 실험을 설명한 방법도 그 랬다. 1900년에 쓴 첫 번째 논문에서 그는 흑체로부터 복사된 빛이 갖고 있는 엔트로피에 대한 방정식을 직관적으로 적고 풀었다*(2장 '꼬인 원자'에서 헬름홀츠의 업적을 설명할 때 엔트로피의 개념도 함께 설명한 바 있다). 다시 말하면 빛의 엔트로피는 이럴 것이다라고 짐작해서 방정식을 적었다는 뜻이다. 플랑크는 그 당시 손꼽히는 엔트로피 이론 전문가였고, 빛의 엔트로피 공식을 어떻게 적어야 흑체복사를 설명할 수 있을지에 대한 직관을 갖고 있었을 것이다. 빛의 엔트로피를 알면 빛이 갖는 에너지도 손쉽게 구할 수 있다. 그런 방식으로 플랑크는 새로운 흑체복사 공식을 얻어낼 수 있었다. 그가 이 식을 공개한 지 며칠 지나지 않아서 실험 동료들부터 자신들의 실험 그래프와 플랑크가 유도한 함수가 모든 측정 구간에서 아주 잘 들어맞는다는 만족스러운 대답이 왔다. 일단 정답을 찍는 데는 성공한 셈이었다.

* M. Planck, Verh. d. deutsch. phys. Ges. 2, 202 (1900)

다만, 플랑크의 유도 과정에는 이전의 빛 엔트로피 이론에 없던 새로운 상수가 하나 추가되어 있었다. 이 상수 값을 잘 조절해나가니 어느 순간 실험 결과와 놀랍게 잘 들어맞는 곡선이 등장했다. 왜 그런지는 아직 알 수 없었지만, 새로 발견된 이 상수 값은 빛의 본질을 이해하는 데 꼭 필요한 역할을 하는 것 같았다. 이 상수가 바로 '플랑크 상수'로 불리는, 자연현상을 이해하는 데 가장 중요한 상수 중 하나다. 그러나 막상 그의 논문을 읽어보면, 새로운 상수 도입에 대해 플랑크가 크게 고민한 흔적이 없고, 또 거기에 큰 의미를 부여하려고 한 것 같지 않다. 그저 실험 결과에 잘 부합하는 공식을 유도하는 것이 그의 일차적인 목표였고, 인위적인 상수를 하나 도입하는 대가를 치르고 그 목표를 깔끔하게 성취했다는 인상을 준다.

그다음 과정은 조금 더 흥미롭다. 흑체복사 실험 결과와 잘 맞는 함수를 찾아내는 데 성공한 플랑크가 다음 과제로 착수한 일은 왜 그런 함수가 등장해야만 하는지 설명할 수 있는 좀 더 물리적인 모델 만들기였다. 1900년 12월 완성한 후속 논문에서 플랑크는 바로 그런 모델을 만들어 제시한다.[*] 그리고 그가 첫 논문에서 도입했던 새로운 상수에 'h'라는 이름을 붙였다(첫 논문에 등장한 상수는 'c'라고 적혀 있었다). 플랑크의 모델은 어떤 진동자resonator를 가정하는 데서 출발했다. 그 진동자의 물리적 실체가 무엇인지에 대한 명확한 답은 살짝 회피한 채, 다만 '어떤 진동자가 있어, 그 진동자의 에너지가 상수값 h와 진동수 f의 곱인 hf, 혹은 $2hf$, $3hf$, 이렇게 hf라는 기본 단위 에너지 값

• M. Planck, Verh. d. deutsch. phys. Ges. 2, 237 (1900)

의 정수배로만 존재한다고 치면, 흑체복사 실험 결과를 아주 잘 설명할 수 있다'는 것이 논문의 취지였다. 진동자의 에너지가 띄엄띄엄 '양자화'된 형태로 존재한다는 걸 가정했던 것이다. 이 책에서 이미 여러 차례 언급했던 '양자화된 숫자로 자연현상 이해하기'의 출발점이 된 가설이었다. 막상 1900년 플랑크가 쓴 두 편의 논문 어디에도 양자quantum란 단어는 등장하지 않는다. 그러나 불과 5년 후인 1905년, 스위스의 특허국 직원 아인슈타인이 독일의 물리학지 〈물리학 연보Annalen der Physik〉 6월호에 발표한 광전효과 논문에는 '양자'가 본격적으로, 여러 군데 등장한다.[**] 양자量子, quantum는 수량數量, quantity을 뜻하는 라틴어 'quantus'에서 유래한다. 물건의 개수를 하나, 둘 세듯, 빛이 품고 있는 에너지의 양을 하나, 둘 셀 수 있다는 의미로 도입한 단어이다.

아인슈타인의 1905년 첫 번째 논문인 광전효과 논문을 직접 읽어본 물리학자라면, 몇 가지 흥미로운 사실을 발견할 수 있다. 나에게 가장 인상적인 대목은 그가 논문을 시작하는 '말투'였다. 아인슈타인이 활동을 시작하던 당시 물리학의 틀에는 자연현상에 대한 두 가지 서로 상이한 표현법이 존재하는 것처럼 보였다. 그는 물질을 구성하는 것은 띄엄띄엄한 존재인 원자와 전자(양성자와 중성자는 아직 발견되기 전이었다)라는 점을 자명한 사실로 받아들이면서 이야기를 풀어나간다. 원자의 띄엄띄엄한 측면과는 달리, 맥스웰의 이론을 따르는 전자기파

[**] A. Einstein, Ann. d. Physik 17, 132 (1905). 아인슈타인은 같은 해 7월에 브라운 운동에 관한 논문을, 9월에 특수상대성이론 논문을, 11월에 질량과 에너지의 등가성을 다룬 논문을 차례로 같은 학술지에 발표했다.

에는 그런 띄엄띄엄한 성질이 없다는 점을 아인슈타인은 우선 지적한다. 다시 말하자면 원자는 '디지털'인데 빛은 '아날로그'였다. 이 두 가지 서로 다른 표현법이 아인슈타인에게는 불편하게 느껴졌던 모양이다. 빛은 사실상 원자로부터 발생하는 존재이니 말이다. 빛을 내는 태양, 혹은 빛을 반사하는 거울이나 수면은 모두 물질로 만들어져 있다. 빛의 근원이 되는 물질은 띄엄띄엄한 불연속적인 속성을 갖고 있는데 막상 그 배출물이라고 할 수 있는 빛은 연속성만 갖고 있다면, 뭔가 불합리해 보이지 않는가. 아인슈타인은 대담하게도 이 '디지털'과 '아날로그' 사이의 부조화는 단지 우리의 착시 현상일 수도 있다고 항변한다. "우리가 보는 빛의 현상은 단지 오랜 시간을 두고 관측한 평균적인 현상일 뿐, 원자가 빛을 방출하는 그 '순간'을 본 것은 아니지 않은가?" 이런 취지로 아인슈타인은 디지털과 아날로그 사이에 융합점이 있을 수 있다고 넌지시 제시한다.

이런 사고는 21세기 디지털 시대를 살고 있는 우리에겐 차라리 흔해 빠진 생각에 가깝다. 모든 정보를 디지털화해버린 컴퓨터를 통해 우린 아날로그적 음악을 듣고 영화를 본다. 초당 24개 이상의 화면을 보여주기만 하면 그걸 연속적인 영상, 즉 영화로 착각하는 게 우리의 시각적 능력인데, 수억분의 1초, 수조분의 1초 사이에 벌어지는 원자의 빛 방출 현상에 대해 우리의 경험이 어찌 단호한 판단을 내릴 수 있겠는가. 아인슈타인은 우리의 불완전한 인지 능력이 가진 허점을 교묘하게 파고들어, 빛도 디지털적 존재라고 볼 여지가 충분히 있다고 믿었던 것 같다. '직접 보지 못한 것에 대한 우리의 불완전한 경험을 근거로 섣불리 판단하지 말라'는 것이 20대 중반의 청년 아인슈타인이

스스로에게 내린 명령이었다. 그리고 그는 플랑크가 말했던 진동자가 곧 빛이라는 해석을 조심스럽게 내비친다. 이 새로운 해석에 따르면 플랑크가 상정했던 hf라는 에너지 덩어리를 갖는 존재는 바로 빛이었다.

아인슈타인의 광전효과 논문은 물리학자로서 그의 강점이라고 할 만한 사고의 흐름을 잘 보여준다. 아인슈타인은 왜 빛에너지가 양자화되어 있는가라는 질문에 대한 답을 굳이 구하지 않았다. 빛을 양자화하기로 선택한 것은 자연이고, 우리는 그저 자연이 택한 방식이 주는 함의를 잘 탐구하기만 하면 된다. '만약 빛이 광자라면…'이라는 취지로 시작되는 그의 논문 8단원(광전효과 논문은 총 9단원으로 구성되어 있다)은 이런 아인슈타인의 사고 흐름을 특히 잘 보여준다. 일단 빛이 광자라는 사실에 우리가 동의한다 치고, 그 가설을 검증할 만한 실험 하나를 제시한다.

광전효과 실험이라고 불리는 그 당시 주목받던 일련의 실험이 있었다. 일정한 파장의 빛에 쏘이면 금속 표면에서 전자가 튀어나오는 것을 볼 수 있다. 요즘으로 치면 전자레인지에 은박지를 넣고 돌리는 실험을 한 셈이다. 빛의 파장을 바꿔가면서 실험을 해봤더니, 어떤 파장에서는 전자가 전혀 안 튀어나오다가, 더 짧은 파장의 빛에 쏘이면 비로소 전자가 튀어나오는 게 실험의 요지였다. 단순하고, 얼핏 시시해 보이는 실험이었다. 빛photon을 쏘이면 전자electron가 튀어나온다고 해서 광전효과photo-electric effect라고 한다. 만약 빛의 에너지가 아인슈타인이 예측한 대로 (플랑크 상수)×(진동수)로 주어지는 게 맞다면, 광전효과를 일으킬 때 사용하는 빛의 진동수가 커질수록, 그 빛에 한 대 얻어맞아 금속에서 튀어나온 전자의 에너지도 커져야 한다는 게 아인슈타인의 단순한 예측이었다. 빛은 자신이 갖고 있던 에너지를 모조리 전자에게 물려주고는 소멸해버리니까 말이다. 그로부터 약 10년 후, 미국의 뛰어난 실험물리학자 밀리컨Robert A. Millikan(1868~1953, 1923년 노벨 물리학상 수상)은 아인슈타인의 예측이 정확했음을 검증한다.[*] 빛이 양자화된 에너지 덩어리라는 개념은 이런 식으로 차츰차츰 과학적 상식이 되어갔다.

입자의 대표 속성 중 하나를 꼽으라면 하나, 둘, 이렇게 셀 수 있다는 것이다. 아인슈타인의 예견과 그 뒤에 일어난 실험적 검증에 따르면 빛도 하나, 둘 셀 수 있다. 빛도 입자다. 따라서 빛도 물질이다!

파동의 물질성, 물질의 파동성

기적의 해 1905년에 아인슈타인이 마지막으로 출판한 네 번째 논문에는 그 유명한 식 $E = c\sqrt{(mc)^2 + (p_x)^2 + (p_y)^2 + (p_z)^2}$ 이 등장한다. 여기서 c는 빛의 빠르기인 3×10^8 m/s를 나타내고, m은 입자의 질량이다. 그 나머지 표현은 움직이는 입자의 운동량이라고 부르고, 각 방향으로 움직이는 운동의 크기를 표시해준다.[**] 뉴턴역학에선 운동량(p)이 움직이는 물체의 질량(m)과 속도(v)의 곱으로 간단하게 주어진다. $p=mv$. 문제는 빛이었다. 아인슈타인 자신이 만든 특수상대성이론을

- R. A. Millikan, Phys. Rev. 7, 355 (1916)
- 물리학에 등장하는 양은 종종 방향성을 갖고 있다. 운동량도 각 방향마다 제각각의 값을 가질 수 있다. 가령 p_x라는 표현은 x 방향의 운동량을 의미한다.

따르면 빛만큼 빠르게 움직이는 물체는 질량이 없어야만 했다. 동어반복으로 들리겠지만 빛은 빛만큼 빠르게 움직이니까, 당연히 질량이 없다. 질량이 없는 입자라고 가정을 해보면 아인슈타인의 공식은 간단하게 $E = c\sqrt{(p_x)^2 + (p_y)^2 + (p_z)^2} = cp$로 변한다. 운동량의 크기 p는 피타고라스 정리를 이용하면 각 방향의 운동량 성분을 제곱해서 다 더한 뒤 제곱근을 취해서 얻을 수 있다. 뉴턴역학의 체계에선 질량이 없는 입자라는 것 자체를 상상할 수 없고, 만약 그런 입자를 억지로 가정한다면 그 입자의 운동량은 항상 0이 될 수밖에 없다. 아인슈타인이 제안한 새로운 역학 체계에선 질량이 더 이상 입자의 절대적인 속성이 아니다. 설령 질량이 없는 입자라고 할지라도 운동량과 에너지라는 속성은 여전히 남아 있다. 특수상대성이론에 따르면 빛 알갱이는 c라는 빠르기로 끊임없이 움직이는 에너지 덩어리다.

다른 한편으로 생각하면 플랑크의 공식은 빛 알갱이가 갖고 있는 에너지를 $E=hf$, 즉 플랑크 상수와 진동수의 곱으로 표시해주었다. 여기서 말하는 진동수 f는 빛의 파장과 함께 (진동수)×(파장)=c라는 관계를 항상 만족해야 한다는 조건을 앞서 말한 적 있다. 그렇다면 빛의 에너지를 표현하는 데는 두 가지 방식이 존재한다는 결론에 도달한다. 아인슈타인의 표현 $E=pc$, 그리고 플랑크의 표현 $E=hf=hc/$(파장), 이렇게 두 가지다. 만약 두 식이 동일한 빛 알갱이의 속성을 표현하는 서로 다른 방식에 불과하다면 어떤 일이 생길까? 당연히 두 식은 동등해야 한다. 즉 $hc/$(파장)=(운동량)×c 라는 관계가 성립할 수밖에 없다. 여기서 마침 양변에 공통으로 등장하는 빛의 속력 c를 소거하고 나면 $h/$(파장)=(운동량)이란 관계가 남는다. 두 공식의 동등성은 결국 빛의 운동량과 파장 사이에서 (운동량)×(파장)=h 라는 관계식으로 발전한다.

가만히 생각해보면 이 식의 의미가 조금 알쏭달쏭하다. 운동량은 뉴턴역학 이후로 줄곧 입자의 전형적인 속성으로 알려져 있었다. 반면 파장은 파동의 전형적인 속성이다. 빛 알갱이에는 이 두 가지 속성이 공존한다. 파동인줄 알았던 빛에는 입자의 속성, 즉 운동량도 있었다. 그 두 속성은 플랑크 상수를 통해 서로 연결된, 사실은 동일한 입자의 속성을 표현하는 서로 다른 언어일 뿐이었다. 빛의 파장값을 알면 빛의 운동량을, 혹은 그 반대로 운동량으로부터 파장을, (운동량)×(파장)=(플랑크 상수)라는 간단한 변환 공식을 이용해서 알아낼 수 있다.

프랑스의 젊은 물리학자 드브로이Louis de Broglie(1892~1987, 1929년 노벨 물리학상 수상)는 대학원생 시절 발표한 논문에서, 빛 알갱이에 대한 식 (운동량)×(파장)=(플랑크 상수)를 새롭게 해석하는 시도를 했다.* 만약 이 식의 양변을 파장 값으로 나누면 앞서 말한 대로 (운동량)=(플랑크 상수)/(파장), 이런 공식을 얻게 되고, 그 해석은 '어떤 파장을 갖는 파동에는 그에 해당하는 운동량이란 속성이 있다. 즉 파동은 동시에 입자성을 띤다'가 된다. 반면 식의 양변을 운동량 값으로 나누면 어떻게 될까? 일단 식이 (파장)=(플랑크 상수)/(운동량)으로 바뀐다. 드브로이는 이 식에 대해 대담하고 새로운 해석을 부여한다. 어떤 입자가 있다면 그 입자의 속성인 운동량이 반드시 존재한다. 그런 입자에는 동시에 파동의 속성이라고 할 수 있는 파장 값을 줄 수도 있

* L. de Broglie, Comptes Rendus 177, 507, 548, 630 (1923)

다. (파장)=(플랑크 상수)/(운동량) 식을 이용해서 말이다. 아인슈타인은 (운동량)×(파장)=(플랑크 상수)라는 공식을 파동으로부터 입자의 속성을 유추하는 경로로 이해했다면, 드브로이는 거꾸로 입자성 속에 내재한 파동성을 유추하는 도구로 이 식을 이해했다. 얼핏 보면 단순하고, 우스꽝스럽기까지 한 논리다. 이런 황당해 보이는 주장으로 어떻게 박사학위를 받을 수 있었나 하는 의심이 들기도 한다. 그럼에도 불구하고 만약 드브로이의 관점이 옳다면, 그래서 입자의 거동이 파동의 움직임으로 재해석될 수 있다면, 입자의 운동 자체를 아예 파동방정식으로 기술할 수 있어야 하지 않을까?

드브로이의 논문이 발표된 해는 1923년이었다. 그로부터 불과 3년 후인 1926년 1월, 오스트리아의 물리학자 슈뢰딩거Erwin Schrödinger (1887~1961, 1933년 노벨 물리학상 수상)는 드브로이의 제안을 한층 발전시킨 새로운 종류의 파동방정식, 지금은 슈뢰딩거 방정식으로 불리는 운동방정식을 세상에 발표한다. 슈뢰딩거 방정식의 등장으로 지금 우리가 양자역학이라고 부르는 새로운 역학 체계의 시대가 공식적으로 출발했다. 이제는 슈뢰딩거 방정식을 수학적으로 잘 풀기만 하면 원자를 비롯한 물질의 성질을 기계적으로 알아낼 수 있는 '양자 과학'의 시대가 본격적으로 시작된 것이다. 슈뢰딩거 방정식의 발견은 양자 물질에 대한 이론적 탐색이 본격적으로 시작되는 시발점이기도 했다.

양자역학 발전 과정에서 아인슈타인의 공식 $E=pc$와 플랑크의 공식 $E=hf$가 갖는 등가성이 한 역할은 결정적이었다. 두 공식의 등가성을 통해 본래 파동인 줄만 알았던 빛은 에너지 알갱이가 되고, 본래 입자인 줄만 알았던 것들은 거꾸로 파동이 됐다. 그 시작은 난로에서 발광

된 빛에 대한 진지한 탐구였다. 빛이 파동임을 증명했던 맥스웰로부터 슈뢰딩거의 양자역학 방정식 탄생까지, 그 탐구의 시작과 끝만 딱 떼어놓고 보면 천지개벽과도 같은 변화가 분명했다. 하지만 그 중간 과정을 단계별로 뜯어보면 한 알의 도토리가 땅에 떨어져 싹이 나고 크게 자라 마침내 참나무가 되듯 점진적인 변화의 측면도 분명히 보인다. 양자역학의 핵심 상수를 도입한 플랑크의 논문에는 막상 양자란 단어가 하나도 등장하지 않았고, 빛이 알갱이라고 주장한 아인슈타인의 논문에는 광자photon란 단어가 없다. 대신 '양자'는 자유롭게 사용하고 있다. 정작 '광자'를 공식적으로 사용한 건 1926년 미국의 물리화학자 루이스Gilbert Lewis(1875~1946)였다.[*] (학문적) 선배에게는 매우 조심스러웠던 개념이 다음 세대에선 자연스럽게 통용되고, 이를 토대로 다음 단계로 조심스럽게 나아가는 현상은 그 당시나 지금이나, 변함없이 과학이 움직이는 모습이다.

아인슈타인이 '놓친' 노벨상

1900년 플랑크의 논문이나, 1905년 아인슈타인의 논문은 공통적으로 빛 그 자체의 성질에 대한 토의를 담고 있다. 그리고 앞서 말한 대로 이 두 논문은 빛에 대해 과학자들이, 인류가 갖고 있었던 인식을 통째로 바꾸는 데 기여했다. 빛은 물질로부터 나온다. 정확히 말하면 원자

---

[*] G. N. Lewis, Nature, December 18, (1926). 루이스는 전자 사이의 공유결합이란 개념을 도입한 화학자로 유명하다. 41번이나 노벨 화학상 후보 지명을 받았지만 수상하지 못했다.

로부터 나온다. 잠시 3장 '파울리 호텔'의 비유를 떠올려보면, 파울리 호텔의 높은 층에 있던 전자가 낮은 층으로 떨어지면서 외부로 방출하는 게 빛이라는 사실이 기억날 것이다. 그러나 플랑크와 아인슈타인의 논문이 나왔을 당시만 해도 아직 이렇게 깔끔하고 단순하게 원자와 빛 입자 사이의 상호작용 관계를 표현해줄 이론적 모델이 없었다. 그럼에도 불구하고, 어떤 방식이 됐건 원자와 빛이 저 미시적인 세계에서 서로 상호작용하는 건 분명했다. 우리가 아침에 눈을 뜨고 밤에 눈을 감을 때까지 보는 모든 현상은 원자와 빛의 상호작용의 결과물이니까 말이다.

비록 미시적인 모델은 없다 하더라도, 뛰어난 물리학자라면 이미 알려진 사실만을 근거로 그럴듯한 가설을 세우고, 그 가설을 토대로 이론을 전개할 줄 안다. 물론 미시적인 모델을 모르는 상태이기 때문에, 물리학자는 일단 가설을 세우고, 그 가설로부터 몇 가지 검증 가능한 예측을 제시하고, 그 예측을 현실에서 실험으로 검증해보도록 요구한다. 만약 예측과 실험 결과가 잘 맞으면 그가 처음에 세운 가설은 단순한 가설을 넘어선 이론으로서 차츰 인정을 받게 된다. 플랑크와 아인슈타인이 광자 문제를 다루면서 취한 접근법이 이러했다. 물리학에서는 이런 방법을 '현상론적' 접근법이라고 부른다.

반면, 가장 근본적인 방정식을 찾아내고, 그 방정식의 풀이를 통해서 자연의 작동 방식을 수학적으로 유도하고자 하는 좀 더 근본주의적 접근법이 있다. 아인슈타인의 특수상대성이론이나 일반상대성이론은 이 범주를 대표하는 업적이고, 그 덕분에 아인슈타인은 뉴턴과 함께 물리학 최고의 근본주의자라는 평가를 받는다. 그러나 사실 아인슈타인은 현상론적 이론을 만드는 데도 어마어마한 능력이 있었다. 현상론자는 실험 결과가 주는 속삭임에 예민하게 귀기울이는 반면, 근본주의자는 이론 자체의 엄격함, 완전무결성에 흥분한다. 1급 현상론자가 동시에 1급 근본주의자가 되기 힘든 이유는 각기 요구하는 기질이 다르기 때문이다. 아인슈타인은 그 이분법적 분류를 초월한 20세기 최고의 현상론자이면서 동시에 근본주의자였다.

아인슈타인의 특수상대성이론은 약 10년의 노력을 거쳐 일반상대성이론으로 확장되었다. 그 기간 동안 다른 분야에 대한 논문도 꾸준히 쓰긴 했지만, 일반상대성이론에 필적할 만한 업적은 아니었다. 어쩌면 그가 일반상대성이론을 만드느라 오랜 시간 한눈을 판 덕분에, 유럽의 젊은 과학자들이 그 대신 빛과 원자의 상호작용 문제를 차분히 들여다볼 기회를 누릴 수 있었다는 생각도 든다. 아인슈타인이 그 유명한 중력장 방정식을 발표한 1913년, 덴마크의 젊은 이론가 닐스 보어Niels Bohr(1885~1962, 1922년 노벨 물리학상 수상)는 원자-빛 상호작용에 관한 혁신적인 모델을 세상에 발표한다.[*]

우선 보어의 원자 모델을 좀 살펴보자. 보어는 수소 원자를 핵(양성자) 주변에 전자 하나가 돌고 있는 일종의 행성계로 취급했다. 전자의 운동은 태양 주변을 도는 지구의 운동과 비슷하게 원운동이라고 가정했다. 원운동은 중심으로부터 일정한 거리만큼 떨어진 궤도를 회전하는 운동이다. 여기에는 물리학자들이 각운동량이라고 부르는, 전자의 운동량과 원궤도의 반지름을 곱한 양이 하나 등장한다. (각운동

・ N. Bohr, Phil. Mag, 26, 1, 476, 857 (1913); Nature 92, 231 (1913)

량)=(운동량)×(반지름). 보어는 전자의 각운동량에 대한 대담한 가정을 하나 도입했다. 그 가정이란, 전자의 각운동량이 플랑크 상수에 정비례하는 띄엄띄엄한 값만 가질 수 있다는 것이었다. 플랑크와 아인슈타인은 빛, 즉 광자의 에너지가 (플랑크 상수)×(진동수)=hf의 정수배로만 존재한다는 주장을 했었다. 보어는 빛에 적용됐던, 그래서 어마어마한 성공을 거두었던 양자화 가설을 이번엔 전자의 원운동에 적용해보기로 마음먹었다. 보어가 과감하게 도입한 각운동량의 양자화 가설에 따르면 전자가 가질 수 있는 에너지 또한 띄엄띄엄한 값만 허용됐다. 어떤(뤼드베리라고 부르는) 에너지 단위가 있고 그 단위의 1배, 1/4배, 1/9배, 이런 식으로 주어진 값만이 전자에게 허용된 에너지라는 결론이 얻어졌다. 다른 대담한 물리학의 가설처럼, 보어의 가설 또한 실험적인 검증을 거쳐야 했다. 그러나 다행히도, 그런 실험은 보어의 이론이 등장하기 아주 오래전부터 이미 존재하고 있었다. 보어의 이론은 그 실험 결과와 거짓말처럼 잘 들어맞았다!

수소 원자로 가득 찬 기체를 가열하면, 수소 원자에서 빛이 나오기 시작하면서 기체를 담아둔 투명한 유리관이 밝은색으로 빛나기 시작한다(네온사인의 원리이기도 하다). 우리 눈으로 볼 때는 붉은색, 노란색, 이렇게 단색으로만 발광하는 것처럼 보이지만 분광기를 이용해 들여다보면 사실 한 원자로부터 굉장히 많은 종류의 빛이 나오고 있다. 수소 원자로부터 발생하는 빛의 종류, 즉 파장의 종류는 이미 19세기 말에 잘 알려져 있었다. 보어의 원자 모델은 수소 원자가 방출할 수 있는 빛의 파장이 무엇인가를 순식간에 알려주었다.

수소 기체를 가열하면 그 열에너지 때문에 낮은 에너지 상태에 있던 전자가 높은 에너지 상태로 이동한다. 그렇지만 높은 곳에 올라간 전자는 언젠가 다시 낮은 에너지 상태로 내려와야 하는 법, 결국 다시 아래로 추락한다. 추락하는 과정에서 잃어버리는 전자의 에너지는 그냥 사라지는 게 아니다. 그만큼의 에너지를 갖는 빛 알갱이, 광자의 형태로 방출된다. 우리가 보는 밝은 빛은 바로 이런 과정을 통해 원자로부터 방출된 광자다. 전자의 에너지가 띄엄띄엄 존재하다 보니, 그 에너지의 차이도 띄엄띄엄할 수밖에 없다. 따라서 방출되는 광자의 에너지도 띄엄띄엄하다. 그런데 플랑크-아인슈타인의 공식에 따르면 광자의 에너지는 곧 전자기파의 진동수에 정비례한다. 따라서 진동수가 양자화되고, 이건 곧 방출되는 빛의 파장이 양자화됨을 의미한다. 보어의 모델에 따라 수소 원자로부터 방출되는 빛의 파장을 계산해본 결과 이미 잘 알려진 실험적 결과와 정확히 일치했다.

1913년 발표된 이 보어의 원자 모델에 대한 아인슈타인의 반응은 어땠을까? 아인슈타인은 종종 양자역학을 극렬히 반대한 사람으로 알려져 있지만, 막상 그가 보어의 논문을 대한 태도는 (아인슈타인답게) 지극히 실용적이었다. 보어의 원자 모델을 토대로 아인슈타인은 원자-빛 상호작용에 대한 그의 생각을 담은 논문 한 편을 1916년 무렵 발표했다. 자신의 광전자 논문이 나온 지 대략 10년 만의 일이다. 보어의 모델은 굉장히 유익한 모델이었고, 수소 원자에 관한 분광학 실험 결과를 기막히게 잘 설명했다. 실험과 잘 들어맞는 모델이라면 굳이 안 받아들일 이유가 없었다. 아인슈타인은 보어 모델을 출발점으로 몇 가지 유익한 상상을 덧붙였다.

일단 그는 보어의 모델이 단지 수소 원자뿐 아니라 일반적인 원자나 분자에도 적용될 수 있을 것이라고 보았다. 어떤 원자나 분자든지, 그 속에 있는 전자는 몇몇 띄엄띄엄하게 정해진 에너지 상태에만 있을 수 있고, 한 상태에서 다른 상태로 이동하려면 빛 알갱이 하나를 내놓거나 주변에서 빨아들여야 한다고 믿었다. 아인슈타인은 논의를 단순화해서 전자가 존재할 수 있는 상태가 딱 2개만 있다고 가정했다. 그 상태를 편의상 (위)와 (아래)라고 부르자. 아인슈타인은 이렇게 전자가 (위) 또는 (아래) 상태에 거주하고 있는 원자가 잔뜩 모여 있는 어떤 물질을 상상했다. 수많은 원자로 구성된 그 물질 속에서 어떤 원자 속의 전자는 (위) 상태에 있고, 다른 원자 속 전자는 (아래) 상태에 있다. 뿐만 아니라 한 순간 (위)에 있던 원자는 다음 순간 (아래)로 떨어질 수도 있다. 빛 알갱이 하나를 방출하면서 말이다. 그 반대 과정도 있을 수 있다. (아래)에 있던 전자가 주변을 돌아다니던 광자 하나를 포획해서 잡아먹으면, 에너지를 얻어 (위) 상태로 전이할 수도 있다. 이렇게 원자 사이에서 광자를 서로 주고받는 일이 계속 되다 보면 어느 순간에는 더 이상 (위) 상태와 (아래) 상태에 있는 원자의 개수가 거의 변하지 않는, 평형 상태에 도달한다.

통계역학의 기법을 잘 사용하면 전체 원자 중 몇 개가 (위) 상태에 있는지, 혹은 (아래) 상태에 있는지를 계산할 수 있다. 그뿐 아니라 광자의 개수도 계산할 수 있다. 아인슈타인은 그 당시 누구 못지않은 통계역학의 달인이었고, 그는 이 모든 원자와 광자의 개수를 통계역학적 방법으로 계산하는 데 성공했다.

1916년 아인슈타인이 발표한 논문을 보면 흥미로운 대목이 하나 눈에 띈다. 만약 그의 이론이 맞다면 원자 세계에선 다음과 같은 기이한 상황이 벌어져야 했다. (위) 상태에 있는 원자 주변에 광자가 잔뜩 있다고 해보자. 포식자인 원자 입장에선 맛있는 먹이인 광자를 하나 더 잡아먹고 싶겠지만, 이미 배가 잔뜩 부른 상태라 굳이 그럴 필요가 없다. 현실적으론 전자가 이미 (위) 상태에 있고 더 이상 에너지가 높은 상태로 전이하는 게 불가능하기 때문에 광자를 흡수할 수도 없다. 그런데 원자는 배부른 포식자와는 전혀 다른 거동을 하기 시작한다. 이미 가젤 한 마리를 잡아먹고 배가 잔뜩 부른 사자라면 주변에 있는 또 다른 가젤 무리를 봐도 본체만체할 것이다. 주변에 나타난 가젤 떼를 보고 식욕이 돋는다면서 이미 먹은 가젤을 토해낼 사자는 없다. 그러나 우리의 원자는 사자보다 훨씬 욕심이 많다. 주변에 많이 널려 있는 광자를 보면, 자발적으로 광자 하나를 토해내면서 (위) 상태에서 (아래) 상태로의 전이를 감행한다. 자극 방출stimulated emission이라고 불리는 이런 기이한 현상이 원자 세계에서 벌어져야만 한다는 게 아인슈타인의 깨달음이었다. 다시 생각해보니, 비록 사자-가젤의 생태계에선 이런 자극 방출이 일어나지 않지만 아기-장난감 생태계에서는 충분히 일어날 법도 하다. 두 손에 장난감을 잔뜩 쥔 아이한테서 그 장난감을 뺏는 방법은 무엇일까? 아이를 키워본 부모라면 대개 그 답을 안다. 아이 눈 앞에 새로운 장난감 하나를 흔들어준다. 아이는 그 장난감 하나를 얻기 위해 손에 쥐고 있던 장난감 전체를 방출해버린다! 집에서 키우던 어린 암사자(딸) 하나가 그렇게 행동했던 걸 나는 아직 생생히 기억한다.

말하자면 광자 무리는 (위) 상태에 있는 원자를 살살 약올려서 그 원자로 하여금 광자 하나를 내놓게 만든다. 이젠 광자 개수가 하나 더 많아졌다. 무리가 불어난 광자는 더욱 효과적으로 다른 원자를 공략해서 광자를 빼낼 수 있게 됐다. 광자의 개수는 점점 늘어날 수밖에 없다. 아예 이런 원리를 잘 이용해서 '광자 증폭기'를 만드는 것도 가능할지 모른다. 우선 열을 주거나 다른 방법을 이용해서 원자를 좀 흥분시키면 (아래) 상태에 있던 원자가 (위) 상태로 옮아간다. 그렇게 일단 흥분된 원자는 자극 방출 원리에 따라 자꾸자꾸 광자를 방출한다. 만약 이런 일이 정말로 벌어지는 기계를 만들 수 있다면 빛을 끊임없이 발생시키는 광원으로 쓸 수 있다. 우리가 레이저라고 부르는 기계는 바로 이런 원리로 만들어졌다.

아인슈타인은 플랑크 이론의 최대 수호자이면서 동시에 최대의 수혜자이기도 했다. 그는 플랑크의 제안이 담고 있는 함의를 집요하게 파헤침으로써 광자가설을 도입했고, 광전효과를 설명했고, 자극 방출 원리를 발견했다. 광자가설과 광전효과는 그가 노벨상을 받은 직접적인 원인이 됐다. 자극 방출 원리는 20세기 후반 레이저의 발달과 레이저를 기반으로 한 무수한 과학 발전의 토대가 됐다. 그 영향력을 놓고 본다면 자극 방출 원리 발견은 또 다른 노벨상 감이었다. 아인슈타인이 놓친 노벨상은 특수상대성이론, 일반상대성이론만이 아니었다. 그 목록에 후보를 또 하나 더한다면 보스-아인슈타인 응축이라는 특이한 현상을 들 수 있다.

인도의 이론물리학자 보스Satyendra Bose(1894~1974)는 플랑크가 최초로 유도하고(1900년), 아인슈타인이 좀 더 멋진 방법으로 유도한 (1916년) 흑체복사 공식을 한층 더 멋지게 유도하는 방법을 우연히 떠올렸다. 그의 이론에는 오직 빛 알갱이, 즉 광자들과 그 광자가 들어가는 방만이 존재했다. 3장 '파울리 호텔'에서 비슷한 이야기를 했던 적이 있다. 전자라는 입자는 파울리 호텔의 방 한 칸씩을 차지하고 있고, 한 방에는 성별로 1개의 전자만 들어갈 수 있었다. 보스는 파울리 호텔과 비슷하게 생긴, '보스 호텔'의 각 방에 광자라는 투숙객이 들어가 있는 모델을 떠올렸다. 파울리 호텔과는 달리 보스 호텔에는 각 방에 광자가 얼마든지 들어갈 수 있었다. 파울리 호텔에 투숙객을 배치하는 문제는 대단히 간단했지만, 보스 호텔에서는 좀 더 복잡한 문제로 변했다. 어떤 방엔 광자가 하나, 또 어떤 방엔 2개, 또 어떤 방엔 3개, 이런 식으로 투숙객 수가 제멋대로다 보니 방 배치의 방식도 굉장히 많아졌다. 보스는 광자의 방 배치 가짓수를 정확히 계산해냈고, 그 결과를 이용해서 20여 년 전 플랑크가 얻은 흑체복사 함수를 재현해냈다. 1924년 무렵의 일이었다.

파울리 호텔에 거주하는 전자는 한 방에 (성별로) 1개씩만 들어갈 수 있다. 보스는 한 방에 들어갈 수 있는 광자의 개수에 제한을 두지 않았다. 왜 보스는 광자가 파울리 원리를 따르지 않는다고 믿었을까? 그 이유는 간단하다. 파울리 원리가 아직 세상에 존재하지 않았다! 파울리의 배타원리가 세상에 발표된 건 1925년, 보스의 논문이 세상에 나온 건 그보다 한 해 빠른 1924년이었다. 굳이 독거를 고집하는 괴팍한 성격의 입자가 세상에 존재할 것이라고 믿을 이유가 없었던 보스는 한 방에 들어가는 광자의 개수에 제한을 두지 않았다.

보스는 자신이 유도한 흑체복사 결과를 영국의 학술지에 투고했는데, 그만 게재를 거부당했다. 아마 잘 알려진 결과를 재탕하는 데 그쳤다는 이유가 아니었을까 싶다. 그러자 보스는 자신의 원고를 아인슈타인에게 우편으로 보냈다. 아인슈타인은 그 자신이 오랫동안 관심을 두었던 흑체복사 문제를 누구보다 깔끔한 방법으로 해결한 보스의 논문에 흡족해했고, 영어로 쓰인 보스의 원고를 직접 독일어로 번역해 독일의 학술지에 게재되도록 도왔다. 물론, 아인슈타인의 통찰력은 그저 보스가 제시한 방법의 수월성을 깨닫고 격려해주는 것으로 그치지 않았다. 그는 보스가 제시한 계산 방법이 단지 광자에만 적용될 필요가 없다는 걸 즉각 깨달은 듯하다. 광자의 집단 대신 원자나 분자의 집단이라면 어떨까? 광자가 모인 집단이 빛이라면 원자나 분자가 모인 집단은 기체라고 볼 수 있다. 아인슈타인은 보스의 이론이 그대로 기체에도 적용된다는 점을 지적한 논문을 독자적으로 썼다. 그 논문은 그가 번역한 보스의 논문과 나란히 독일의 학술지에 게재됐다.

보스와 아인슈타인의 논문이 발표된 지 몇 년 뒤에는 온 우주의 입자를 딱 두 가지로 분류할 수 있다는 사실이 명확해졌다. 한 종류는 페르미온fermion으로, 전자는 이 집단에 소속된 대표적인 입자다. 다른 부류의 입자는 보스의 이름을 따서 보손boson이라고 부른다. 광자는 가장 대표적인 보손이다. 두 종류의 입자는 각각 파울리 호텔과 보스 호텔에 거주한다. 파울리 호텔의 거주 규칙은 3장 '파울리 호텔'에서 설명했고, 보스 호텔의 거주 규칙은 조금 전 설명했다. 페르미온 부류에 속하는 입자는 개인주의적이고 독거주의자다. 반면 보손은 보스 호텔의 제일 아래층에 모여 있기를 좋아한다. 높은 층으로 올라가는 건 힘(에너지)만 들 뿐이다. 1층에도 얼마든지 들어갈 자리가 있기 때문에 아무리 마천루 같은 보스 호텔을 지어줘도 보손은 그저 1층에만 모여 있으려고 한다.

재미있게도, 페르미온과 보손의 분류법은 꼭 입자에게만 적용되는 게 아니다. 원자를 구성하는 기본 입자, 즉 양성자, 중성자, 전자 각각은 모두 페르미온이다. 하지만 그 페르미온이 모여서 만든 원자는 종종 보손처럼 행동한다. 그 이유는 간단하다. 수소 원자의 예를 들어보자. 페르미온인 양성자와 전자가 하나씩 모여서 만들어진 게 수소 원자다. 2개의 페르미온이 뭉친 그 합성 입자는 페르미온일까, 보손일까? 답은 보손이다. 곱하기 연산을 생각하면 이해하기 쉽다. 편의상 페르미온에는 -1, 보손에는 +1이란 숫자를 하나씩 할당하자. -1을 두 번 곱하면 $(-1)\times(-1)=(+1)$이 된다. 페르미온 2개가 뭉치는 건 수학적으로 -1을 두 번 곱하는 것과 같기 때문에 그 결과는 +1, 즉 보손이다. 헬륨 원자도 양성자 2개와 전자 2개가 뭉쳐서 만들어졌으니 역시 보손이다. 따지고 보면 모든 원자는 동일한 숫자의 양성자와 전자로 만들어져 있으니 항상 보손이어야 할 것 같기도 하다. 그러나 이런 고려를 할 때 제3의 배우, 중성자를 빼놓을 수 없다. 중성자 또한 페르미온이기 때문에, 결국 어떤 원자가 보손일까 페르미온일까를 결정하는 건 순전히 원자핵을 차지하는 중성자 개수가 홀수냐(페르미온) 짝수냐(보손)에 달려 있다. 이런 식으로 따져보면 주기율표에 등장하는 대부분의 원자는 보손이라는 결론에 도달한다.

상자 속에 (보손인) 원자를 잔뜩 모아놓으면 이 원자들 역시 보스 호텔의 규칙에 따라 각자 들어갈 방을 정한다. 물론 원자들이 제일 좋아하는 방은 1층에 있고, 가능한 많은 원자들이 다 1층에 들어가려고 한다.

아인슈타인은 이런 원자의 특성과, 잘 알려진 수증기의 응축 현상 사이의 유사성을 깨달았다. 한증막에 가면 수증기의 밀도가 아주 높은 탓에 우리 피부 여기저기에 물방울이 맺힌다. 본래 기체 상태로 있어야 할 수증기는 밀도가 너무 높아지면서 갈 곳이 부족해지고, 그 과밀 현상을 해소하기 위해 공간을 훨씬 덜 차지하는 상태, 즉 액체 상태로 자발적인 전이를 일으킨다. 아인슈타인은 보스 호텔의 1층에만 모여 있으려는 보손의 친화성이 어느 순간부터는 응축 현상을 유발할 수 있을 것이라고 보았다. 다시 말하면 상자 속에 충분히 많은 보손 원자를 집어넣으면 어느 순간 이 원자의 집단이 기체 상태에서 액체 상태로 자발적인 전이를 일으킬 것이란 예측이었다. 수증기의 액화 현상과 비슷하긴 했지만 보손의 액화 현상은 절대영도 근방에서 일어난다는 큰 차이점이 있었다.

대부분의 원자가 보손이긴 하지만, 막상 원자 집단이 보스-아인슈타인 응축을 보이는 것을 실험적으로 검증하기란 대단히 어려웠다. 무작정 기체를 압축해서 밀도를 높이면 어떤 일이 벌어지는지 우리는 잘 안다. 기체는 그냥 평범한 액체로 변한다. 액체를 더 압축하면 고체로 변한다. 가장 흔한 예는 수증기가 물이 되고, 물이 얼음으로 변하는 과정이다. 보통의 기체를 압축하면 액체, 고체 등의 물질 상태가 개입되기 때문에 보스-아인슈타인 응축 과정을 볼 수 없다. 실험적 장벽을 제거하는 데는 70년이란 세월이 필요했다. 1995년, 미국 콜로라도의 연구소에 있는 코넬Eric Cornell(1961~현재)과 위먼Carl Wieman(1951~현재) 은 루비듐 가스를 절대영도 근방까지 낮춤으로서 가스가 응축되는 현상을 관측했다. 실험에 성공하기 위해서는 루비듐 기체의 온도를 절대영도보다 불과 170나노 켈빈, 즉 절대영도에서 불과 0.00000017도 떨어진 온도까지 낮춰줘야만 했다. 이런 극한 환경을 구현하려면 아주 특별한 장비를 동원해야 한다. 그 장비의 이름은 바로 레이저다. 아인슈타인의 이론 하나를 검증하기 위해 그의 다른 이론을 바탕으로 만든 장비가 필요했다. 그의 또 다른 위대한 예언, 즉 중력파를 검증하는 데 필요한 장비 역시 레이저였다. 아인슈타인이 내놓았던 일련의 위대한 예측은 그 이후 한 세기 동안 물리학자들에게 해야 할 과업이 무엇인지 알려주는 이정표였다.

6
양자 홀 물질

전자를 움직이는 힘: 전기력과 자기력

전등, 티브이, 핸드폰, 컴퓨터의 공통점은 무엇일까? 별 생각 없이 이것들을 묶어 '전자 제품'이라고 부를 수도 있다. 그런데 잠깐! 전등은 전자 제품이 아니라 전기를 이용한 '전기 제품' 아니었나? 전자 제품이라면 그 안에 제법 복잡한 회로가 들어 있어야 할 텐데 전구 속엔 그런 복잡성이 없다. 전구를 전자 제품이라고 부르기가 망설여지는 이유다. 하지만 과학적 관점에서는 전구도 전자 제품이다. 전자가 회로를 따라 움직이면서 뭔가 일을 한다는 점에서 위에 나열한 제품은 모두 동일하다.

전기electricity란 단어는 영국의 과학자 길버트William Gilbert(1544~1603)가 1600년에 출판한 책《자석에 관하여De Magnete》에 처음 도입되었다고 한다. 그리스어로 호박(나무의 진액이 응고되어 만들어진 노란색 덩이 물질, 장신구로도 쓰인다)을 ἤλεκτρον(elektron)이라고 한다. 호박을 털로 문지르고 나면 호박이 다른 물체를 끌어당기는 성질을 띤다. 길버트는 이런 현상을 딱히 부를 단어가 없었는지 그냥 '호박에서 벌어지는' 현상이라고 이름지었던 모양이다. 호박에 해당하는 그리스 단어 ἤλεκτρον(일렉트론)이 영어 단어 electron으로 음차되어 정착하는 바람에 호박이 곧 전기라는 의미로 통용되기 시작했다. 전기란 어떤 물체를 만졌을 때 손이 따끔해지는 현상, 벤저민 프랭클린처럼 무모하게 번개치는 날 연을 날렸을 때 연줄 반대편에 매단 금속 조각에서 불꽃이 튀는 현상을 통틀어 일컫는다. 19세기 말 영국의 톰슨(2장 '꼬인 원자' 참조)이 전자라는 입자의 존재를 최초로 확인하면서 드디어 전기 현상이 전자의 이동으로 인해 벌어지는 현상임을 확실히 알게 되었다. 전자의 흐름을 빛으로 바꾸는 도구인 전구 역시 전기 제품이 아니라 전자 제품이라고 해야 더 과학적인 표현이다.

자연계에는 네 가지 알려진 힘이 있다. 그중 강한 상호작용, 약한 상호작용이라고 부르는 두 가지 힘은 원자의 핵을 구성하는 양성자, 중성자에만 주로 작용하기 때문에, 그리고 핵은 일상생활에선 늘 안정된 상태로 있기 때문에 우리는 이 두 가지 힘을 체험할 기회를 좀처럼 얻지 못한다. 만약 강한 상호작용이나 약한 상호작용의 효과가 실제로 발현되는 상황이 있다면 그 근처에 가까이 가지 않는 편이 좋다. 필시 핵이 붕괴하면서 방사선이 방출되거나 핵분열로 인해 어마어마한 에너지가 방출되는 현장일 테니 말이다. 전자처럼 가벼운 입자라면 그다지 많은 중력을 만들어내지도 못하고, 또 중력의 영향을 크게 받지도 않는다. 전자의 세계에서 중력이란 그저 없는 힘이나 마찬가지다. 사정이 이렇다 보니, 일상생활에서 전자를 다루고 싶다면 전기력과 자기력, 이 두 힘을 잘 이용할 수밖에 없다. 전자 제품은 결국 전자기력을 잘 제어해서 전자를 원하는 방향으로 움직이게 하는 기술로 만들어진다.

전기력은 전자를 밀어주는 힘이다. 금속 조각에 전지(요즘은 배터리라는 말을 더 자주 쓰는 것 같다)를 연결하면 전자는 도선을 따라 이동할 힘을 얻는다. 1.5볼트짜리 건전지가 됐건, 전기 자동차 속에 들어 있는 수천만 원짜리 배터리가 됐건, 이들이 하는 역할은 딱 하나, 도선 속의 전자를 한 방향으로 밀어주는 일이다. 어떤 금속은 전기를 잘 통하고, 어떤 금속은 그렇지 못하다. 똑같은 힘을 주어도 거친 바닥에 놓인 상자는 잘 안 움직이고, 얼음판 위에 놓인 상자는 쉽게 움직이고 가속한다. 비슷한 원리가 금속선의 전자에도 적용된다. 물질마다 다른 이 움직임의 정도를 우리는 '저항'이란 단어로 표현한다. 저항이 2배인 도선은 똑같은 성능의 전지를 걸어주어도 전자의 흐름, 즉 전류가 절반밖에 안 생긴다. 이런 옴의 법칙에 대해서는 이미 4장 '차가워야 양자답다'에서 설명한 바 있다.

전기력을 자유자재로 발생하는 공학적 도구인 건전지를 볼타 Alessandro Volta(1745~1827)가 처음 만드는 데 성공한 것은 1800년 무렵이었다. 이후 볼타의 건전지는 각종 과학 실험의 도구로 사용되었고, 옴이 볼타의 건전지를 이용해서 도선에 흐르는 전류가 건전지의 세기에 비례한다는 원리를 발견한 것은 1827년의 일이었다. 전기력이 전자의 운동에 미치는 영향을 충분히 이해한 과학자들에게 주어진 다음 문제는 자기력이 전자의 운동에 주는 영향이었다. 이제부터 소개할 인물은 도선에 자석을 갖다 대었을 때, 즉 전자에 자기장을 주었을 때 벌어지는 극적인 효과를 발견한 사람이다.

맥스웰의 실수, 홀의 발견

에드윈 홀Edwin Hall(1855~1938)은 미국에서 태어나고, 존스홉킨스대학교에서 박사학위를 받은 실험물리학자다. 롤런드Henry Rowland (1848~1901)가 유럽에서 뛰어난 학자들과 교류하면서 물리학을 공부한 뒤, 존스홉킨스대학교 최초의 물리학과 교수로 부임한 것이 1876년이다. 홀은 롤런드의 지도를 받으면서 매우 독창적인 실험에 성공하는 행운을 누렸다. 1879년에 짤막한 논문으로 발표된 연구 결과는 그의 이름을 따서 홀 효과Hall effect라고 불린다. 호기심이 많은 독자라면 그의 논문을 직접 찾아 읽어보아도 좋을 것 같다.* 이 논문은 단지 그가 수행한 역사적인 실험에 대한 결과 보고서가 아니다. 새로운 연구 주제를 찾아 이리저리 고심하던 대학원생이 어떤 우여곡절을 거쳐 그 주제를 결정하게 되었고, 첫 시도에서는 어떤 실패를 맛보았고, 마침내 역사적인 발견에 이르는 과정을 솔직하게 서술한 자서전이기도 하다. 논문의 첫 문단은 이렇게 시작한다.

> 작년 언젠가 롤런드 교수의 수업을 통해 알게 된 맥스웰의《전기와 자기》 책을 읽다가 그의 책 2권, 144쪽에 등장하는 한 문장에 관심이 끌렸다.

1865년에 이미 전자기 현상을 통합적으로 표현하는 방정식을 발표

* Edwin Hall, "On a new action of the magnet on electric currents", American Journal of Mathematics vol. 2 pp. 287 – 292 (1879)

한 맥스웰은 1873년에는 그 당시에 알려진 전자기 현상을 총망라한 책《전기와 자기에 대한 논고A treatise on electricity and magnetism》를 출판한다. 책이 출판된 지 불과 몇 년 뒤에 존스홉킨스대학교에서 물리학 연구를 시작한 홀에게는 맥스웰의 책이 지식의 보물상자와도 같았을 것이다. 게다가 유럽에서 그런 놀라운 발견의 현장을 생생하게 목격하고 돌아온 롤런드가 그의 스승이었다. 그런데 홀은 맥스웰의 책을 공부하다가 이해할 수 없는 구절 하나를 발견했고, 오히려 그 주장이 틀리지 않았나 의심하기 시작했다. 홀은 그 궁금증을 롤런드 교수에게 가져갔다. 교수 역시 그 대목이 마음에 걸렸었고, 직접 실험을 통해 맥스웰이 책에서 주장한 결론의 진위를 가려볼까 했지만, 다른 일로 너무 바쁜 탓에 제대로 실험해보지 못했다고 솔직하게 학생에게 대답했다.

홀은 자신의 힘으로 이 문제를 좀 더 깊이 따져보기로 했고, 마침내 적당한 실험 방법을 떠올렸다. 자신의 실험 계획을 롤런드 교수와 상의했더니, 괜찮은 실험이 될 것이라는 격려와 함께 몇 가지 좋은 제안까지 더해주었다. 홀은 본격적으로 실험에 착수했고, 측정 장비와 재료를 하나씩 만들고 준비해나갔다.

맥스웰의 책에서 홀이 의문시했던 내용은 무엇이었을까? 그 내용은 다음 한 문장에 드러난다.

전류가 흐르는 전선에 자기장이 끼치는 역학적 힘은 전류 자체에 작용하는 게 아니라 전선에 작용한다는 점을 명심해야 한다.

선배 과학자가 저지른 실수는, 특히 그 선배의 권위가 높은 경우일

수록, 후배 과학자들에게는 자신의 이름을 알릴 좋은 기회가 된다. 여기서 말하는 실수는 물론 단순한 계산의 오류나 실험 측정의 잘못을 두고 하는 말이 아니다. 그 당시의 지식 체계로는 불완전한 답밖에 줄 수 없는 상황에서도 과학자들은 가끔 필요 이상으로 단호한 결론을 내릴 때가 있다. 그런 선배의 주장을 공부하던 영민하고 용감한 후배 과학자들은 조심스럽게 그 주장의 정당성에 의문을 제기한다. 마치 에드윈 홀이 했던 것처럼. 과학자로서 성공하는 한 가지 요령이 있다면, 선배 학자의 주장을 잘 분석하여 약점을 찾아내는 것이다. 물론 쉬운 일은 아니다.

맥스웰이 대통합을 이끌어내고, 그의 책에서 총망라한 전기적, 자기적 현상의 이해에는 아직 부족한 구석이 있었다. 전기적 힘, 즉 전지에서 발생하는 힘은 전자를 밀어주는 힘이다. 이 점은 이미 맥스웰의 시절에도 잘 알려져 있었다. 그런데 자석에서 발생하는 자기장이 전자의 운동에 끼치는 영향에 대해서는 이해가 부족했다. 일단 자기장이 전자 운동에 주는 효과를 이해하기 위해 고속도로를 주행하는 자동차를 잠시 생각해보자. 이 자동차에 가상의 '자석'을 갖다 댄다고 상상해본다. 자석의 북극은 차 위에, 남극은 차 아래에 오도록 자석을 배치하면 그 자석이 만들어내는 자기장의 방향은 차에 수직인 방향, 즉 고속도로면을 수직으로 뚫는 방향이다. 고속도로를 달리는 자동차(전자)는 어떤 힘을 받을까? 그가 받는 힘은 옆방향으로 작용한다. 차선을 따라 일직선으로 주행하려고 하는 차는 자기력 때문에 그만 자기 차선을 벗어나 옆차선으로 이동한다. 물리학에서는 이 힘을 로런츠의 힘Lorentz force이라고 부른다. 4장 '차가워야 양자답다'에 등장했던 제이만의 스승, 역대 두 번째 노벨상 수상자(제이만과 공동 수상), 네덜란드를 대표하는 이론물리학자 로런츠의 이름을 따서 붙인 힘이다. 야구공이나 축구공, 또는 대부분의 공이 움직이는 방식을 알고 있는 사람이라면 사실 로런츠의 힘을 이해하고 있는 것이나 마찬가지다. 직구와 회전구(커브볼)의 차이를 알면 된다.

투수가 던진 직구는 (중력의 미미한 효과를 무시한다면) 그저 투수의 손을 떠나는 지점과 포수의 글러브를 잇는 직선을 따라 움직인다. 만약 투수가 던지는 공에 회전이 가미된다면? 공의 경로는 달라진다. 공이 휘는 방향을 따져보면 의외로 간단한 규칙을 발견하게 된다. 공이 회전하는 축을 X축, 투수와 포수를 연결하는 직선을 Y축이라고 하자. 커브볼에 대해 알고 있는 사람이라면 공이 이탈하는 방향은 Z축이라고 즉각 답을 낼 것이다. 오른손을 악수하는 자세로 뻗어보라. 대개의 경우 엄지 손가락은 하늘을 향하고(X), 나머지 손가락은 앞을 향한다(Y). 이때 손바닥이 가리키는 방향이 바로 Z축이다.

로런츠의 힘에 대한 이해가 명쾌하게 정리된 것은 맥스웰이 세상을 뜬 1871년으로부터 20년 이상이 지난 1895년 무렵이었고, 전자의 존재가 톰슨의 실험실에서 확인된 것은 비슷한 시기인 1897년이었다. 맥스웰이 활동하던 시기에는 도선에 전지를 연결하면 전류가 흐른다는 사실만 알려져 있었을 뿐, 전류를 나르는 입자, 즉 전자의 존재나 그 전자가 느끼는 자기력에 대해서는 알려진 바가 거의 없었다. 그럼 맥스웰이 이미 알고 있던 사실은 무엇이었을까?

도선에 전지를 연결하면 전류가 흐른다. 이번에는 전류가 흐르는 도선에 자석을 가까이 가져가본다. 그럼 도선이 살짝 휜다. 마치 현악기의 줄을 한쪽으로 끌어당긴 모양처럼, 본래 직선이었던 도선이 활처럼 휜다. 자석이 도선을 한쪽으로 당기는 힘을 작용하고 있구나 믿으면 간단하게 설명할 수 있는 현상이었다. 맥스웰이 그의 책에서 단호하게 내린 결론이기도 했다. 그러나 다시 한번 찬찬히 생각해보자. 혹시 자석이 전류 그 자체, 그러니까 전류를 수송하는 어떤 입자들에게 힘을 주는 건 아닐까? 전자가 로런츠 힘 때문에 커브볼처럼 한쪽으로 휘는 운동을 한다면, 고속도로를 질주하는 차가 자꾸 차선을 한쪽으로만 갈아타다 보면 결국 중앙분리대를 들이받는 순간이 오듯, 어느 순간 도선의 벽에 충돌할 수밖에 없다. 그렇게 전자의 집중적인 충돌 공격을 받은 도선의 벽은 한쪽으로 휘어질 수밖에 없다.

맥스웰은 자기장이 전류가 아닌 도선 자체에 힘을 주는 것으로 자신 있게 서술했지만 막상 그 근거는 책에서 제시하지 않았다. 홀은 이 주장의 근거가 무엇인지 알고 싶었다. 홀의 논문에 등장하는 문장 하나를 인용한다.

만약 전류가 자석으로부터 힘을 받는 것이라면, 전류는 도선의 한쪽 면으로 치우쳐야 할 것이고, 전선의 저항은 증가해야 할 것이다.

홀의 논리는 단순하고 정확했다. 만약 전선이 자석으로부터 직접 힘을 받아 휘는 게 아니라 전선 속의 전류가 휘는 것이라면 전선을 따라 흘러가는 전류의 양은 당연히 줄어들어야 한다. 자꾸 차선 변경을 하는 차는 목표 지점에 그만큼 늦게 도착한다. 전류는 전자의 이동 속력 (고속도로 비유로 치면 차의 속력)에 비례한다. 전선을 따라 움직이는 속력이 느려지면 전류의 양도 줄어든다. 옴의 법칙을 빌리자면 전류의 양이 줄어든다는 것은 그 도선의 저항 값이 커진다는 뜻이다. 어떤 도선의 저항 값은 늘 일정한 게 아니라, 주변에 자석을 갖다놓으면 변할 수도 있다! 이 점이 바로 홀이 떠올린 새로운 착상이었다.

아주 그럴듯한 생각이긴 했지만 결과적으로 홀은 기대했던 저항 변화를 측정하는 데 실패했다. 그가 애써 만든 도구는 충분히 정교하지 않았다. 그가 얻은 실험 결과를 분석해보았지만, 그가 기대했던 저항 변화가 아예 존재하지 않는 것인지 아니면 단지 도구가 부정확해서 관측이 안 된 것인지 구분이 잘 안 됐다. 고민에 싸인 홀에게 신의 계시와도 같이 좋은 생각이 떠올랐다. 영어로는 '에피파니epiphany'라고 부르는 이 현상은, 분명 자기 생각이 옳다는 확신은 있는데, 그걸 증명할 방법은 막연한 상황에 처한 과학자가 몇 날 밤을 두고 고민할 때 종종 일어난다.

홀의 멋진 착상은 새로운 측정 방법을 도입하자는 것이었다. 만약 그의 예상대로 전류가 휜다면 어떤 일이 벌어질까? 앞서 언급한 3개의 축 X, Y, Z를 다시 여기 도입해보자. 편의상 도선을 얇고 평평한 금속판(가령 은박지)이라고 하고, 그 판에 수직인 방향을 X, 금속판에서 본래 전류가 흘러야 할 방향을 Y라고 하자. 다음 그림이 세 방향의 축을 보여준다. 홀이 측정하려고 시도했지만 결국 실패한 것은 Y 방향으로 흐르는 전류의 양이 자기력의 영향으로 미세하게 바뀌는 현상이었다. 이미 많은 양의 전류가 Y 방향으로 흐르고 있었다. 자기장을 걸어주지 않았을 때 흐르는 Y 방향 전류의 양을 1,000이라고 하자. 자기장을 걸면 이 전류값이 999로 줄어든다. 측정 기계가 아주 정밀하지 않은 이상 1,000과 999의 차이를 눈금으로 읽어내기란 쉽지 않다. 홀이 그의 첫 측정 시도에서 실패한 이유다. 그러나 만약 Z 방향으로 흐르는 전류를 측정하려고 한다면 어떤 일이 벌어질까? 자석이 없을 때는 Z 방향으로 전류가 전혀 흐르지 않는다. 그런데 자석을 가까이 대면 점점 0이 아닌 유한한 양의 전류가 Z 방향으로 흐르기 시작할 것이다. 그렇다면 이제부터 홀이 해야 할 일은 전류를 측정하는 전류계를 Y 방향 대신 Z 방향으로 연결해놓고 그 바늘이 움직이길 기다리는 것이었다. 이번엔 정확히 그의 예상대로 바늘이 움직였다! 홀이 최초로 측정하는 데 성공한 Z 방향의 전류는 그의 업적을 기려서 홀 전류Hall

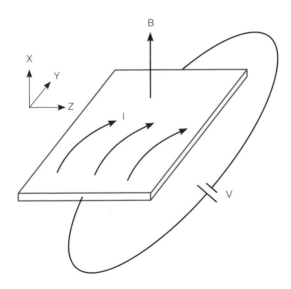

▲ 홀 저항을 측정하는 법. 얇은 금속 막에 Y 방향으로 전지를 연결하고, X 방향으로 자기장(B)을 걸어 준다. 그럼 Z 방향으로 전류가 휘어 흐른다.

current라고 부른다. 그가 측정한 홀 전류 값은 거의 자석의 세기, 즉 자기장에 비례해서 커졌다. 자기장이 클수록 커브볼(전자)이 심하게 옆으로 휘게 되고, 따라서 홀 전류도 많아진다.

만약 홀이 로런츠의 힘 법칙을 미리 알고 있었더라면 그저 한 시간 정도의 노력으로 전자의 운동 문제를 종이에 풀어서 홀 전류의 존재를 이론적으로 밝힐 수 있었다. 대학교에서 쓰는 물리학 교과서에는 홀 전류를 유도하는 방법이 잘 정리되어 있고, 종종 시험 문제로도 출제된다. 그러나 로런츠의 힘 법칙은 홀의 발견이 있은 지 20년 후에나 등장했고, 그 당시 전자기 이론의 최고 권위자였던 맥스웰은 전혀 다른 의견을 그의 책에서 공언한 상태였다. 홀이 그의 실험에 성공하기 위해 고생하던 무렵은 전류의 실체인 전자조차 아직 발견되기 전이었다. 시대를 앞서도 한참 앞선 실험이었다. 그의 박사 논문을 읽다 보면 롤런드의 조언이 매 고비마다 홀에게 결정적인 도움이 되었음이 잘 드러난다. 요즘 같은 학계의 풍토라면 홀의 논문에 지도교수 롤런드의 이름을 공동 저자로 넣었을 법하다. 그러나 홀은 단독으로 논문을 냈고, 그 덕분에 그가 발견한 현상은 홀-롤런드 효과가 아니라 홀 효과로 기억되고 있다.

홀 전류 측정은 이런저런 실용적인 쓸모가 있다. 새로운 금속 물질이 합성될 때마다 재료과학자들은 그 신물질의 특성을 골고루 측정한다는 의미에서 홀 전류 측정도 함께 한다. 1볼트의 전지를 X 방향으로 연결했을 때 X 방향으로 흐르는 전류의 양을 결정하는 것은 저항 값이다. 마찬가지로 Z 방향으로 흐르는 전류량을 결정하는 값을 홀 저항 Hall resistance이라고 부른다. 홀 저항 측정은 그 금속의 물성을 알려준다.

옴의 법칙이 발표된 때가 1827년이니, 그로부터 50여 년 만에 도선의 성질을 측정하는 유익한 방법 하나가 추가된 셈이다. 금속의 저항(또는 홀 저항) 측정은 마치 사람이나 물건의 무게를 재는 것과 비슷하다. 대상의 특징을 잘 드러내긴 하지만 동시에 그 대상의 본질적인 특징을 드러낸다고 볼 수는 없다. 내가 오늘 과식을 해서 내일 체중이 1킬로그램 늘어났다고 해도 나는 본질적으로 똑같은 사람이다. 체중계의 눈금이 달라졌다고 나의 본질이 변한 것은 아니다. 금속의 저항도 마찬가지다. 똑같은 재료와 크기와 길이로 만든 도선이라고 해도 막상 저항을 재보면 값이 조금씩 다르다. 완벽하게 동일한 도선을 만들기란 불가능하기 때문이다. 홀 저항도 측정 대상이 바뀔 때마다 조금씩 다른 값을 보이는 게 상식이었다. 1980년에 벌어진 한 사건은 이런 홀 저항에 대한 상식을 뒤집어버렸다.

가장 얇은 금속

20세기 초반 양자역학이 갓 만들어졌을 무렵 물성물리학자들이 당면한 문제는 심오하면서도 간단했다. 이미 그들 앞에는 수십 세기의 문명 생활 속에서 쌓여온 질문 더미가 기다리고 있었다. 왜 원자는 서로 뭉쳐 물질을 만드는가? 왜 어떤 물질은 자석이 되는가? 왜 어떤 물질은 금속이어서 전기를 통하고 다른 물질은 그러지 못하는가? 수십 세기 동안 쌓여왔던 질문에 대한 대답을 양자역학에서 찾는 작업은 신속하게 진행되었고, 그 덕분에 1950년대에는 이미 금속이란 것이 왜, 어떻게 존재하는가란 질문에 대해 상당히 만족스러운 답이 존재했다.

이 책을 읽고 있는 독자는 이미 3장 '파울리 호텔'에서 그 답을 일부 배웠다.

한쪽 풀밭의 풀을 다 뜯어먹은 양떼는 그 자리에서 단식에 돌입하는 대신 신선한 풀이 자라는 다른 풀밭을 찾아 이동한다. 물리학자도 한 가지 문제가 충분히 해결되었다 싶으면 다른, 더 신선한 문제를 찾아 이동하는 유목민적 성향이 있다. 새로운 문젯거리를 자연현상에서 구하기도 하지만 일부러 만들어내기도 한다. 물성물리학자와 재료과학자들은 자연에 존재하지도 않는 물질을 일부러 실험실에서 창조한다. 이런 인조 물질artificial matter 개발과 탐색은 21세기까지도 양자 물질 연구가 활발하게 진행되고 있는 이유다.

과학자들이 1950년대까지 이해했던 금속은 사실상 3차원 금속 물질이었다. 금덩이, 은덩이는 한결같이 부피가 있는 금속 물질이다. 홀이 자신의 실험에서 사용했던 것은 물론 박막 형태의 아주 얇은 금속이긴 하지만 그 두께는 눈으로 보일 만큼 컸다. 진정한 2차원 금속 물질이 되려면 전자가 두께 방향으로는 절대 움직일 수 없을 만큼 얇아야 한다. 전자의 운동이 X, Y 방향으로는 자유롭지만 Z 방향으로는 불가능하게 만들어야 비로소 진짜 2차원 금속 물질이 만들어졌다고 할 수 있다. 가령 유리판 위에 구슬을 잔뜩 뿌리고는 그 위에 또 다른 유리판을 살짝 덮으면 어떻게 될까 생각해보자. 구슬이 두 장의 유리판 사이에서 움직이는 건 허용되겠지만 유리판의 수직 방향으로 움직이는 것은 불가능해진다. 이런 식으로 전자를 일종의 '우물' 속에 가둘 수만 있다면 2차원 전자 물질계를 인공적으로 만드는 것도 가능하다.

전자를 2차원 공간에 가두는 우물에 대한 이론적인 제안은 여기저기서 있었지만, 그건 마치 달을 향해 충분히 빠른 속력으로 공을 던지면 달 표면을 맞출 수 있다는 식의 원리적인 주장에 불과했다. 이론적으로는 말이 되지만 현실적으로는 감히 구현할 수 있을까 의심되는 제안을 두고 'moonshot'이라는 표현을 쓴다. 과학자, 공학자들은 달을 향해 무작정 공을 던지는 대신 체계적인 방법으로 로켓을 만들어 달에 도달하는 데 성공했다. 전자 우물에 대한 이론적 제안이 현실로 탈바꿈하는 데는 반도체 공학자들의 역할이 대단히 컸다. 그중에서 특히 미국 벨 연구소에서 일하던 두 명의 과학자 아탈라Martin Atalla와 강대원*이 1959년, MOSFET(Metal-Oxide-Silicon Field Effect Transistor)이란 반도체 접합 구조를 만든 게 큰 전환점이었다. 우리가 사용하는 거의 모든 전자 제품은 셀 수 없이 많은 MOSFET이 집적되어 작동한다.

MOSFET은 실리콘(Si)과 실리콘 산화물 SiO_2를 샌드위치처럼 쌓아 올린 구조로 되어 있다. 실리콘은 반도체 물질이라 그 속에는 자유롭게 움직이는 전자가 없다. 산화물oxide이라고 부르는 SiO_2 또한 아주 좋은 절연체이다 보니 전기를 통하지 않는다. 이 2개의 서로 다른 절연체 물질을 샌드위치의 윗면 아랫면 빵처럼 접합시킨다. 절연체 물질 2개를 접합시켰으니 합성된 물질 또한 절연체일 것 같다. 하지만, 이 접합체 위에 얇은 금속 조각을 덧씌우고, 그 금속 조각에 (아주 작은) 전지를 연결하면 실리콘과 산화물의 접합면에서 기묘한 전자 상태의 변화가 일어난다. 두 절연체 사이의 경계면에 실리콘 반도체 층에서

* 강대원(1931~1992)은 서울대 물리학과를 졸업하고 오하이오 주립대학교에서 반도체 물리학 실험으로 박사학위를 받았다.

건너 온 전자들이 쌓인다. 게다가 이 아주 얇은 경계면의 세계에 사는 전자는 자유롭게 움직이기도 한다. 두 거대한 독재 국가 틈새에 끼인 자유 중립국가라고나 할까? 이렇게 인간의 공학적 재주를 발휘하면 2차원적으로 움직이는 전자계가 인공적으로 만들어진다. MOSFET이 실리콘을 기반으로 만들어졌고, 또 MOSFET이 반도체 회로의 기반으로 자리잡은 덕분에 캘리포니아의 반도체 산업이 시작된 곳을 실리콘 밸리라고 부르기 시작했다. 지금은 대표적인 인터넷 기업들이 모여 있는 곳으로 더 잘 알려져 있지만, 그 출발은 모든 인터넷 산업의 기반인 컴퓨터, 컴퓨터의 기반인 반도체 회로를 만드는 곳이었다. 그리고 반도체 회로의 기초 구조인 MOSFET은 2차원 전자계를 기반으로 작동하는 소자다.*

전자가 두 샌드위치 조각, 즉 실리콘과 산화물 사이에 양자역학적 효과로 인해 갇혀 있다는 의미에서 '양자 우물quantum well'이라는 표현을 종종 사용한다. 양자 우물을 만들어내는 방법에는 여러 가지가 있다. 기왕이면 2차원적인 전자 운동이 아주 잘 일어나는 접합 구조가 더 품질이 좋은 구조로 인정받는다. 똑같은 재료를 쓰더라도 요리사의 솜씨에 따라 음식의 맛이 달라지듯 '누가 만드느냐'에 따라 접합 물질의 최종 품질이 달라진다. 어떤 실험실에서 만든 양자 우물의 전자는 매우 자유롭게 2차원을 헤엄쳐 다니지만, 잘못 만든 우물 속의 전자는 그렇지 못하다. 위아래로 쌓은 샌드위치 면이 거칠기 때문이다. 기술

* MOSFET의 구조와 작동 원리에 대해 성균관대학교 황의헌 교수에게 들은 친절한 설명을 바탕으로 이 문단을 완성했다.

적인 장벽은 단지 좋은 양자 우물을 만드는 데만 있지 않다. 눈에 빤히 보이는 금속 조각에 전선을 연결하고 전류를 측정하는 것과, 불과 수십 나노미터 두께의 양자 우물 금속에 전극을 연결해 저항을 측정하는 데 필요한 기술력에는 큰 차이가 있다. 측정 기술 역시, 접합 물질을 만들어내는 기술 못지않게 많은 숙련이 필요하다. 그리고 어느 순간 이런 모든 기술이 충분히 무르익었을 때, 우리는 자연의 놀라운 비밀이 숨겨진 곳의 문턱 앞에 서 있는 자신을 발견하게 된다.

클리칭의 우연한 발견

클리칭Klaus von Klitzing(1943~현재, 1985년 노벨 물리학상 수상)은 1972년, 강한 자기장이 양자 물질의 성질에 끼치는 영향을 연구해서 박사학위를 받았다. 그보다 거의 한 세기 전 이미 제이만이 강한 자기장이 기체를 구성하는 원자에 끼치는 효과를 연구했었는데, 클리칭의 시대에도 여전히 물질과 자석의 상호작용 문제에 해독해야 할 비밀이 남아 있는 상황이었다. 그는 박사학위를 받은 후에도 계속 고자기장(강한 자기장)이 물질에 미치는 효과를 연구했다.

강한 자기장으로 분류할 수 있으려면 시중에서 아이들 장난감으로, 교육용으로 파는 자석보다 100배 이상의 힘을 낼 수 있어야 한다. 4장 '차가워야 양자답다'에서 조금 설명했던 전자석을 이용하면 꽤 강력한 자기장을 만들어낼 수 있다. 다음 사진은 울산대학교 김상훈 교수 연구진과 벤처기업 RnDware가 함께 제작한 전자석 측정 시스템의 모습이다. 동그란 아령 모양의 물건이 강력한 자기장을 만들어내는 전자석이다. 두 전자석 사이의 공간에 홀 저항을 측정하고자 하는 물질을 집어넣고 실험한다.

일반적인 전자석보다 더 강력한 자석을 만들려면 초전도 물질을 코일로 감아서 전류를 흘려주어야 한다. 초전도 전선은 일반 전선보다 훨씬 많은 전류를 흘려도 열이 나지 않아 선이 녹아내릴 염려가 없다. 물론 금속선이 초전도 상태를 유지하게끔 하려면 액체헬륨을 함께 준비해야 한다. 대부분의 금속은 액체헬륨 온도인 절대온도 4도 부근까지 차가워져야만 비로소 초전도 상태로 변한다.

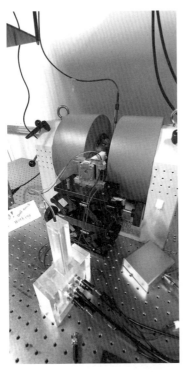

▲ 강한 자기장에 의한 물질의 성질 변화를 측정하는 전자석 장비.

한 개인의 실험실에서 이런 고자기장 설비를 만들고 유지하기란 불가능하기 때문에 국가적 단위의 투자가 요구된다. 물리학이 발전한 국가는 이런 고자기장 시설을 한두 군데 갖추고, 전 세계 학자와 연구원이 함께 일할 수 있는 환경을 꾸며준다. 독일인 클리칭은 프랑스 그르노블에 있는 고자기장 시설에서 연구를 하던 중이었다. 그가 실험에 사용했던 양자 우물 물질은 영국의 솜씨 좋은 재료 물리학자들로부터 제공받은 것이었다. 그 물질에 전극을 붙이고, 그르노블 연구소의 강한 자석 속에 집어넣은 뒤, 자기장을 점점 키우면서 홀 전류를 측정하는 것이 클리칭의 임무였다. 극저온 환경으로 가면 실험에 사용되는 측정 장비며 측정 대상 물질 자체가 수축되고 모양이 변형될 수도 있기 때문에, 이런 변형이 안 일어나도록 고정해주는 장비도 필요하다. 실험의 기본 원리 자체는 한 세기 전 홀이 했던 것과 조금도 다를 바 없었다. 다만 홀이 상상조차 할 수 없었던 강한 자기장을 주는 자석과, 홀이 사용했던 금속 박막과는 비교할 수 없이 얇은 진짜 2차원 양자 우물 금속이 클리칭에게는 있었다. 이런 정량적인 차이가 정성적인 차이까지 줄 수 있을까? 아니면 그저 홀이 한 세기 앞서 보았던 현상을 클리칭은 더 세련된, 더 극한의 환경에서 재현하는 것으로 그칠까? (물리학자들의 표현을 따르자면 클리칭이 홀에 비해 훨씬 "값비싼 장난감"을 갖고 놀던 중이었다.) 그 답은 직접 해보기 전엔 알 수 없는 일이었다.

도선을 따라 흐르는 전류 값으로 전압 값을 나누면 그 금속의 저항을 알 수 있다. 3장 '파울리 호텔'에서 설명한 옴의 법칙이다. 자기장을 금속에 걸어주면 일부 전류는 도선을 따라, 일부는 도선에 수직으로 흐른다. 이렇게 수직 방향으로 흐르는 전류의 양으로 전압을 나누어주면 새로운 종류의 저항, 즉 홀 저항을 정의할 수 있다. 클리칭이 측정한 2차원 전자계의 홀 저항 값은 다음 실험 그래프처럼 처음에는 아주 익숙한 양상으로 자기장의 세기에 비례해서 증가하는 듯했다. 백 년 전 홀이 최초의 홀 저항을 측정했을 때와 다를 바 없었다. 그러나 클리칭이 사용했던 강력한 자석의 세기를 점점 키워나가자 특이한 현상이 드러나기 시작했다. 계속 자기장의 세기를 증가시켰음에도 불구하고,

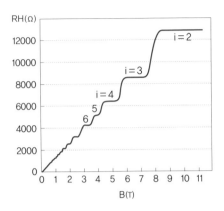

▲ 자기장(B)에 따라 홀 저항(RH)이 증가하는 실험 결과 그래프. 특정한 홀 저항 값에서 평지가 나타난다.

홀 저항 값은 요지부동하며 어떤 일정한 값에서 변하지 않았다. 마치 등산을 하는데 난데없이 평평한 고원을 만난 것처럼, 자기장을 바꾸면서 측정한 홀 저항 값은 계속 평평한 값을 유지하는 것이었다. 더욱 센 자기장을 가해주었더니 결국 이 평평함은 깨지고 다시 처음처럼 자기장 세기와 함께 홀 저항이 증가하는 양상을 보이는가 싶었으나, 또 다른 평지를 만나서는 요지부동, 홀 저항 값이 변하지 않았다. 이런 홀 평지Hall plateau 현상은 자기장 구간 여기저기에서 벌어졌다. 호기심이 발동한 클리칭은 도대체 어떤 홀 저항 값에서 이런 평지 현상이 벌어지는가 한번 측정해보기로 했다.

저항의 단위는 옴(Ω)이다. 클리칭이 발견한 평지 현상은 정확히 홀 저항 값이 25,812Ω일때 일어났다. 또 다른 평지는 그 절반 값, 또 다른 평지는 그 3분의 1 값에서 일어났다. 뭔가 25,812Ω이란 숫자에 특별한 의미가 있어 보였다. 클리칭은 자연의 잘 알려진 상수를 통해서 이 마법 같은 숫자의 비밀을 풀어보기로 했다. 곧 그 답이 떠올랐다. 잘 알다시피 전자는 전하를 띠고 있다. 전자 하나가 띠고 있는 전하의 양을 보통 'e'라고 표시한다. 전자의 전하량 값은 이미 잘 알려져 있다. 또 다른 자연의 중요한 상수를 들자면 플랑크 상수 h다. 양자역학의 중심에 위치한 이 상수값 역시 잘 알려져 있다. 클리칭이 이 두 상수를 조합해 h/e^2의 값을 계산해보았다. 놀랍게도 그 숫자는 정확히 25,812Ω이었다! 그저 얇은 금속의 이런저런 특성 중 하나쯤으로 알고 있었던 홀 저항 값이 놀랍게도 자연의 가장 기본적인 상수 2개의 특별한 조합과 일치했다. 실험을 거듭할수록 이 홀 저항 값의 정확도는 높아졌다. 최근 공식적으로 인정된 값은 25,812.807Ω이다. 무려 여덟 자리까지 정확한 값이다. 이렇게 정확히 측정된 저항 값은 자연의 기본 상수의 조합인 h/e^2의 값과 같았다. 다시 말하면, 전하량이나 플랑크 상수의 값을 여덟 자리 숫자의 정확도로 측정했다는 뜻이 된다.

양자 우물 속에는 말할 필요도 없이 수많은 전자가 제각각 움직이고 있다. 그뿐인가. 홀 저항을 측정하는 데 사용한 각종 도선, 전압기, 전류기에도 수많은 전자가 움직이고 있다. 홀 저항을 측정하는 장비는 수없이 많은 전자로 만들어진 거대한 도시에 비유할 수 있다. 반대로, 전하량 e는 전자 하나의 속성이다. 어떤 전자, 또는 양성자 하나를 잘 분리해내서, 주변 소음과 방해 요소를 깔끔히 제거한 뒤, 최고의 정밀 장비를 동원해서 겨우 측정하는 것이 바로 전자 하나의 전하량이었다. 플랑크 상수도 마찬가지였다. 이미 플랑크의 첫 논문에서 그 상수 값의 첫 세 자리 숫자를 정확하게 추출해낼 수 있었다. 그러나 그다음 숫자, 또 그다음 숫자까지 정확히 측정해서, 모두 여덟 자리 숫자까지 결정한다는 건 상당한 노력이 필요하다. 그런데 클리칭은 전자 하나를 분리하려는 노력은 고사하고, 전자가 바글바글대는 금속 조각의 저항을 측정해놓고서는 자연의 기본 상수를 여덟 자리 숫자까지 정확하게 측정했다고 주장해버린 셈이다.

시애틀, 위상 숫자

클리칭의 관측은 여러 물리학자들을 혼란스럽게 했음이 분명하다. 이 소식을 듣고 의심을 드러냈던 사람 중에는 미국 시애틀에 있는 워싱턴대학교 물리학과의 데멜트Hans Dehmelt(1922~2017, 1989년 노벨 물리학상 수상)가 있었다. 그가 평생을 바쳐 연구했고, 그 공로로 노벨상까지 수상한 일은 원자 하나를 포획하는 장비를 만들고, 그렇게 포획된 원자의 특성을 측정하는 일이었다. 데멜트에게 정확한 측정이란 곧 원자 하나를 고립시켜서 하는 측정이라고 해도 과언이 아니었다. 그런데 그가 평생을 두고 구했던 측정값에 버금가는 정확도를 자랑하는 결과가 겨우 '지저분한' 금속 조각 따위에서 발견되다니! 데멜트는 그의 궁금증과 불만을 같은 학과의 이론물리학자 동료 사울레스에게 가져갔다. 백발 구레나룻을 늘 정갈히 다듬고, 머리에는 화가 모자를 얹고 다니던 데멜트는 2차대전 때 독일 군대에 자원했고, 벌지 전투에서 전쟁 포로로 잡혔다 풀려난 만만치 않은 경력의 소유자였다. 반면 한 번도 빗어본 적이 없는 듯한 어수선한 머리카락과 꾸밈이라고는 없는 옷차림의 주인공 사울레스는 영국 케임브리지대학교의 엘리트 교육 과정을 거친 전형적인 천재형 이론물리학자였다. 당대 최고의 양자 물질

이론가 중 한 명으로 꼽히던 사울레스에게도 이 문제는 상당히 흥미로운 도전이었다. 게다가 유명한 동료 교수의 도전적인 질문이 그의 호기심을 더 자극했을지도 모른다. 결국 그는 워싱턴대학교에 있던 몇몇 젊은 연구원들과 함께 이 문제를 풀어보기로 했다. 그 결과물이 1982년에 나온 한 편의 논문이다.* 그에게는 2016년 노벨 물리학상을 가져다 준 인생작이기도 했다.

현실 속에서 발견되는 물질에는 항상 어느 정도의 지저분함이 있다. 금덩이를 예로 들어보자. 아기 돌 선물로 금붙이를 살 때는 꼭 그 금의 순도를 따져보게 된다. 가장 고급 축에 드는 24K 금이라고 해도 진짜 금의 함량은 99.9퍼센트를 조금 넘는 수준이다. 그러니까 순금이라고 해봐야 그 덩어리 속에 있는 원자 1천 개 중 하나는 금 원자가 아닌 가짜라는 뜻이다. 좀 더 잘 만들면 금 함량을 99.99퍼센트로, 또는 99.999퍼센트로 올릴 수 있긴 하지만, 여태껏 인류가 가장 순수하게 정제한 금덩이의 금 원자 함량도 99.9999퍼센트(100만 개 원자 중 하나는 가짜) 정도인 것을 보면 그 과정이 결코 쉽지는 않아 보인다. 완벽하게 순수한 금덩이를 원한다면 쌀독에서 뉘와 쭉정이를 골라내듯 이물질 원자를 하나씩 골라내든지, 아니면 금 원자를 하나씩 집어 레고 조각 붙이듯 서로 붙여 모아야 하는데 어느 쪽도 우리 인간이 해낼 수 있는 작업은 아니다. 모든 물질에는 일정 수준의 지저분함이 꼭 따

• Thouless, D. J.; Kohmoto, M.; Nightingale, M. P.; den Nijs, M. "Quantized Hall Conductance in a Two-Dimensional Periodic Potential", Physical Review Letters. 49 (6): 405 – 408 (1982)

른다.

이런 불완전한 물질에서 클리칭이 본 것은 완벽에 가까운 숫자였다. 그의 실험 결과가 발표되자 세계 곳곳에서 물리학자들이 독자적으로 2차원 전자 우물을 만들어 홀 저항을 측정해보았고, 예외 없이 $25,812.807\Omega$의 저항 값을 측정했다. 한 곳에서 만든 양자 홀 물질을 갖고 이곳저곳 실험실을 돌아다니면서 홀 저항을 측정했다는 뜻이 아니다. 각자 독립적으로 만든, 그래서 크기도, 모양도, 무게도 제각각 다른 양자 홀 물질에서 똑같은 홀 저항을 측정했다는 뜻이다. 만약 전자의 질량을 서로 다른 실험실에서 서로 다른 고유한 방법을 이용해서 측정했다고 치면, 그 값은 약간의 오차 범위 안에서 모두 일치해야 한다. 우주에는 딱 한 종류의 전자만 있으니까 말이다. 그러나 양자 홀 물질은 어디까지나 인간이 만든 인조 물질이었다. 일종의 공산품이다. 그렇다고 실리콘 반도체만큼 정교하게 만든 물건도 아니다.

그럼에도 불구하고 이렇게 모든 실험실에서 동일한 홀 저항 값을 보았다는건 무언가 보편적인 원리가 작동하고 있다는 걸 의미했다. 사울레스는 1950년대 중반부터 잘 알려졌던, 홀 저항 계산에 종종 사용되어온 공식을 다시 한번 들여다보기로 했다. 20년이 넘도록 이론물리학자들이 사용해왔던 공식인데 이제 와서 새삼스럽게 무슨 비밀이 숨겨져 있을까 싶기도 했다. 그러나 놀랍게도, 그동안 아무도 눈치채지 못했던 비밀이 하나 숨어 있었다. 비밀의 열쇠는 바로 '2차원'이었다.

홀 저항이 관측된 물질은 2차원 물질의 특성을 고스란히 갖고 있었다. 실험적 상황이 요구하는 대로 전자가 2차원 운동만 한다고 가정하면, 이미 잘 알려진 홀 저항 공식에다 몇 가지 추가적인 수학적 조작을 할 수 있었다. 그 조작을 통해 사울레스가 새롭게 얻은 공식의 결과는 놀랍게도 클리칭의 관측 결과와 일치했다. 클리칭이 관찰한 저항 값은 25,812Ω, 또는 그 절반, 또는 그 3분의 1이었다. 사울레스가 계산한 것은 홀 저항이 아니라 그 역수 값이었다. 홀 저항이 어떤 기본값을 정수로 나눈 숫자만 허용한다면, 그 역수는 기본값의 정수배만 가능하다. 사울레스가 유도한 공식은 자연 상수의 조합 e^2/h의 정수배만 허용되는 표현이었다.

이 책에서 여러 번 언급했듯이 이미 플랑크의 양자화 가설이 제안된 시절부터, 자연현상을 일련의 정수로 묘사하는 '양자화 작업'이 물리학에서 진행되어 왔었다. 양자역학에서 말하는 '양자'는 이렇게 정수로써 자연현상을 기술한다는 의미다. 단지 원자 하나의 상태뿐만 아

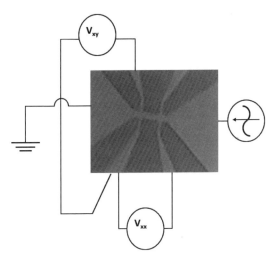

▲ 홀 효과 측정에 사용되는 2차원 전자계. 한가운데 보이는 긴 네모 조각이 2차원 전자계이다. 여기에 전극을 붙여서 홀 저항을 측정한다. (그림: 김상훈 교수 제공)

니라 소용돌이 같은 원자의 집단적 상태도 때로는 정수로 기술된다는 점을 4장 '차가워야 양자답다'에서 언급했었다. 양자화된 소용돌이는 액체헬륨이 차가워져서 만들어진 초액체 상태에서 발견된 구조였다. 헬륨 원자가 아닌 전자들이 모인 집단에서도 정수로 표현되는 상태가 존재할 것이란 예상은 클리칭의 발견 이전에는 아무도 하지 못했었다. 사울레스의 공식은 전자계 물질의 성질도 정수 값으로 양자화될 수 있다는 점을 수학적으로 증명해주었다.

클리칭이 최초로 측정하고, 사울레스가 최초로 유도한 이 양자화 법칙의 의미는 무엇일까? 양자 홀 효과 역시 전자계에서 벌어지는 현상이니만큼 파울리 호텔의 비유로 다시 돌아가는 게 좋겠다. 전자는 동거를 싫어하는 성격이라 한 방에는 한 종류의 성(즉 스핀)을 가진 전자가 하나씩밖에 들어가지 않는다. 2차원에서 움직이는 전자들에 대해서도 여전히 파울리 호텔식의 묘사를 할 수 있다. 가령 1층부터 1000층까지 전자가 들어가 있는 어떤 2차원 전자계를 상상해보자. 그 옆에 있는 파울리 호텔에도 똑같은 개수의 전자가 들어가 있다. 얼핏 보기에 두 호텔의 모양새는 똑같아 보인다. 적어도 투숙객의 숫자만 비교하면 그렇게 보인다. 그러나 호텔 밖으로 나와 전체 호텔의 모양새를 보니 두 호텔 사이의 분명한 차이점이 드러난다. 한쪽 호텔은 평범하게 수직으로 쭉 뻗은 호텔이다. 그 옆의 호텔은 1층과 2층의 방향이 살짝 다르고, 2층과 3층의 방향이 살짝 다른, 나선처럼 꼬여 있는 호텔이다. 1층부터 최고층까지 올라가는 동안 호텔의 방향이 360도 회전해서 제자리로 돌아온다. 꼬인 숫자가 1인 호텔이다. 물론 꼬인 숫자가 2, 또는 3인 호텔도 상상할 수 있다. 사울레스가 유도한 공식은 이처럼 전자 하나하나의 개별적인 성질이 아닌, 전자가 거주하는 호텔의 광역적인 특성을 표현하고 있었다. 사울레스가 유도한 공식은 홀 저항의 기본값 h/e^2을 이 꼬임수로 나누어준 값으로 홀 저항을 표현하고 있었다. 꼬임수가 1, 2, 3과 같은 정수만 허용된다는 점을 고려하면 그의 공식은 클리칭의 실험을 완벽하게 설명했다. 데멜트의 도전에 응수한 사울레스가 내놓은 걸출한 답변이었다.

이런 아름다운 수학과 물리학의 만남은 수학자들에게도 관심거리였다. 수학자들이 사울레스의 논문을 이해하기 시작한 순간, 그가 유도했던 아름다운 공식은 1946년 위상수학자 천Shiing-Shen Chern (1911~2004)이 이미 발견했던 '천 숫자Chern numnber'로 알려진 표현과 동일하다는 점이 밝혀졌다. 이미 위상수학에선 오래전부터 천 숫자로 통용되던 그 정수가, 위상수학이 무엇인지 한 번도 제대로 교육받은 적이 없는 이론물리학자의 칠판 위에서 '재발견'된 셈이다. 나는 언젠가 사울레스 교수에게 위상수학도 잘 모르면서 어떻게 그 유명한 위상수학의 식을 (재)발견할 수 있었는가 물어본 적이 있다. 그의 대답은 지극히 상식적이었지만, 또한 가슴을 찌르는 진리였다.

나는 양자역학하고 19세기 수학자들이 만들어낸 수학을 꽤 잘 알고 있었지. 그것만 알고 있어도 상당히 많은 걸 해낼 수 있다네.

그가 케임브리지대학교에서 교육받은 양자역학과 수리물리학 실력은 분야를 뛰어넘어 위상수학자들의 범주에까지 도달하기에 충분했다. 한 세기 전 에드윈 홀이 뿌린 그 작은 씨앗은 1980년대 초반 위상

수학과의 놀라운 만남으로 꽃을 피웠다. 이제 이쯤에서 한 세기에 걸친 이 멋진 홀 효과 이야기가 마무리되어도 충분해 보인다. 하지만 1980년 클리칭의 발견으로 점화된 위상수학과 양자 물질의 만남은 2000년대 초반 또 한 번의 대도약을 거치게 된다. 이제 우리는 자연에 수많은 종류의 위상 물질이 존재하고, 클리칭이 보았던 2차원 양자 우물 전자계는 그중에 가장 초보적인 사례에 불과하다는 걸 안다. 그 이야기는 마지막 장 '위상 물질 시대'에서 하기로 한다.

7

그래핀

선배

내가 다녔던 중학교는 건물보다 빈 땅이, 돈보다 사람이 더 많았던 옛
시절 "가난하다고 해서 사랑을 모르겠는가"라는 시인의 말이 어울리
는 관악산 자락에 있었다. 1981년 3월에도, 또 이전 해에도, 1천 명쯤
되는 까까머리 남학생들이 삭발을 한 채 신입생이란 이름으로 입학했
을 터이다. 그중 한 명은 지금 지천명의 나이 오십을 넘겨 이 책을 쓰
는 필자가 되었고, 그의 선배는 이 글의 주인공이 되어 있다. 당시 중
학교의 분위기는 참 특이해서 선배 반장들이 후배 반을 돌면서 소위
군기라는 걸 잡아주곤 했었다. 가령 아침 자습 시간에 선배가 순찰할
시간에 후배 반 애들이 자습을 안 하고 떠든다 싶으면 후배 반장을 불
러 반 전체가 보는 앞에서 본보기로 주먹을 날려줬다. 그 행위가 어떤
자습 효과를 창출하는지에 대해서는 아무도 묻지 않았다. 다만 그래왔
기 때문에 그렇게 했다. 이 글의 주인공은 물론 그런 부류의 선배가 아
니었다.

어느 날 선배 반장 두 명이 후배 반장 몇 명을 부르더니 독서 클럽을 시작하자고 했다. 독서의 주제가 희한했다. 이광수와 최남선의 일제 강점기 변절 행위에 대한 독서를 하자고 했다. 이광수는 그저 교과서에 글이 실리는 유명한 작가인 줄 알았는데 웬 변절인가 싶었지만, 후배가 모르는 많은 걸 선배는 아는 듯싶었다. 몇 번의 모임이 있었고, 조숙한 선배와 미숙한 후배 사이에서 조심스러운 토론이 몇 번 오갔고, 고속터미널 부근의 헌책방을 한두 번 어슬렁거렸다. 나중에 그 선배 중 한 명은 법대를, 다른 선배는 물리학과를 들어갔다고 풍문으로 들었다. 나는 중학교 졸업을 한 학기 남겨놓은 채 보스턴에서의 1년살이를 위해 학교를 떠났고, 선배와의 인연도 그걸로 끝인가 싶었다.

중학교 1년 선후배는 대학교에서 다시 한번 물리학과 선후배 사이로 만났다. 6.29 선언이 있었고 기말 고사 거부 운동에 많은 동급생이 동참했다. 물리학 공부는 너무 어렵지도 쉽지도 않았다. 선배를 학교에서 만나면 인사했고, 약간의 대화를 나누었다. 나는 대학교를 졸업한 뒤 곧바로 미국 시애틀의 워싱턴대학교로 유학을 떠났다. 대학원 유학 시절, 미국 동부로 여행을 갔다가 잠시 보스턴에 들러 그곳에 유학 중인 선배의 실험실을 구경했다. 선배와의 인연은 있는 듯 없는 듯 계속됐다.

1997년 박사학위를 받은 내가 얻은 첫 직장은 한국의 어느 이론물리 연구소였다. 박사후연구원 과정을 2년간 여기서 했고, 그 틈에 결혼을 하고 첫 아이를 낳았다. 첫 직장에서의 연구원 임기가 끝나고, 운 좋게 미국 캘리포니아의 명문 버클리대학교에서 연구원 자리를 받아 2년간 떠나게 되었다. 태어난 지 두 달 된 아들을 아내에게 맡기고 혼자 미국으로 떠나는 게 한없이 마음 아팠지만 다시없는 기회를 놓칠 수 없어 마음을 단단히 부여잡고 떠났다. 마침 선배도 학위를 마치고 버클리대학교 연구원으로 온다고 했다. 우리는 그렇게 버클리에서 다시 만났고, 우연히도 라피엣Lafayette이라는 같은 동네에 집을 구했다. 가족을 한국에 두고 단신으로 와 있던 나는 종종 선배의 차를 얻어 타고 학교로 출근하면서 이런저런 얘기를 나눴다. 그가 지도교수로부터 받은 임무는 '그래핀 만들기'라고 했다. 나는 '고온 초전도체의 소용돌이 구조 이론'이라는 당시 꽤 인기 있던 주제를 받아 일을 시작하던 참이었다. 내 주제가 더 멋져 보였고, 선배의 임무는 유행과 동떨어져 보였다. 나의 첫 번째 착각이었다.

2차원 물질

누가 "원자란 무엇인가" 하고 묻는다면 "주기율표에 등장하는 그것들"이라는 매우 공리적인 (그러나 정확한) 답변을 줄 수 있다. 적어도 원자라는 집합에 속한 원소가 무엇무엇인지에 대해서는 아무도 이견을 달 수 없다. 주기율표에 이름을 올린 그것들만이 원자다. 이번엔 누가 "물질이란 무엇인가"라는 질문을 한다면 어떨까? 원자의 전체 집합이 주기율표라면, 모든 물질의 이름이 다 적혀 있는 전체 집합인 '물질 명부' 같은 게 있을까? 아니, 그런 명부는 존재하지 않는다. 물질은 끊임없이 새롭게 만들어지고, 명부에는 늘 새로운 이름이 적히고 있다.

누군가 "힘이란 무엇인가"라고 질문하면 물리학자는 "그건 뉴턴 방정식 $F=ma$에서 왼쪽에 등장하는 그 무엇이오"라고 또 다른 공리적인 답변을 줄 수 있다. 좀 더 인간적인 대답을 바란다면 이렇게 대꾸할 수도 있다. "힘이란 어떤 물체의 속도를(더 정확히 말하자면 운동량을) 바꿔주는 그 무엇이오." 구체적인 표현 방법에는 다소 차이가 있을 수 있겠지만, 어쨌든 뉴턴의 역학 체계 속에서 힘이란 단어는 분명한 의미를 갖고 있다. 그러나 "물질이란 무엇인가"에 대해 획일적인 대답을 해줄 만한 물리학 방정식 같은 건 존재하지 않는다. '물질'은 물리학적이면서 동시에 사회학적인 용어다. 물질의 범주는 꾸준히 팽창해왔고, 그 정의도 계속 달라지고 있다.

동물이나 식물처럼 다양한 종류의 개체가 존재할 때 과학자는 그것들을 분류할 방법을 찾고 싶어한다. 동물에는 포유류와 양서류와 어류, 조류가 있고, 포유류에는 또 무슨 종류가 있고, 이런 식으로 말이다. 물질의 종류를 분류하는 일차적인 방법에는 일단 3장 '파울리 호텔'에서 다루었던 것처럼 금속과 비금속의 이분법이 있다. 일상생활에서는 다소 생소하게 느껴지겠지만 물질을 '차원에 따라' 나누는 것도 대단히 효과적인 분류법이다.

우리는 은연중에 물질이라고 하면 직접 보고 만지고 느낄 수 있는 대상이라고 생각한다. 물질은 너비와 길이와 높이가 있는, 3차원적인 어떤 대상이어야 한다는 편견이 있다. 현대의 물질 과학은 이런 (일상적인 경험에 근거한) 편견을 20세기 후반 들어서 극복해버렸다. 물질에는 2차원 물질, 1차원 물질도 있다. 공간에는 세 방향밖에 없으니, 차원에 따른 물질의 분류도 1, 2, 3차원 물질 이렇게 딱 세 가지로 끝난다. 가령 상자 속에 사과를 차곡차곡 쌓으라는 지시를 받은 사람이 있다고 해보자. 조심스러운 성격의 소유자라면 아마도 그 사람은 사과를 우선 한 줄로 나란히 채우고, 다음 줄을 채워나가는 식으로 결국 상자의 한 층을 다 채울 것이다. 그런 다음 같은 방식으로 두 번째 층을 채울 테고, 그다음 세 번째 층, 이런 식으로 차곡차곡 상자를 가득 채워나가지 않을까. 사과 대신 원자를 차곡차곡 채워가면 어떨까? 한 줄로만 원자를 채우면 1차원 물질, 한 층을 원자로 가득 채우면 2차원 물질, 그리고 상자를 가득 원자로 채우면 3차원 물질이 된다. 매우 단순한 기하학적 상상력만 있으면 이해할 수 있는 물질 분류법이다.

앞서 이야기했던 것처럼 나의 지도교수는 2016년 노벨 물리학상을 받았다. 그의 제자였다는 이유로 나도 덩달아 여러 군데서 축하를 받았다. 축하 전화 도중 이런 질문을 받았다. "그런데 2차원 물질이란 게 뭐냐? 물질이 어떻게 2차원일 수 있지?" 지도교수의 노벨상 수상 이유는 2차원 물질계의 위상수학적 효과를 이론적으로 이해한 공로였다. 그런데 2차원 물질이 뭐냐고 묻다니? 2차원에도 물질이 존재할 수 있다는 게 절대 다수의 사람들에게는 당연하지 않다는 사실을 깨달았다. 이 책을 통해 내가 당연하다고 알고 있는 상식이 여러 사람들에게도 상식으로 공유될 수 있다면 기쁜 일이다.

현실적으론 이런 질문을 할 수 있다. 얼마나 얇아야 2차원 물질일까? 얼마나 가늘어야 1차원 물질일까? 아주 가는 물질의 대명사인 머리카락의 두께는 0.1밀리미터 정도라고 하니 상당히 가늘어 보이기는 하지만 따지고 보면 원자 수십만 개를 나란히 포개고도 남을 엄청난 두께다. 머리카락은 당당한 3차원 물질이다. 일상생활에서 우리 눈에 띄는 물질은 모두 3차원 물질이다. 2차원이나 1차원 물질은 일상생활이 아닌 실험실과 공장에서 주로 합성된다.

예를 들어 실리콘의 표면에 금 원자나 철 원자를 일렬로 나란히 정렬하게끔 만들 수 있다. 콩깍지 속의 콩이 가지런히 일렬로 배열되는 것처럼, 실리콘 표면에 있는 원자들이 고맙게도 콩깍지 구실을 해주는 덕분에, 금이나 철 원자가 가지런히 정렬되어 흐트러지지 않는다. 원자 한 줄보다 더 가는 줄은 물리적으로 아예 만들 수 없을 테니, 이 정도면 완벽한 1차원 금줄, 아니면 쇠사슬이라고 주장할 수 있다. 다만 한 가지 살짝 염려스러운 점이 있다. 이 금줄은 실리콘 판을 벗어나는 순간 독자적으로 존재하지 못한다. 콩깍지에서 콩이 탈출하는 순간 제멋대로 흐트러지는 것처럼, 실리콘 기판의 단단히 잡아매주는 힘이 사라지는 순간 금 원자는 더 이상 가지런히 일차원으로 정렬할 이유가 사라져버린다. 물질이 물질다우려면, 외부 도움이 없어도 독자적으로 존재할 수 있어야 하지 않을까? 우리가 일상생활에서 1차원이나 2차원 물질을 접하기 힘든 것도 그런 이유다. 낮은 차원의 물질은 구조적으로 불안정하기 때문에 그냥 내버려두면 서로 뭉쳐서 3차원 물질로 바뀌어버리는 경향이 있다. 그러나 어떤 특별한 원자를 이용하면 3차원, 2차원, 1차원 구조를 모두 만들어낼 수 있다.

탄소 물질

탄소는 석탄의 재료가 되는 원소라고 해서 이름도 '炭素'라고 붙였다. 라틴어로 숯을 가리키는 단어는 'carbo'다. 영어로는 탄소를 'carbon'이라고 부른다. 숯의 주요 성분이 되는 이 원자에 이런 이름을 붙인 인물은 18세기 중후반을 살다 간 프랑스의 위대한 화학자 라부아지에

Antoine Lavoisier(1743~1794)라고 한다. 숯덩이와 다이아몬드가 사실은 동일한 원소, 즉 탄소로 구성된 물질이라는 점을 처음으로 알아낸 사람이기도 하다. 탄소로 만들어진 물질에는 숯덩이와 다이아몬드만 있는 게 아니다. 숯과 다이아몬드는 모두 3차원 물질이란 점을 기억하자.

1차원 탄소 구조물은 탄소 나노튜브carbon nanotube라고 부른다. 아래 그림처럼, 탄소 원자를 빨대 모양으로 붙여서 만들어진다. 반지름이 불과 원자 몇 개를 합친 길이 정도밖에 안 되는, 세상에서 가장 가는 빨대인 셈이다. 이 빨대 구조의 단면은 매우 작기 때문에 나노튜브 속의 전자가 자유롭게 움직일 수 있는 방향은 사실상 대롱 방향 하나뿐이다. 전자가 한 방향 운동밖에 할 수 없다면 적어도 전자 입장에서 봤을 때 탄소 나노튜브는 1차원 물질이라고 부를 수 있다. 나노튜브는 세계 최초의 '제대로 만든' 1차원 물질이었다. 실리콘 기판 같은 외부의 도움 없이도 대롱 구조를 안정적으로 유지할 수 있기 때문이다. 그

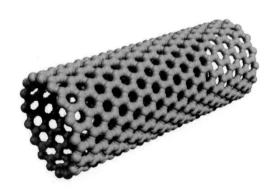

▲ 탄소 나노튜브.

덕분인지, 이 탄소 대롱에 대한 연구는 1990년대의 물리학계를 풍미했다고 해도 좋을 만큼 대단했다. 나노튜브의 존재를 보고한 과학자 이이지마Sumio Iijima의 1991년 논문은 지금까지 무려 5만 회 가까이 인용되었다. 이 탄소 대롱에 관한 후속 논문이 그만큼 많이 나왔다는 뜻이다.

선배가 버클리대학에서 연구원 일을 시작할 무렵인 1999년에는 이미 탄소 나노튜브 연구가 '정상적인' 상태에 접어들고 있었다. 풀어서 말하자면 여전히 '새롭고 흥미로운new and interesting 결과는 계속 나오지만 깜짝 놀랄 만큼 흥분되는novel and exciting 결과는 더 이상 기대하기 힘든' 그런 상황을 가리킨다. 모두 다 좋은 단어로 구성된 문구지만 미묘한 차이가 있다. 날마다 연구실에 출근하는 과학자들에게도 그 구분은 결코 쉽지 않다. 타석에 들어선 타자는 내심 홈런을 기대하면서 방망이를 휘두르지만 대부분의 공은 파울이나 아웃, 아니면 겨우 일루타에 머문다. 그렇다고 해서 홈런을 때릴 때의 타구 자세가 평범한 안타를 칠 때의 자세와 눈에 띄게 다른 것도 아니다. 연구자는 자신의 연구가 파란 대양blue ocean으로 나가는 항해 길이 되길 기대하지만 막상 완성된 논문은 빨간 대양red ocean에 합류하는 물 한방울이기 일쑤다.

그럼에도 불구하고, 현명하고 경험 많은 과학자들에게는 앞을 내다보는 안목이 좀 있다는 걸 인정해야 한다. 버클리대학교에는 매큐언 Paul McEuen이란 뛰어난 나노튜브 실험물리학자와 리둥하이Dung-Hai Lee라는 출중한 양자 물질 이론가가 있었다. 상상력이 풍부한 이 두 사람은 그 당시 유행하던 나노튜브 연구에 대한 의견을 나누면서 다음 가야 할 목적지는 그래핀일 것이라는 예측을 했다고 한다(나는 리둥하이 교수의 연구원이었다. 그에게 전해 들은 이야기다). 어쩌면 그런 의견 교환 덕분에 매큐언 교수는 그의 일급 연구원이었던 선배에게 그래핀 만들기란 임무를 주었을지도 모른다.

이제 와서 돌이켜보면 나노튜브의 세계를 거의 다 정복해갔던 탄소 과학자들에게 남은 신세계는 2차원 탄소 물질, 그래핀이라는 게 자명하게 들리겠지만 그 당시, 새 천년이 시작될 그 무렵 그 점을 제대로 감지한 사람은 세상에 많지 않았다. 일단 그래핀을 제대로 합성하거나 분리하는 데 성공한 연구실이 세계 어디에도 없었다. 이를테면 마법의 지팡이나 연금술 따위가 필요한 상황이었다.

가만히 생각해보면 흑연黑鉛('검은색 납'이란 의미)이란 물질은 참 신기하다. 흑연은 탄소로만 만들어진 3차원 물질이다. 흑연으로 만든 연필심은 3차원짜리 고체 덩어리인데 막상 종이 위에 글씨를 쓸 때는 연필심의 껍질이 살살 벗겨져서 글자로 변한다. 3차원 물질이었던 연필심이 2차원적인 글자로, 별다른 연금술적 도움 없이 어린아이 손끝에서 차원 변환을 겪는다. 크레용에도 비슷한 성질이 있다. 크레용은 양초와 동일한 파라핀 성분에 색을 내는 염료를 섞어 만든 물질이다. 크레용의 미끄럽고 잘 벗겨지는 성질은 파라핀 때문이다. 파라핀은 탄소와 수소가 결합해서 만들어진 분자다. 그 분자들이 아주 약한 힘으로 느슨하게 결합해서 겨우겨우 고체 덩어리를 만들어놓은 게 양초다. 그 덕분에 양초나 크레용은 조금만 힘을 줘도 껍질이 슬슬 벗겨진다.

연필심과 다이아몬드는 모두 탄소로만 만들어져 있다. 하지만 다이아몬드를 종이 위에 아무리 문질러도 가루는 묻어나오지 않는다. 따져보면 탄소 원자 사이에 존재하는 공유결합은 자연이 제공하는 가장 강력한 화학결합 중 하나다. 다이아몬드의 단단함은 화학결합적 관점에서 보면 이해하기 쉬운 현상이다. 역설적으로 들리겠지만, 오히려 특이한 건 흑연의 무른 성질이다. 그 비밀은 흑연의 독특한 원자 결합 구조에 있다.

흑연 속의 탄소 원자는 자신의 전후좌우에 있는 다른 탄소 원자들하고만 강하게 공유결합한다. 예를 들어 3층짜리 건물이 있는데, 1층에 있는 모든 사람들이 손에 손을 꽉 잡고 있고, 2층에 있는 모든 사람들이 똑같이 강하게 손을 잡고 있고, 3층에 있는 사람들도 서로 손을 꽉 잡고 있다고 생각해보자. 각각의 층에 있는 사람들끼리는 방통의 연환계로 묶인 조조의 배처럼 꼼짝달싹 못 하는 상황이 연출된다. 하지만 서로 다른 층에 있는 사람들 사이에는 어떤 상호작용도, 어떤 제약도 존재하지 않는다. 이런 상황에서 만약 거대한 고질라의 손이 나타나 사람들을 낚아챈다고 하면 같은 층 사람들은 서로 묶여 있으니 모두 한꺼번에 끌려 올라갈 수밖에 없다. 그러나 다른 층에 있는 사람들까지 끌려 나갈 이유는 없다. 흑연 속에 있는 탄소 원자들이 손을 잡고 있는 꼴이 바로 이렇다.

흑연은 층상 구조 물질이다. 어떤 2차원 구조가 층층이 쌓여 있는 구조라는 의미다. 그중에 딱 한 층만 떼어놓고 보면 다음 그림처럼 벌집 격자(육각 격자) 모양으로 탄소 원자들이 배열되어 있다. 육각 격자의 모서리 위치에 탄소 원자가 하나씩 있고, 그들끼리 공유결합이라는 강력한 화학결합으로 결속되어 있는 구조가 바로 그래핀이다. 흑연은 그래핀을 차곡차곡 쌓아올려서 만들어졌다. 그래핀과 그래핀 사이에는 원자 간의 결속이 거의 없다. 그래서 연필심을 종이에 꾹꾹 누르

▲ 그래핀. (©AlexanderAIUS / CC BY-SA 3.0)

면 위층에 있는 그래핀 층부터 한 꺼풀씩 벗겨져서는 종이 위에 남는
다. 흑연 덩이에 남아 있는 나머지 그래핀 친구들은 떠나는 친구의 손
을 잡아주지 않는다.

그래핀 발견

선배는 그래핀을 흑연으로부터 분리해내는 문제를 두고 꽤 오랫동안
씨름했지만, 결국 성공하지 못한 채 버클리대학교에서의 연구원 일을
끝냈다. 다행히 그의 실력과 잠재력을 알아본 미국 동부의 명문 대학
에서 그에게 교수 자리를 제안했다. 필자는 한국의 어느 대학교에 자

리를 잡게 되었고, 우리는 새롭게 시작할 교수 생활에 대한 기대감 속에 편안한 마음으로 버클리에서의 마지막 여름을 가끔씩 테니스를 치면서 마무리했다. 2001년 여름이었다.

귀국해서는 한국의 교수 생활에 적응하느라 바쁜 탓에 한동안 선배를 만나지 못했다. 선배와의 재회는 2005년 가을에야 이루어졌다. 마침 대학 선진화를 위한 국책 지원 사업인 BK사업이 전국 대학교에서 시작되려던 참이었고, 그 준비의 일환으로 나에게 떨어진 임무는 미국의 명문 대학 물리학과 몇 곳을 벤치마킹해 오라는 것이었다. 때마침 선배가 교수로 있던 대학이 그 대상 대학 중 하나였다. 선배의 도움으로 벤치마킹 업무를 무사히 마치고는 학교 부근에 있는 간소한 이태리 식당에서 파스타로 함께 점심 식사를 했다. 놀랍게도 선배는 버클리 연구원 시절 시작했던 그래핀 문제를 아직도 연구하고 있었다. 지난 몇 년 사이에 그래핀을 성공적으로 분리해내는 방법이 발견됐다고 했다. 그 비법은 스카치테이프였다.

2018년 개봉된 영화 〈스카이 스크레이퍼skyscraper〉에서 주인공 역할을 했던 드웨인 존슨이 남긴 명대사 "덕트 테이프로 고쳐지지 않는 건, 테이프를 충분히 쓰지 않았기 때문이지If you can't fix it with duct tape, then you ain't using enough duct tape"가 떠오른다. 선배가 알려준 연금술적 비법은 이러했다. 연필심에 스카치테이프를 붙였다 뗀다. 테이프에 연필 가루가 묻어난다. 그 테이프를 유리판 위에 문지른다. 그럼 테이프에 묻었던 연필 가루가 유리판에 옮겨 붙는다. 현미경으로 유리판을 잘 관찰한다. 한 장짜리 그래핀이 여기저기 보인다. 이 엉뚱하고도 단순한 방법을 제안한 두 물리학자 가임Andre Geim과 노보셀로프Konstantin

Novoselov의 이름을 접한 것도 그날 선배를 통해서였다.

비록 스카치테이프를 이용한 그래핀 분리 방법에 착안하는 데는 선수를 빼앗겼지만 가임-노보셀로프의 방법을 얼른 익힌 선배는, 그래핀 한 장짜리를 놓고 한 실험에서 재미있는 결과가 나왔는데 곧 〈네이처〉에 논문이 실릴 것이라는 귀띔을 해주었다. 선배가 관측한 재미있는 현상은 그래핀에서의 양자 홀 효과였다. 6장 '양자 홀 물질'에서 다루었던 양자 홀 효과가 그래핀에서도 관측되었다는 것이다. 흥미로운 결과였다.

그러나 다시 생각해보면 그래핀은 탄소 한 겹짜리 물질이니 완벽한 2차원 전자계라고 할 수 있다. 2차원 전자계에 강한 자기장을 걸어주었을 때 양자 홀 효과가 발견되었다는 건 나 같은 이론쟁이에겐 그다지 놀라운 사실이 아니었다. 나중에 양자 홀 효과 이론으로 노벨상까지 받은 지도교수 밑에서 양자 홀 효과에 대한 박사 논문으로 학위를 받았다는 자부심도 한몫했을 것이다. 그저 "그래요? 재미있네요"라는 의례적인 대꾸만 하고는 더 이상 질문을 던진 기억이 없다. 나의 두 번째 착각이었다. 그 대화가 있던 날부터 불과 5년 후인 2010년, 가임과 노보셀로프가 그래핀을 성공적으로 분리한 공로로 노벨 물리학상을 수상했고, 그래핀은 이미 양자 물질의 총아로 자리잡고 있었다.

상대론적 전자계

그래핀은 완벽한 2차원 금속이다. 따라서 그래핀에 강한 자기장을 가했을 때 양자화된 홀 저항이 관측된 것 자체는 자연스러운 일이었다.

다만 그래핀의 양자 홀 효과에는 독특한 특징이 하나 있다. 기존의 양자 홀 물질에서는 클리칭이 발견한 홀 저항의 기본값 $25,812\Omega$을 정수로 나눈 값이 홀 저항 측정에서 관측된다. 그러나 그래핀에서는 정수 대신 반정수, 즉 1/2, 3/2, 5/2 이런 값으로 나눈 홀 저항이 관측됐다. 양자 홀 효과 치고는 상당히 비정상적인 양자 홀 효과였다. 다행히 그 문제는 이론물리학자들이 어렵지 않게 해결했다. 이유는 그래핀 속의 전자가 상대론적 운동을 하기 때문이었다.

5장 '빛도 물질이다'에 등장했던 공식을 다시 한번 불러보자. 아인슈타인의 유명한 공식 $E = c\sqrt{(mc)^2 + (p_x)^2 + (p_y)^2 + (p_z)^2}$ 은 어떤 운동량을 갖고 움직이는 입자의 에너지가 무엇인지 알려준다. 각 방향으로 운동하는 정도를 표시하는 3개의 숫자 (p_x, p_y, p_z)가 있고, 그 입자의 질량 m이 정해졌을 때 에너지 값이 무엇인지 알려주는 공식이다. 자연에는 빛 알갱이처럼 질량이 없는 입자도 있다. 이 경우는 공식이 $E = c\sqrt{(p_x)^2 + (p_y)^2 + (p_z)^2} = cp$, 이런 꼴로 좀 더 단순해진다. 그렇지만 자연에 존재하는 대부분의 입자는 각자 고유의 질량 값이 있고, 전자도 예외가 아니다. 비록 10^{-30}kg 정도의 아주 미미한 질량이긴 하지만 어쨌든 전자의 질량은 유한하다. 전자처럼 질량이 있는 입자라도 엄청나게 큰 운동량을 갖고 움직이면 마치 질량이 없는 입자처럼 거동하긴 한다. 아인슈타인의 에너지 공식에서 운동량 값이 엄청나게 커진다고 가정하면 앞쪽에 등장하는 (mc)라는 숫자는 있으나마나 한 미미한 숫자가 된다. 거대 입자가속기 시설에서는 전자를 어마어마한 빠르기로 움직이게 만들 수 있다. 다만 입자가속기를 운영하는 데는 굉장히 많은 돈이 들어간다. 본래 상대론적인 운동을 하지 않던 입자를 강제로 질량이 있으나마나 한 상대론적인 운동의 영역으로 끌어올리려면 많은 투자가 필요하다.

그래핀 속의 전자는, 분명히 질량이 유한한 입자임에도 불구하고, 입자가속기의 도움을 받지 않고도 저절로 상대론적 거동을 한다. 그렇다고 해서 그래핀 속의 전자가 빛만큼 빨리 움직이는 것도 아니다. 대략 빛 속력의 1/100 정도로, '느릿느릿' 움직이고 있을 뿐이다. 입자가속기의 도움으로 빛 빠르기의 99.999퍼센트 속력으로 움직이는 전자에 비하면 대단히 느린 운동이다. 이렇게 천천히 움직이는 전자가 어떻게 상대론적으로 거동할 수 있을까?

아인슈타인의 유명한 공식은 빈 공간, 즉 진공을 움직이는 입자를 염두에 두고 만들어졌다. 그래핀 속의 전자는 빈 공간을 떠도는 입자가 아니다. 앞에 나왔던 그래핀의 탄소 원자 배열을 보면, 육각 격자 모양을 하고 있다. 그래핀의 전자는 오직 이 육각형의 모서리를 따라서만 운동할 수 있다. 2차원에 사는 전자이긴 하지만 2차원 공간 아무곳이나 갈 수 있는 자유로운 전자는 아니다. 벌집 모양의 정해진 길만 따라서 움직일 수 있는 전자다. 이런 제약 조건 속에서 움직이는 전자의 운동은 진공 속을 자유롭게 움직이는 전자의 운동과 다르다. 운동방정식을 새롭게 풀어야 한다. 그 결과는 그래핀 전자의 에너지와 운동량이 만족하는 상대론적인 비례 관계다. $E = v\sqrt{(p_x)^2 + (p_y)^2} = vp$. 2차원 그래핀 평면에서만 전자가 운동하기 때문에 운동량 성분 중에서 하나 (p_z)는 빠진다. 아인슈타인이 발견한 질량 없는 입자의 에너지 공식과 동일하다. 다만 한 가지 큰 차이가 있다. 여기 등장하는 속력 값 v는 빛의 속력 c에 비해 100배 정도 작다. 그래핀 속의 전자는 상대론적 입자를 잘 흉내내긴 하지만, 진짜 상대론적 입자는 아니다. 벌집 격자 위에서 움직인다는 제약 조건 덕분에, 그래핀 속의 전자는 비록 느리지만 상대론적 입자의 거동을 잘 '흉내내고' 있을 따름이다.

물론 그래핀 속의 전자 운동이 이렇게 상대론적 운동을 흉내낼 것이란 예측은 그래핀이 합성되기 수십 년 전부터 있었다. 그렇다고 해서 그래핀 속의 전자를 하나씩 들여다보면서 정말 상대론적 운동을 하는지 물어보고 확인해보았다는 뜻은 아니다. 그 대신, 만약 그래핀 속의 전자가 정말로 상대론적인 운동을 한다면 양자 홀 저항이 정수 값 대신 반정수 값에서 관측되어야 할 것이란 이론이 있었다. 선배의 실험은 이 반정수화된 양자 홀 숫자가 그래핀이란 물질에서 아름답게 구현되고 있음을 보여주었다. 정수 값, 가령 1을 측정하는 것과 반정수 값, 가령 1/2을 측정하는 것은 큰 차이다. 저항을 재는 기계의 눈금에 무려 2배의 차이가 있을 테니 말이다. 만약 그래핀 속의 전자가 비상 대론적 운동을 했더라면 평범한 정수 값 홀 저항을 관측했을 것이다. 이렇게 홀 효과 측정만으로도 전자의 속성이 상대론적인지, 아니면 비상대론적인지 알아낼 수 있다. 그래핀 속의 전자는 이론에서 예측한 그대로, 상대론적 입자처럼 거동했다.

호프스태터 나비

나와 선배의 다음 만남은 미국 보스턴에서였다. 세계적인 그래핀 학자로 명성이 자자했던 선배는 보스턴의 명문 대학교 종신 교수 자리를 받아 옮겨왔고, 나는 마침 연구년을 보내기 위해 보스턴을 1년간 방문하고 있었다. 하버드 광장Harvard Square으로 알려진 일대에는 아담한 가게와 매력적인 식당이 참 많았다. 그중에 핫초콜릿을 잘 만들기로 유명한 가게가 하나 있었다. 마침 눈이 펑펑 쏟아지던 2015년 2월의 어느 날, 쏟아지는 눈을 피하려고 두툼한 외투에 털모자를 뒤집어쓴 채 나타난 선배와 함께 진한 핫초콜릿을 마시면서 얘기를 나누었다. 그날 선배는 엉뚱한 제안을 했다. 수학자, 이론물리학자, 실험물리학자가 모여 서로 각자가 알고 있는 수학과 물리학 이야기를 해보면 재미있지 않겠냐고. 중학교 시절 독서 모임을 제안했던 선배의 엉뚱함은 여전히 그대로였다. 이듬해 겨울, 그러니까 2016년 1월, 수학자 한 명, 이론물리학자 두 명, 실험물리학자 한 명이 번갈아 강의하는 모임이 한국에서 정말로 열렸다. 그 이론물리학자 중 한 명이었던 나는 양자 물질에서 발견되는 각종 위상 숫자에 대해 강의했고, 선배는 두 장의 서로 다른 2차원 물질이 쌓여서 생긴 무아레moiré 구조에서 발견된 양자 홀 효과에 대해 강의했다.

무아레 구조, 또는 무아레 무늬로 불리는 모양은 과학자들보다 오히려 미술이나 의상 디자인 전공자들에게 익숙하다. 다음 그림처럼 동일한 세로 줄무늬 두 장을 살짝 각도를 틀어 겹쳐 보면 본래 줄무늬에는 없었던 새로운 구조의 무늬가 문득 드러난다. 본래의 세로줄 무늬는 촘촘한 간격이었는데, 새로 드러난 가로줄 무늬는 제법 간격이 넓다. 2개의 규칙적인 구조를 살짝 엇갈려 쌓았더니 새로운 초구조superstructure가 탄생했다. 이렇게 두 장의 엇비슷한 구조를 겹쳤을 때 발현되는 초구조를 무아레 구조, 무아레 무늬라고 한다. 비슷한 원리로, 고운 비단 스카프 두 장을 겹쳐 보면 밝고 어두운 무늬가 규칙적으로

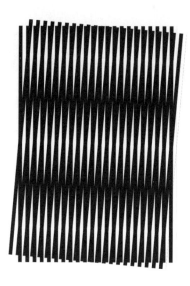

▲ 각도를 살짝 엇갈려서 만든 무아레 무늬. (©Fibonacci. / CC BY–SA 3.0)

드러날 때도 있다. 무아레는 본래 이렇게 천 두 장을 겹쳤을 때 나오는 무늬를 가리키는 단어였다. 새로 등장하는 무늬는 본래 무늬의 간격보다 훨씬 크다. 촘촘한 비단의 낱줄 간격을 눈으로 구분하기는 어렵지만, 두 비단을 겹쳤을 때 발현되는 무아레 구조는 눈에 잘 띈다.

　그래핀을 탄소 원자라는 재료로 짠 아주 얇은 천으로 생각할 수도 있다. 2개의 천을 겹치면 두 장짜리 그래핀이 되고, 수도 없이 많은 천 조각이 차곡차곡 쌓이면 흑연, 석탄, 연필심이라고 부르는 물질이 된다. 두 장짜리 그래핀을 살짝 어긋나게 포개면 어떻게 될까? 마치 위에서 본 첫 번째 무아레 구조처럼, 한 장의 그래핀 위에 다른 그래핀을 각도 1도 정도 틀어서 올려놓으면 어떻게 될까? 무아레 구조가 생

▲ 크기가 살짝 다른 두 종류의 물체(사과와 배)를 배열하다 보면 저절로 더 큰 크기의 구조가 발현된다.

긴다.

방법은 또 있다. 그래핀과 비슷하게 생겼지만 크기가 살짝 다른 2차원 물질을 그래핀 위에 얹으면 된다. 탄소는 주기율표에서 여섯 번째로 등장하는 원자이고, 그 좌우에는 붕소Boron(원자번호 5)와 질소Nitrogen(원자번호 7)가 있다. 탄소 원자 대신 붕소와 질소를 절반씩 섞어 잘 합성하면 그래핀과 똑같은 육각 격자이긴 하지만, 탄소 자리에 붕소와 질소가 번갈아 들어간 질화붕소가 만들어진다. 질화붕소의 기하학적 구조는 그래핀과 동일하지만 그 격자의 크기는 그래핀과 살짝 다르다. 질화붕소 한 장과 그래핀 한 장을 겹치면 약간 다른 격자의 크기 때문에 무아레 구조가 형성된다.

무아레 구조가 왜 생기는지 이해하기란 어렵지 않다. 가령 위의 그림처럼 작은 사과(흰색)를 한 줄로 나란히 배열한다고 하자. 그 위에는 사과보다 크기가 살짝 큰 배(검은색)를 일렬로 배열한다. 크기가 서로 다르기 때문에, (예를 들어) 사과 5개를 채울 때 배는 4개밖에 채우지 못한다. 이렇게 두 줄로 쌓은 사과-배의 모양을 멀리서 보면 어떨까. 사과 5개를 채울 때마다 모양이 반복되는(세로 점선) 초구조가 보인다. 본래 사과의 크기보다 더 큰 크기의 간격으로 반복되는 구조가 발현된 셈이다.

선배는 그래핀 위에 질화붕소를 얹어서 생긴 무아레 구조체에서 관측된 양자 홀 효과에 대해 강의했다. 평범한 양자 홀 효과 대신 호프스태터 나비Hofstadter butterfly로 알려진 현상이 보인다는 내용이었다. 호프스태터 나비는 내가 대학원에서 지도교수에게 받은 생애 첫 연구 주제이기도 했다.

호프스태터Douglas Hofstadter(1945~현재)는 핵물리 세계의 신비를 탐색한 공로로 노벨상을 받은 아버지 밑에서 자랐다.* 아버지가 교수로 있던 스탠퍼드대학교를 겨우 스무 살 나이인 1965년에 졸업할 만큼 영재였지만, 막상 박사학위는 오레곤대학교에서 무려 10년 뒤인 1975년에서야 받았다. 이미 그의 관심은 순수 물리학에서 멀어지고 있었지만, 다른 면에서 그는 전인미답의 영역을 개척하고 있었다. 박사학위를 받은 지 4년 뒤엔《괴델, 에셔, 바흐Gödel, Escher, Bach: An Eternal Golden Braid》란 책을 써서 퓰리처상을 받았고 관심 분야도 인지 과학으로 바뀌었다. 그가 박사 논문에서 탐구했던 주제, 그가 물리학에 남긴 마지막 선물은 '자기장 효과에 의한 전자의 에너지 구조 변화'에 관한 연구였다.

• 그의 아버지 로버트 호프스태터Robert Hofstadter(1915~1990)는 1961년 노벨 물리학상을 받았다. 드라마 〈빅뱅이론〉의 주인공 레너드 호프스태터Leonard Hofstadter의 이름은 이 노벨상 수상자의 이름을 따서 지었다고 한다.

3장 '파울리 호텔'에서 블로흐의 증명에 대해 이야기한 적이 있다. 전자는 파동 형태로 고체 전체에 편재한다는 증명이었다. 그 증명에는 중요한 전제 조건이 하나 있었다. 외부 자기장이 없는 상황을 가정한 것이다. 자기장의 존재를 가정하는 순간, 고체 속 전자의 운동은 난공불락의 문제로 돌변한다. 아무도 간단한 해법을 찾을 수 없는 복잡한 방정식을 다루어야 한다. 호프스태터의 박사 논문 지도교수 바니어 Gregory Wannier(1911~1983)는 고체 물리학 이론의 초석을 다진 유명한 물리학자로, 그의 영민한 학생 호프스태터에게 이 문제를 풀어보도록 제시했다. 그 당시인 1970년대는 대학교에서 컴퓨터를 구경하기가 쉽지 않은 시절이었다. 컴퓨터 계산을 이용해서 박사 논문을 쓰는 경우는 더더욱 흔치 않았다. 물론 호프스태터는 평범한 학생이 아니었다. 1970년대 중반이면 아직 펀치카드라는 원시적인 방법을 사용해 프로그램을 짜던 시절이었지만, 그는 자신에게 부여된 문제를 멋지게 컴퓨터로 풀어냈다.

호프스태터의 노력은 결실을 맺었고, 그는 이전까지 아무도 보지 못했던 희한한 전자 에너지 구조를 처음으로 얻었다. 이른바 프랙탈fractal이라고 부르는 구조였다. 우연히도, 호프스태터가 만들어낸 에너지 구조를 그림으로 그려보면 마치 한 마리의 나비를 그린 것 같아, 아예 이 구조에 '호프스태터 나비'라는 이름이 붙었다.

시애틀에서 몇 시간 운전을 해서 남쪽으로 내려가면 오레곤대학교에 도착한다. 시애틀 워싱턴대학교에 있던 사울레스 교수는 바니어의 초청으로 오레곤대학교를 방문했다가 호프스태터의 결과를 보고 흥미를 느꼈다고 한다. 시애틀로 돌아온 사울레스는 그 나름의 접근법으

▲ 호프스태터 나비. (©Douglas Hofstadter / CC BY-SA 3.0)

로 호프스태터 나비 문제를 이해하려고 했다. 1970년대 후반의 일이
다. 그러던 중 1980년, 정수 양자 홀 효과를 보았다는 클리칭의 선언
이 있었다. 동료 교수인 데멜트의 도전을 받은 사울레스가 양자 홀 문
제를 본격적으로 다루고자 했을 때, 그가 떠올렸던 건 호프스태터의
모델이었다. 호프스태터가 풀었던 모델은 이미 2차원 전자계에 강한
자기장을 주었을 때 겪는 양자역학적 변화를 다루고 있었다. 만약 양
자 홀 효과를 이론적으로 설명할 수 있다면 호프스태터의 모델만 풀
어도 그 답을 찾을 수 있어야 했다. 아니나 다를까, 호프스태터의 모델
을 이용해 홀 저항을 계산해보니 정수 값이 나왔다. 괴짜 대학원생의,
시대를 앞선 연구 정도로 기억될 뻔했던 호프스태터 나비는 이렇게

해서 양자 물질 세계에 널리 알려지게 됐다. 호프스태터의 모델로 큰
성공을 거둔 사울레스는 그 후에도 간간이 이 모델의 성질을 요모조
모 탐색하는 논문을 써왔다. 1991년 한국에서 유학 온 나에게도 호프
스태터의 모델을 조금 더 확장해서 연구해보라는 주문을 내렸다. 나는
호프스태터 나비를 재현해보고 이런저런 계산을 하면서 대학원 첫
2년을 보냈다.

호프스태터의 모델을 풀어보면 흥미로운 나비 구조가 나오는 건 사
실이었지만, 이런 구조를 실험적으로 구현하는 데는 현실적으로 큰 제
약이 따랐다. 이 구조를 관측하려면 원자와 원자 사이의 간격이 굉장
히 커야 했다. 보통 물질처럼 1나노미터도 안 되는 간격으로 원자가
떨어져 있는 조건에서는 호프스태터 나비 현상을 관측하기가 불가능
했다. 그 간격이 수백 배는 더 커야만 했다. 원자 간격을 수백 배 키운

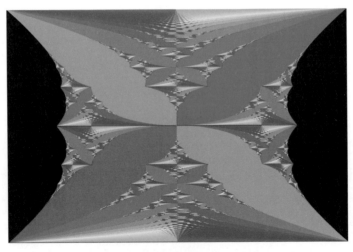

▲ 그래핀의 무아레 초격자에서 발견된 호프스태터 나비.

물질을 인공적으로 합성하는 방법이 필요했다. 무아레 구조가 마침 그런 역할을 할 수 있었다. 비록 본바탕이 되는 그래핀이나 질화붕소의 원자 간격은 여전히 아주 작았지만, 그 두 장의 물질을 겹쳤을 때 발현되는 초구조의 크기는 그것보다 수백 배 컸다. 바야흐로 호프스태터 나비를 관측할 실험적 기반이 마련된 셈이었다. 앞의 그림은 그래핀-질화붕소 무아레 구조에서 실험적으로 관측된 호프스태터 나비의 모양이다. 호프스태터가 40년 전 예측했던 모양 그대로였다. 실험과학자들의 창의성, 집념, 끈기, 그리고 손재주에 경의를 표할 만한 사건이었다.

놓친 기회, 새로운 기회

영화 〈악마는 프라다를 입는다〉에 나오는 대사가 떠오른다. 까다롭기로 악명 높은 편집장 미란다(메릴 스트립 분) 앞에서 어느 직원이 모양도 색깔도 엇비슷한 허리띠 2개를 놓고 고민하는 모습을 보던 여주인공 앤디(앤 해서웨이 분)는 그만 실소를 터뜨리고 만다. 그 모습을 본 미란다는 분노를 터뜨리는 대신, 앤디가 입고 있던 평범하기 그지없는 파란 스웨터가 사실은 수십 년 전 어느 디자이너의 영감으로부터 시작된 '작품'이었다는 사실을 지적하면서 앤디에게 패션이 뭔지 한 수 가르쳐준다.* 얼핏 보기엔 다 똑같은 양자 홀 효과지만 1980년 클리칭이 관측한 양자 홀 효과, 그래핀이 보이는 상대론적 양자 홀 효과, 무아레 구조에서 보이는 호프스태터 양자 홀 효과는 섬세한 의미에서

---

* 그 멋진 장면은 인터넷 검색창에 'blue sweater scene'으로 검색하면 볼 수 있다.

서로 달랐다. 누구에게는 그 차이가 뚜렷하게 보이고 또 누구에겐 잘 보이지 않는다.

파인먼의 유명한 선언 "밑에 가면 늘 방이 있어요There is plenty of room at the bottom"도 떠오른다. 본래는 나노과학의 가능성을 주창하는 그의 연설을 마무리하면서 등장했던 문장이었는데, 요즘은 나노과학뿐 아니라 과학계 전반에 걸쳐 여전히 무궁무진한 새로운 가능성이 남아 있다는 격려문으로 더 자주 사용된다. 이 유명한 격언에 굳이 나의 경험을 한마디 덧붙이자면 이 바닥의 방room at the bottom은 늘 문이 열려 있는, 아무나 출입할 수 있는 그런 방은 아니다. 오히려《해리 포터》의 호그와트에 있던 필요의 방Room of Requirement처럼 필요한 게 무엇인지 뚜렷이 알고 있는 사람에게만 출입문이 보이는 그런 방이란 생각이 든다. 물리학자들 사이에 존재하는 안목의 차이는 앤디와 미란다의 패션 안목 차이만큼이나 천차만별이다. 그런 안목의 차이가 누구의 업적은 파란 대양을, 또 누군가의 연구는 빨간 대양을 향해 가도록 만든다.

필자와 선배와의 가장 최근 만남은 2019년 여름에 있었다. 거부할 수 없는 매콤달콤한 양념으로 버무린 코다리찜으로 점심을 나누면서 선배는 가장 최근의 연구 관심사를 들려주었다. 여전히 무아레 구조체에 대해 고민하는 중이었다. 나도 뭔가 이론적으로 새로운 아이디어를 기여할 여지가 있어 보였다. 이번에는 작심하고 여름 내내 그 문제에 매달렸다. 2016년 겨울에 함께 강의했던 수학자에게도 큰 도움을 얻었다. 7월 초에 시작한 작업은 추석 무렵 거의 마무리됐다. 필요의 방 문이 나에게도 살짝 열린 느낌이 들었다.

8
양자 자석

입자는 자석이다

자석이란 단어가 일반적으로 주는 인상은 놀라움과 경외감보다는 그저 '아이들 장난감'에 훨씬 가깝다. 나 역시 양자 물질을 연구하는 물리학자가 되기 전까지는 그런 생각을 하고 있었다. 사실 자석은 양자역학의 본성을 제대로 알아야만 간신히 이해할 수 있는 신비로운 물질이다. '전자'가 그리스어의 '호박'에서 유래했다는 역사적 사실을 6장 '양자 홀 물질'에서 언급한 적 있다. 자석을 가리키는 영어 단어 'magnet'은 라틴어 'magnetum'에서 비롯됐다. 이 라틴어 단어는 어디서 왔는가 찾아보니 그리스어 μαγνῆτις λίθος(magnētis lithos)라고 한다. 직역하면 '마그네시아Magnesia 지방의 돌'이란 뜻이다. 화학 성분으로 따지면 철 원자와 산소 원자가 2:3, 혹은 3:4 비율로 섞여 만들어진 광물이 흔히 자석이라고 부르는 물질이다. 자석이 주변에 있는 금속을 끌어당기는 성질은 이미 고대 그리스 시절부터 알려져 있었지만, 정작 자석의 본질은 20세기 초반 양자역학이 발견되기 전에는 제대로 알려지지 않았다. 인간은 자석의 작동 원리를 조금도 이해하지 못한 상태에서도 그 광물을 깎아 나침반을 만들고 전 세계 바다를 누벼왔다. 20세기 물리학은 드디어 이 자석의 원리를 밝히며 놀라운 사실을 가르쳐주었다. (거의) 모든 입자는 자석이다!

3장 '파울리 호텔'에서 전자에는 두 가지 성이 있다는 비유를 통해 전자의 스핀을 설명했다. 전자의 배타원리를 설명하기 위해 도입한 비유였다. 그러나 엄밀히 말하자면 스핀을 제대로 비유하는 방법으로 더 적합한 것은 남성, 여성의 비유보다는 나침반의 바늘이다. '파울리 호텔'에서는 이 바늘이 북극을 가리킬 때를 남성, 남극을 가리킬 때를 여성으로 편의상 구분했었다. 우리가 나침반 바늘에 대해서 알고 있는 두 가지 상식이 있다. 그중 하나는 이 바늘 자체도 자석이라는 점이다. 자석은 자기장을 만들어낸다. 한편 자기장은 주변의 자석에 영향을 준다. 두 자석을 가까이 두면 같은 극끼리는 서로 밀어내고 다른 극끼리는 서로 당긴다. 지구라는 거대한 자석이 있다. 이 지구가 만들어내는 자기장은 전 세계에 있는 작은 자석 나침반의 빨간 침이 지구의 북극 방향을 향하도록 힘을 행사한다. 이것이 바로 나침반의 작동 원리다.

나침반 바늘에 대한 두 번째 상식은 그 바늘이 북극, 남극뿐 아니라 사실상 어떤 방향도 가리킬 수 있다는 점이다. 나침반 주변에 강한 막대 자석을 갖다 대면 바늘은 주저하지 않고 그 자석 방향으로 머리를 (혹은 꼬리를) 돌린다. 전자의 스핀은 나침반의 자석과 거의 같은 속성을 갖고 있다. 전자는 아주 작은 자석이고, 그 스핀은 동서남북 어느 방향이든 가리킬 수 있다. 스핀을 하나의 화살표로 생각하면 편하다. 화살표가 가리킬 수 있는 방향을 모두 모아보면 위 그림처럼 공 모양

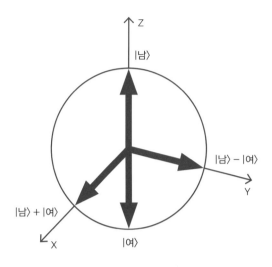

▲ 전자의 스핀은 구면 위 어느 방향이든 가리킬 수 있다. 가리키는 방향에 따라 |남⟩ 전자, |여⟩ 전자, 혹은 그 두 상태를 중첩한 |남⟩+|여⟩, 또는 |남⟩−|여⟩ 전자가 되기도 한다.

이 나온다. 스핀이라는 화살표의 꼬리를 이 공의 중심에 놓으면, 화살표의 머리는 공 껍질 어느 곳이나 가리킬 수 있다.

그렇다면 앞서 3장 '파울리 호텔'에서 했던 남성, 여성이란 구분법에 문제점이 좀 느껴진다. 성 구분은 대단히 이분법적인 방식인데, 실제 전자 스핀의 속성은 이보다 훨씬 '연속적'이다.

차라리 위에 있는 그림처럼 (X, Y, Z) 좌표를 도입해서 스핀 방향을 가리키는 게 정확하다. 전자의 스핀이 +Z 방향을 가리키면 남전자, −Z 방향을 가리키고 있으면 여전자, 이렇게 불렀던 것이다. 그런데 만약 스핀이 +X 방향을 가리키면 그런 전자의 성은 무엇이라고 표현해야 할까? 얼추 생각해보아도 남성과 여성이 혼합된 것으로 보아야 하지 않

을까? 양자역학적으로도 그게 올바른 답이다. 남전자(+Z 방향), 여전자 (−Z 방향)에 해당하는 양자역학적 파동함수를 |남〉, |여〉, 이렇게 표기 하자. 그럼 +X 방향을 향하는 스핀에 해당하는 파동함수는 '|남〉+|여〉' 라고 쓴다. 이런 상황을 양자역학에서는 두 상태가 '중첩superposition'되 었다고 표현한다. 비슷하게 +Y 방향을 향하는 스핀은 '|남〉−|여〉'라는 중첩된 파동함수로 표현한다. 이번엔 남녀 상태를 중첩할 때 마이너스 부호를 사용했다. 알고 보니 전자의 성이란 건 대단히 유연한 개념이 었다. 왜 보통 물질은 자석이 아닌지, 그 이유도 어렵지 않게 알 수 있 다. 배타원리 때문에 한 방에 거주하는 전자라는 자석은 서로 반대 방 향을 가리키게끔 강요받는다. 북쪽 전자가 하나 있으면 남쪽 전자도 하나, 동쪽 전자에는 서쪽 전자가 하나, 이렇게 대응되는 게 일반적인 물질의 상황이다. 평균적으로 보면 물질이 갖는 자성은 0이 될 수밖에 없다. 어떤 물질이 자석이 되려면 이런 남녀 균형을 깨야만 한다. 북쪽 스핀이 남쪽 스핀보다 많다면 평균적으로도 그 물질은 북쪽을 가리키 는 자석이 된다. 이렇게 전자의 남녀 균형이 깨지는 과정을 물리학에 서는 '자화magnetization'라고 부른다.

본래 자석이 아니었던 물질을 자화시키는 방법은 간단하다. 그 물질 근방에 강력한 자석을 갖다 대면 된다. 지구 자기장의 유혹으로 방향 을 전환하는 나침반의 원리를 떠올려보자. 물질 속에 있는 전자 중 절 반은 외부 자기장 방향을 가리키고 있지만 나머지 절반은 반대 방향 을 가리키고 있다. 반대 방향을 향한 스핀의 입장에서는 이 상황이 난 감하다. 전향하고 싶은 욕구가 생긴다. 일부 전자는 자발적으로 자기 의 성(방향)을 바꾼다. 남쪽 스핀을 갖던 전자가 전향해서 북쪽 스핀의 전자가 된다. 드디어 남여 전자의 균형이 깨진다. 어떤 물질이든 강한 자석을 갖다 대면 미약하게나마 자석으로 변한다.* 물론 이 자석을 제거하면 물질은 원래의 상태, 비자성 물질로 되돌아간다. 그러나 일부 물질은 예외다. 외부 자석을 제거해도, 여전히 자화된 상태로 남아 있다. 이런 물질이 진짜 자석이다. 자석이라고 불리는 물질을 들여다보면 남전자 숫자가 여전자보다 조금 많다. 남전자 혼자 들어가 있는 방도 가끔씩 보인다. 물론 여전자가 더 많아도 자석이다. 단지 북극과 남극 방향이 바뀐 자석이 될 뿐이다.

자석의 원리를 이해하려면 이렇게 기본 입자인 전자의 속성부터 알아야 한다. 기본 입자의 성질과 일상생활에서 벌어지는 현상은 이렇게 뜻밖의 방식으로 연결되어 있다. 물론 원자 속에는 전자라는 기본 입자 말고도 양성자, 중성자가 더 있다. 전자는 하나의 작은 자석이라고 설명했는데, 그럼 양성자는 어떨까? 양성자 역시 자석이다. 다만 전자보다 1천 배 정도 약한 자석이다. 전자 하나가 만들어내는 자기장에 비해 1천 배쯤 약한 자기장을 만든다는 뜻이다. 중성자 또한 전자에 비해 1천 배쯤 약한 자석이다. 원자는 수십 개의 약한 자석(양성자와 중성자)과 수십 개의 강한 자석(전자)이 모인 복합체고, 따라서 원자 자신도 자석이 될 수 있다. 우리가 자석이라고 부르는 물질은 종종 그 물질을 구성하는 원자 자체가 자석인 경우다. 철 원자는 대표적인 원

- 영화 〈엑스맨〉에 등장하는 영웅과 악당 중에 매그니토가 있다. 그의 능력은 자기장으로 금속을 자유자재로 제어하는 것이다. 강한 자기장은 평범한 금속도 자석으로 바꿔버릴 수 있다. 일단 자석으로 변한 금속은 매그니토의 손끝에서 발생하는 자기장이 끄는 대로(혹은 미는 대로) 움직인다.

자 자석이다.

자석은 정보다

그렇다면 물질은 원자가 그득히 들어찬 숲에 비유할 수 있겠다. '원자의 숲 속에서 전자가 어떻게 자유롭게 움직을 수 있는가?' 그 원리를 규명한 블로흐의 이야기를 3장 '파울리 호텔'에서 다루었다. 블로흐는 그의 유명한 증명을 발표한 이후에도 유럽의 최고 물리학자들과 교류하면서 업적을 쌓아나갔다. 1933년 히틀러가 독일에서 정권을 잡으면서 유대인인 블로흐의 위치는 불안해졌다. 마침 미국 스탠퍼드대학교에서 그에게 교수 자리를 주겠다는 제안을 했고, 그 제안을 받아들인 블로흐는 28세의 나이인 1934년, 미국에서 새 인생을 시작한다. 인근 버클리대학교에는 이미 오펜하이머Robert Oppenheimer(1904~1967), 로런스Ernest Lawrence(1901~1958, 1939년 노벨 물리학상 수상) 같은 탁월한 물리학자들이 자리를 잡고 있었다. 유럽에서 그와 함께 일했던 물리학자들도 스탠퍼드를 방문해서 블로흐에게 유럽 물리학계의 소식을 전해주고, 또 함께 연구했다. 지리적 변화 못지않게 중요한 변화는 그의 연구 주제가 차츰 이론에서 실험으로 바뀌었다는 점이다. 1938년, 블로흐는 버클리대학교의 젊은 연구자 앨버레즈Luis Alvarez(1911~1988, 1968년 노벨 물리학상 수상)••와 함께 중성자라는 약하디 약한 자석의 세기를 최초로 측정하는 데 성공했다.

•• 지질학자인 아들과 함께 소행성 충돌로 인한 공룡 멸종설을 주장한 것으로도 유명하다.

중성자는 전자보다 1천 배쯤 약한 자석이다. 이런 약한 자석의 세기를 어떻게 측정했을까 알아보는 것도 흥미롭다. 어떤 물질의 성질을 측정한다는 것은 그 물질을 이런저런 방법으로 외부에서 건드려보고, 그 물질의 반응을 살핀다는 의미이다. 중성자에는 전하가 없으니, 전기력에 대해서는 아무런 반응을 하지 않는다. 천만다행으로 중성자는 자석이기 때문에 외부 자기장에 대해서는 반응을 한다. 잘 설계된 형태의 자기장 실험을 하면 중성자라는 자석의 세기를 정확히 측정할 수 있다. 측정에는 두 종류의 자석이 동원된다. 그중 하나는 강력한 자기장을 발생하는 자석이다. 다른 하나는 좀 더 세기가 약한, 그러나 시간에 따라 방향이 주기적으로 바뀌는 자석이다. 전류에도 직류와 교류가 있듯이, 자석도 직류 자석과 교류 자석을 만들 수 있다. 교류 자석은 남극과 북극의 위치가 시간에 따라 매우 빠르게 바뀐다. 뿐만 아니라 극이 바뀌는 진동 주기를 실험실에서 원하는 대로 바꿀 수 있다. 어떤 특정한 자기장 진동 주기에서 실험을 하면 중성자 상태에 큰 변화가 일어난다. 공명resonance 현상 덕분이다.

나침반의 바늘을 한 바퀴 회전시키기는 어렵지 않다. 막대 자석을 나침반 주변에 갖다 댄 채로 한 바퀴 획 돌리면 바늘도 따라서 한 바퀴 돈다. 채질을 해서 팽이를 돌리는 것과 흡사하다. 다만 바늘이 한 바퀴 돌고 제자리로 돌아올 때를 잘 맞춰 채질을 해줘야 한다. 바늘이 회전하는 주기와 채질 주기가 서로 맞아야만 바늘이 잘 돌아간다. 이런 현상을 물리학에선 공명이라고 한다. 블로흐-앨버레즈 실험에서는 교류 자기장의 주기가 어떤 특정한 값이 되는 순간 중성자 자석이 격렬하게 방향을 뒤집기 시작했다. 공진 주기를 측정하면 중성자 자석의 세기도 양자역학의 공식을 통해 알아낼 수 있다. 공진 주기를 정확히 측정한다는 건 중성자 자석의 세기를 정확히 측정한다는 뜻이다.

블로흐는 그의 측정 방법을 점점 정교하게 개선해나갔다. 먼저 실험처럼 중성자를 원자로부터 분리시킨 뒤 그 자성을 측정하는 대신 원자핵 자체의 자성 측정을 시도했다. 원자핵은 양성자 자석과 중성자 자석이 서로 뒤섞여 있기 때문에 그 자체로도 자성을 띠고 있다. 블로흐가 중성자의 자성을 측정할 때 사용했던 기법을 개선하면 원자핵의 자성도 측정할 수 있었다. 그와 스탠퍼드의 동료, 학생들이 함께 완성한 기술은 핵자기공명nuclear magnetic resonance(NMR)이라고 부른다. 마침 같은 시기에 하버드에서도 비슷한 기술을 완성했다. 하버드의 퍼셀과 스탠퍼드의 블로흐는 핵자기공명 장치를 개발한 공로로 1952년 노벨 물리학상을 공동 수상했다. 캘리포니아의 황량한 땅에 자리잡고 있던 신생 대학 스탠퍼드로서는 최초의 노벨상 수상이었다.

블로흐는 전도 유망한 이론물리학자로서 그의 경력을 시작했지만 결국 실험물리학자로서 노벨상을 수상했다. 이런 사례를 물리학 역사에서 또 꼽으라면 전자를 발견한 톰슨과 원자로를 최초로 건설한 페르미 정도가 떠오른다. 블로흐가 실험물리학자로서 제2의 인생을 시작한 것도 페르미와 무관하지 않았다. 젊은 시절 블로흐는 페르미와 함께 몇 개월을 로마에서 일했다. 페르미는 블로흐에게 이론만 하지 말고 실험도 한번 해보라고 권했다고 한다. 그 이유는? "재미있으니까!it is fun!" 3장 '파울리 호텔'에서 이미 했던 이야기지만, 블로흐가 그의 지도교수 하이젠베르크로부터 받은 두 화두 중 하나는 자석 문제였다. 실제로 블로흐는 전자의 거동에 대한 그의 유명한 증명을 마친

후에 자석 물질에 대한 여러 중요한 업적을 남겼다. 그의 관심사는 고체 자석에서 핵 자석으로, 자석 이론에서 자석 실험으로 옮겨왔다. 그의 이력 뒤에는 하이젠베르크와 페르미라는 두 거장의 그림자가 드리워져 있다.

핵자기공명 현상의 의미는 단순히 원자핵 하나의 성질을 파악하는 데 그치지 않는다. 물질 속엔 수없이 많은 원자핵이 있고, 각 원자핵은 주변의 다른 원자핵과 상호작용한다. 두 막대 자석이 같은 극끼리 서로 밀어내는 힘을 발휘하는 것은 자석끼리의 상호작용에 대한 대표적인 사례이다. 초소형 자석 원자핵도 비록 미약하긴 하지만 주변에 있는 다른 초소형 자석(다른 원자핵)들과 상호작용한다. 블로흐가 개발한 핵자기공명 장치는 이런 상호작용의 효과까지 측정할 정도로 섬세했다. 뛰어난 이론물리학자이기도 했던 블로흐는 원자핵이라는 자석이 주변의 원소와 상호작용하는 방식을 다루는 방정식을 제안했다. 핵자기공명 실험을 통해 얻은 결과를 블로흐의 방정식을 이용해 분석하면 그 물질에 대한 정보를 세세하게 알아낼 수 있었다.

블로흐가 개척한 기법을 한층 더 발전시켜 생명체의 상태를 진단하는 의료 기기로 개발한 사람들이 있다. 미국의 화학자 라우터버Paul Lauterbur(1929~2007)와 영국의 물리학자 맨스필드Peter Mansfield (1933~2017)다. 우리 몸속의 세포를 구성하는 원자, 그 원자를 구성하는 핵은 이미 블로흐가 증명한 대로 적당한 직류와 교류 자기장 환경에서 공명 현상을 일으킨다. 고립된 원자에서, 혹은 화학물질에서 일어나는 핵자석의 공명 현상이 우리 몸속에서라고 일어나지 않을 이유가 없다. 공명 현상을 일으킨 핵은 미약하긴 하지만 약간의 전자기파를 방출한다. 라우터버와 맨스필드 두 사람은 기존의 자기공명 장치를 개선해서 그 전자기파가 발생된 위치까지 추적할 수 있는 기계를 만들었다. 이른바 자기공명영상magnetic resonance imaging(MRI) 장치다. 이 장치를 이용하면 몸속 조직의 '지도'를 대략적으로나마 그릴 수 있다. 우리 몸속의 사진을 찍는 가장 잘 알려진 방법은 X선 촬영이지만, 여기서 얻을 수 있는 정보는 주로 뼈의 구조에 국한된다. MRI는 살아서 활동하는 세포의 상태를 사진으로 찍어 보여주는 기계다. 두 사람은 이 기계를 발명한 공로로 2003년 노벨 생리의학상을 공동 수상했다. 하이젠베르크가 그의 새내기 대학원생에게 주었던 연습 문제는 이렇게 진화를 거듭해서 살아 있는 인체의 정보를 읽어내는 의학 기계로 발전했다. 자석은 정보다.

자석은 산소와 비슷하다. 어느 누구도 산소 없이는 생명을 유지할 수 없지만 산소에게 감사하는 마음은 별로 없는 게 현실이다. 자석은 미지의 바다를 항해하는 뱃사람들에게 더없이 소중한 존재였다. 망망대해에서 배가 나아갈 방향에 대한 정보를 주는 도구였다. 20세기 후반에 들어와서는 전혀 새로운 쓸모가 생겼다. 위에서 설명한 자기공명영상 장치처럼 핵이라는 이름의 자석이 생성하는 정보를 읽어내 물질의, 또는 인체의 상태를 이해할 수 있는 길이 생겼다. 물론 이보다 우리에게 훨씬 친숙한 쓸모가 있다. 바로 정보를 기록하고 추출하는 장치로서의 역할이다. 요즘은 눈에 잘 띄지 않지만 카세트테이프, 플로피디스크는 모두 자석을 이용한 정보 저장 장치다.

자석을 기반으로 한 정보 저장의 원리는 놀랄 만큼 단순하다. 카세트테이프를 예로 들어보자. 얇은 플라스틱 줄을 따라 자석 물질이 입혀져 있는 것이 카세트테이프다. 그 줄을 작은 토막 단위로 나누어서 어떤 토막은 남전자의 수가, 그다음 토막은 여전자의 수가 더 많게끔 조작한다. 그 조작 원리도 단순하다. 외부에서 자석을 갖다 대기만 하면 된다. 자석의 북극과 가까운 테이프 조각은 남극 방향으로, 남극과 가까운 조각은 북극 방향으로, 각각 분극된다. 외부에서 자석을 갖다 대는 간단한 방법으로 테이프의 자성이 조작된다. 카세트테이프에서 남성이 강한 구역을 편의상 0, 여성이 강한 구역을 1이라고 부르자. 그럼 테이프를 따라 0과 1이라는 일련의 정보가 기록된다. 카세트테이프를 '튼다'는 행위는 결국 이렇게 저장된 001101011000…을 읽어내는 과정이다. 그 정보를 해독해서 스피커로 보내면 멋진 음악이 흘러 나온다. 컴퓨터가 등장했을 때도 마찬가지 방식으로 정보를 저장했다. 플로피디스크의 정보 저장 원리도 카세트테이프의 원리와 동일하다.

좀 더 세밀하게 따져보면 이런 자기 기계는 세 단계를 거쳐 작동한다는 사실을 알 수 있다. 우선 정보 저장, 또는 정보 생성의 단계가 있다. 여기에는 외부 자석을 이용해서 얇은 자성 물질을 자화시키는 방식이 동원된다. 다음 단계인 정보 전달은 주로 기계적인 방식을 통해 이루어진다. 가령 카세트테이프를 한쪽에서 다른 쪽으로 감아주면서 테이프에 저장된 정보를 전달하게 된다. 플로피디스크는 디스크를 회전시키는 기계적인 조작을 통해 정보가 전달된다. 마지막 단계는 정보를 읽어내는 조작이다. 0과 1이란 정보는 자석의 방향이 번갈아 북쪽, 혹은 남쪽을 가리킨다는 의미다. 서로 다른 방향을 가리키는 자석은 반대 방향의 자기장을 만든다. 비록 약하긴 하지만 자기장의 방향은 분명히 바뀌고 있으니까, 이 방향 변화를 읽어낼 수만 있으면 저장된 정보가 0인지, 1인지 해독할 수 있다. 여기에는 패러데이의 전자기 유도 원리가 이용된다. 테이프에 발라진 자석의 방향이 북극에서 남쪽으로 바뀔 때 그 주변에 있는 코일에 전류가 유도된다. 자석의 방향이 남극에서 북극으로 바뀔 때는 반대 방향의 전류가 유도된다. 유도 코일에 흐르는 전류의 방향을 읽어내면 카세트테이프에 적힌 정보를 읽어낼 수 있다.

카세트테이프는 CD라는 전혀 다른 원리를 따르는 저장 매체에 자리를 내주고 우리 생활에서 거의 사라졌다. 플로피디스크도 마찬가지다. 정보는 이제 컴퓨터에 저장되고, 컴퓨터를 통해 읽힌다. 그만큼 컴퓨터 하드디스크의 역할도 중요해졌다. 오랫동안 PC를 사용해본 독자라면 어느 시점부터 컴퓨터 하드의 용량이 급격하게 늘어났는데 가격은 오히려 내려간 사실을 기억할 것이다. 그런 독자라면 페르Albert Fert(1938~현재)와 그륀베르크Peter Grünberg(1939~2018) 두 사람에게 감사해야 한다. 이들은 거의 동시에, 독립적으로 거대 자기저항Giant Magnetoresistance(GMR) 원리를 발견한 공로로 2007년 노벨 물리학상을 공동 수상했다.

페르는 프랑스의 시골 마을에서 태어나고 자랐다.* 2차 세계대전 때 참전했다가 독일군의 포로로 잡혔던 아버지가 종전과 함께 집에 돌아온 뒤로는 아버지의 지도 아래 수학과 과학을 열심히 공부했고, 프랑스 최고의 과학 교육 기관인 고등사범학교École Normale Supérieure에 입학했다. 군 복무를 마친 1965년부터 그가 박사 논문 주제로 정한 문제는

---

* 이 부분은 노벨상 홈페이지에서 페르의 자기소개서를 참고했다.

네빌 모트Neville Mott(1905~1996, 1977년 노벨 물리학상 수상)가 제안한 어떤 가설을 검증하는 것이었다. 모트의 질문이 무엇이었나 일단 들여다보자. 자석 중에는 전기를 잘 통하는 금속 자석도 있다. 이 물질 속을 움직이는 전자 중 일부는 그 스핀 방향이 그 물질 자체의 자화 방향과 나란할 것이고, 어떤 전자의 스핀은 정반대일 것이다. 전자가 그 금속을 따라 움직이는 유동성(저항의 반대말로 생각하면 된다)은 전자의 스핀 방향에 따라 달라질까, 아니면 스핀과 무관하게 똑같을까? 네빌 모트는 4장 '차가워야 양자답다'에 등장했던 물리학자 앤더슨, 밴블렉 John Hasbrouck van Vleck(1899~1980)과 함께 노벨 물리학상을 공동 수상한 당대를 대표하는 양자 물질 이론가였다. 그가 제시한 의문은 결코 가볍게 보고 넘길 일이 아니었다.

　모트가 던진 질문의 의미는 상식적으로도 이해하기 어렵지 않다. 대부분의 자석은 금속이기 때문에 전기를 통한다. 자석의 양 끝에 전극을 달고 건전지를 연결하면 전류가 흐른다. 전류는 전자의 흐름이다. 전자에는 두 가지 성이 있다. 자석을 통과해 흐르는 전자 또한 자석의 분극 방향과 나란한 스핀 방향을 갖는 전자, 아니면 반대 스핀 방향을 갖는 전자, 이렇게 두 종류로 구분할 수 있다. 습관대로 이 두 종류의 전자를 남전자, 여전자라고 부르자. 금속 자석도 옴의 법칙을 따르기 때문에 일정한 저항 값을 갖는다. 자석이 아닌 보통 금속이라면 흐르는 전류의 절반은 남전자가, 나머지 절반은 여전자가 담당한다. 즉 남전류와 여전류의 양은 똑같고, 남전류가 금속을 따라 흐를 때 느끼는 저항 값은 여전류가 느끼는 저항 값과 똑같다. 남저항=여저항, 이런 식으로 자석이 아닌 금속에서 남전자와 여전자가 하는 역할과 효과는 모든 면에서 동일하다. 모트는 이런 고정 관념에 도전하는 질문을 던진다. 자석 금속을 따라 흐르는 남전류와 여전류가 느끼는 저항은 동일한가? 아니면 다른가? 즉 일반 금속에서 통하던 '남저항=여저항' 등식이 자성 금속에서도 여전히 유효한지 알고 싶어했다. 출중한 선배 과학자가 던진 질문을 받아 탐구하는 것은 후배 과학자가 자신의 경력을 쌓는 아주 좋은 방법이기도 하다.

　페르의 박사 논문 발표는 1970년에 있었다. 그 당시는 아직 물질을 자유자재로 합성하는 기술이 충분히 발달하지 못한 시절이었다. 모트의 제안을 극적으로 보이기 위해서는 다음 그림과 같은 구조의 물질을 만들어서 실험하는 게 가장 좋다. 일단 자석 물질인 철을 아주 얇게 만든다. 그 위에 얇은 층의 (자성이 없는) 보통 금속 물질을 붙인다. 그 위에 다시 철을 아주 얇게 덮는다. 다시 말하면 철/금속/철* 이렇게 샌드위치 모양으로 쌓은 물질을 만든다. 그러고는 두 철판 사이에 전극을 달아준다. 전류는 철→금속→철을 거쳐 흐르게 된다. 이런 물질을 정말로 만들 수 있다면 재미있는 실험을 할 수 있다. 우선 두 철판의 자화 방향을 나란히 하고 전류를 흘려본다. 이번에는 자화 방향을 정반대로 해놓고 전류를 흘려본다. 금속의 저항이 자화 방향과 무관하게 항상 일정하다면 두 경우 다 같은 양의 전류가 흐를 것이다. 1980년대에 들어오면서 이런 샌드위치 물질을 합성하는 기술이 충분히 좋아졌고, 페르는 이런 자성체 초격자 구조를 만들어서 모트의 의

• 　여기서 말하는 금속이란 자성이 없는 비자성 금속으로 국한된다. 철도 금속이긴 하지만 자성을 띤다.

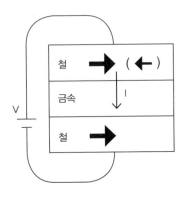

▲ 거대 자기저항 실험 장치의 개념도. 전압(V)을 걸어주면 수직 방향으로 전류가 흐른다. 흐르는 전류의 양은 철의 자화 방향이 서로 나란할 때와 반대일 때 크게 달라진다.

문에 다시 한번 도전했다.

1988년, 드디어 만족스러운 수준의 얇은 철/금속/철 샌드위치 물질을 만들어 전류 측정을 해볼 수 있었다. 결과는 극적이었다. 두 철판의 자화 방향이 같을 때에 흐르는 전류의 양은 반대 방향일 때에 비해 2배 정도 많았다. 저항으로 환산하면 이 샌드위치 물질의 저항 값이 철의 자화 방향에 따라 2배나 바뀐 셈이다. 어떤 물질의 성질이 약간의 외부 조작을 통해 2배씩이나 바뀐다는 것은 그야말로 '거대한' 변화다. '거대 자기저항'이란 이름을 붙일 만한 발견이었다.

거대 자기저항 효과는 자기장의 변화를 민감하게 측정하는 데 사용된다. 철/금속/철 구조에서 한쪽의 철판을 컴퓨터의 하드디스크로 바꾼 상황을 한번 상상해보자. 컴퓨터의 정보도 카세트 테이프와 비슷하게 자화의 방향을 이리저리 바꾸는 방식으로 저장된다. 하드디스크에 적힌 자화의 방향을 읽어내는 장치도 있어야 한다. 거대 자기저항 원리를 이용하면 하드디스크의 자화 방향이 북극일 때 전류가 잘 흐르고, 남극일 땐 전류가 절반만 흐르는 장치를 만들 수 있다. 전류의 양만 측정하면 자화의 방향을 읽어낼 수 있다.

하드디스크라는 평면을 작은 조각으로 나눈 뒤, 각 조각마다 일정한 자화 방향을 준다. 한 방향으로 자화된 공간이 차지하는 면적은 곧 정보의 집적도를 결정한다. 1밀리미터×1밀리미터 단위의 공간마다 자화 방향이 바뀌는 저장 장치에 비해 1미크론×1미크론 면적 단위로 자화 방향이 바뀌는 저장 장치의 집적도는 무려 100만 배나 크다. 작은 공간에 정보를 집어넣을수록 정보 저장 장치의 크기도 줄어든다. 그러나 정보 저장 공간이 작아질수록 그 정보를 읽어내기도 힘들어지는 문제가 발생한다. 자화된 공간이 100만 배 작아지면 그 공간에서 발생하는 자기장도 대략 100만 배 정도 작아진다. 정보를 읽어내려면 이 자기장의 방향을 알아야 하는데 그 작업은 거꾸로 100만 배 어려워진다. 대안은 이전보다 100만 배 섬세한 자기장 측정 장치를 개발하는 것이다. 거대 자기저항 원리는 이 섬세한 자기장 측정의 문제를 해결해주었고, 그 덕분에 하드디스크의 집적도가 높아질 수 있었다.

2007년 페르와 그륀베르크의 노벨 물리학상 수상 이유를 노벨 재단 홈페이지에서 찾아보면 이런 문장이 보인다. "올해 노벨 물리학상은 하드디스크의 정보를 읽어내는 기술에 대해 수여되었다." 단지 컴퓨터의 정보를 읽는 소자를 개발했다는 이유만으로 노벨상을 준다고 명시했다. 그만큼 노벨 재단은 물리학이 정보 과학의 발전에 기여한 점을 진지하게 받아들였다. 이런 노벨 재단의 태도는 노벨 물리학상의 역사에서 어렵지 않게 찾아볼 수 있다. 최초의 트랜지스터 발명(1956), 집적회로 발명(2000), 광섬유 발명(2009)이 모두 노벨 물리학상을 받았다. 정보의 저장(트랜지스터, 집적회로), 전달(광섬유), 재생(거대 자기 저항)이란 측면에서 물리학이 기여한 바를 모두 인정한 셈이다.

위상 자석

자석을 정보 저장 장치로 활용하겠다는 과학자와 공학자의 꿈은 지금도 현재 진행형이다. 지금부터 독자들에게 들려줄 이야기는 아직 현실화, 상품화는 안 됐지만, 이미 상용화된 자석 매체와는 성격이 다른 특이한 종류의 자성체, 이른바 '위상 자석topological magnet'을 기반으로 한 자기 정보 장치에 대한 것이다.

첫 아이가 세상에 나온 지 두 달 만인 1999년 여름, 버클리대학교의 연구원 자리라는 매력적인 기회를 놓칠 수 없어 단신으로 태평양을 건너갔던 나는 2년 간의 연구원 생활을 마치고 다행히도 대학 교수 자리를 얻어 귀국했다. 태평양을 1년에 한 번씩 건너 가족을 만나던 기러기 아빠는 아들의 인생 첫 2년을 함께하지 못했던 미안함 때문에 많은 시간을 아들과 함께 보냈다. 자연스럽게 외국 학회 출장이나 연구에 필요한 새로운 아이디어를 얻을 기회는 적어졌다. 내가 대안으로 찾은 방법은 방문 연구였다. 마침 일본 도쿄대학교의 뛰어난 이론물리학자 나가오사Naoto Nagaosa 교수와 함께 일할 기회가 찾아왔다. 일 년에 한두 차례, 매번 사흘씩, 일주일씩 그의 연구실을 방문해서 함께 일할 거리를 찾고 토론을 하다 오곤 했다. 조금씩 숨통이 트이는 느낌이었다. 운 좋게도 첫 번째 공동 연구의 성과가 좋았다. 다강체multiferroic 라고 불리는 자성체 물질군의 작동 원리 하나를 새로 발견하는 꽤 그 럴듯한 성과를 얻었다.

다강체 물질 이론으로 제법 성공을 거둔 우리는 다음 할 일을 의논 하기 시작했다. 도쿄대 부근의 허름한 스키야키 식당에서 대화를 나누 면서, 망간과 실리콘 원자를 일대일로 섞어 만든 MnSi라는 물질에 대 해 처음으로 접한 기억이 난다. 이 물질은 딱히 산업적인 응용이 많은 것도 아니고, 양자 물질 연구자들에게 아주 잘 알려진 물질도 아니었 다. 그저 특징이라면 '나선 자석spiral magnet'이라는 점이었다. 일반적으 로 자석은 그 속에 있는 전자의 스핀이 한 방향을 가리키면서 만들어 진다. 모든 전자의 나침반 바늘이 한 방향을 가리키면, 각 전자가 발생 하는 자기장의 방향도 한쪽으로 정렬된다. 전자 하나가 만드는 자기장 은 극히 미약하지만, 수도 없이 많은 전자가 협력하면 다른 물체도 움 직일 만큼 강한 자석이 된다.

나선 자석 속의 전자들은 이보다 훨씬 비협조적이다. 물질의 한쪽 구석에선 동쪽을 향하던 전자 스핀의 방향이 다른 쪽에서는 서쪽, 혹 은 북쪽, 남쪽으로 변한다. 그것도 아주 체계적으로, 예쁜 모양으로 변 한다. 내 몸이 나선 자석 물질 속에 들어갈 수 있다고 상상해보자. 물 질의 한쪽 끝에서 다른 쪽으로 서서히 발걸음을 뗀다. 출발한 지점에 서 주변을 둘러보니 분명 전자의 스핀이 동쪽을 향하고 있다. 그런데 열 걸음쯤 걷다 보니 전자 스핀이 북쪽을 향하고 있다. 다시 열 걸음을 가서 보니 서쪽을, 그다음 열 걸음 뒤에는 남쪽을 가리킨다. 도합 마흔 걸음을 걷고 보니 비로소 스핀의 방향이 다시 동쪽을 향하고 있다. 나선 자석에서 벌어지는 일이다.

　엄밀히 따지자면 이런 물질은 자석이 아니다. 스핀의 방향을 모두 평균해보면 결국 아무 방향도 가리키지 않기 때문이다. 특정한 방향성이 없는 자석은 자석이라고 부를 수 없다. 자석으로서의 응용 가능성도 없다. 그런데도 물리학자들은 이런 물질을 보고 "재미있다"고 한다. 평범한 자석에 비해서 그 상태가 특이하기 때문이다. 왜 이런 물질에선 스핀이 나선 모양으로 회전할까 궁금해서 이유를 탐색하고, 측정하고, 이론을 만들어본다. 마침 이 물질에서 발견된 홀 효과를 보고하는 논문 한 편이 있었다. 망간-실리콘은 나선 자석이면서 동시에 금속이었다. 이 물질에 자기장을 걸고 전류를 흘리면 홀 전류도 발생한다. 금속이니까 당연히 기대할 수 있는 결과였다. 다만 이 물질에서 발견된 홀 효과는 평범하지 않았다. 대단히 비정상적이었다.

　보통의 홀 효과라면 자기장이 점점 강해질 때 함께 커져야 한다. 6장 '양자 홀 물질'에서 말한 것처럼 자기장을 걸어주면 전자는 직구가 아닌 커브볼처럼 움직인다. 공이 휘는 정도는 자기장의 세기에 비

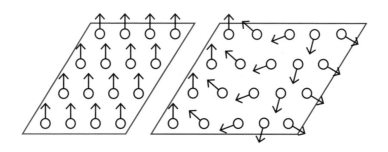

▲ (좌)보통 자석의 스핀이 정렬하는 모양. (우)나선 자석의 스핀이 정렬하는 모양.

례해서 커진다. 홀 전류를 측정하면 자기장의 세기에 비례해서 커지는 단순한 직선 모양의 결과가 나와야 한다. 그런데 망간-실리콘의 홀 저항은 자기장과 비례하지 않았다. 심지어 자기장의 세기를 키울수록 홀 저항 값이 감소하는 기이한 현상도 보였다. 상식적으로 이해하기는 어려웠지만 프린스턴대학교의 유명한 연구실에서 발표한 믿을 만한 결과였다.

나가오사와 나는 이 문제 해결의 첫 단계로 망간-실리콘이란 물질의 물성을 간단한 수학적 모델로 표현해보기로 했다. 아무리 단순한 물질이라고 한들 그 물질 속에서 벌어지는 모든 일을 하나의 방정식에 다 담아낼 도리는 없다. 설령 그렇게 복잡한 방정식을 만든다고 해도, 그런 문제를 수학적으로 풀어서 깔끔한 답을 구하기란 불가능하다. 때문에 물리학자들은 이해하고자 하는 현상에 가장 관련이 깊은 상호작용만을 남겨둔 채 나머지 효과는 모조리 없앤 가장 단순한 수학 모델을 만들어서는, 그 모델의 성질을 분석함으로써 물질의 성질을 이해하려고 한다. 망간-실리콘은 금속이면서 동시에 나선 자석이다. 우리는 일차적으로 이 물질의 자성, 즉 나선 자석이란 성질을 이해하는 게 중요하다고 판단했고, 그래서 자성 효과만을 담아낸 모델을 만들었다. 다음은 이 모델이 담고 있는 물리적 성질을 탐구할 차례였다. '몬테카를로Monte Carlo'라는 수치 계산 방법을 이용해서 이 문제를 해결하기로 했다. 때마침 수치 계산에 뛰어난 이수도 학생이 함께 연구를 시작하는 운이 따라주었다. 망간-실리콘의 물리 현상에 대한 배경지식이 전무한 상태에서 출발했지만, 차근차근 모델을 만들고, 수치 계산 프로그램을 짜서 전산모사numerical simulation 계산을 하다 보니 의미 있는 결과가 쌓이기 시작했다.

실제 실험에서 그렇게 했던 것처럼 우리의 전산모사 계산도 자기장 값에 해당하는 숫자를 조금씩 바꿔가면서 해보았다. 자기장 값을 0으로 놓고 계산을 했을 때는 망간-실리콘 물질이 그랬던 것처럼 나선 모양의 자성 구조가 보였다. 일단 합격이었다. 이제는 자기장에 해당하는 값을 서서히 키워가면서 탐색할 차례였다. 자기장 값이 어느 정도 이상 커지면서 특이한 결과가 나오기 시작했다. 본래 나선 모양으로 회전하던 스핀 구조가 전혀 다른 구조로 갑자기 바뀌었다. 다음 왼쪽 그림처럼 마치 거품 같은 모양의 새로운 구조가 일정한 간격으로 등장했고, 격자 모양을 형성했다. 거품 구조 하나를 확대해서 자세히 분석해보니 오른쪽 그림과 같은 모양을 하고 있었다. 중심에서 조금 멀리 떨어진 지점에선 스핀이 모두 위를 향하고 있었다. 이 점은 전혀 놀랍지 않았다. 이미 외부 자기장이 걸려있음을 가정한 상황이었다. 자석의 영향이 있으면 스핀도 자석 방향으로 분극된다는 건 이미 잘 알려진 사실이었고, 우리의 계산 결과도 그 사실을 충실히 따르고 있었다. 문제는 중심에 가까이 갈수록 스핀 방향이 꼬이기 시작한다는 점이었다. 거품 구조의 한가운데에서는 스핀의 방향이 완전히 뒤집혀 있었다. 보통의 자석이라면 상상할 수 없는 일이었다.

우리의 계산 결과보다 더 놀라운 사실은 이미 이런 구조가 1988년 무렵부터 예측되었다는 점이다. 러시아의 이론물리학자 보그다노프 A. N. Bogdanov는 망간-실리콘과 같은 일부 특이한 자석 물질에 외부 자석을 가까이 하면 이렇게 꼬인 거품 구조가 안정적으로 형성될 것이란 예측을 했었다. 이런 구조에는 잘 알려진 이름이 있었다. 바로 스커

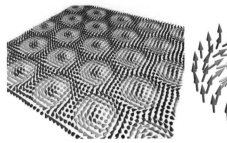

▲ 스커미온으로 가득한 2차원 자석. (©Yoichi Nii)　　▲ 스커미온 하나의 모습. (©Zhang et al.)

미온skyrmion이다. 2장 '꼬인 원자'에 등장했던 영국의 물리학자 스컴이 예측했던 구조였다. 스컴의 논문을 보면 스커미온 구조의 위상수학적 숫자를 구하는 공식이 있다. 보그다노프가 예측하고 우리가 몬테카를로 계산에서 발견한 자성체의 꼬인 구조에 이 공식을 적용해보니 정확히 +1이란 답이 나왔다. 이 거품 모양의 구조 하나하나에는 스핀이 단순히 꼬여 있는 게 아니라 위상수학적 구조로 꼬여 있다는 의미다.

　수학은 보편적인 언어다. 그 물리적 대상이 핵입자건 자석이건, 수학은 차별하지 않는다. 스커미온 숫자가 +1인 구조가 발견되었다면 그건 스커미온을 발견한 셈이 된다. 그 구조를 소립자의 세계에서 발견했든, 자성체 물리학자의 지저분한 실험실에서 발견했든, 그런 건 수학적으로 중요하지 않다. 핵입자에서는 발견되지 않았던 스커미온이 나선 자석에서 발견되었다. 단 하나의 문제점이라면 보그다노프의 이론이나 우리 계산이나 모두 종이 위에, 혹은 컴퓨터 계산 속에 묻혀 있는 이론적 발견에 불과했다는 점이었다. 보그다노프의 예언은 대단히 매력적이었지만 그 후 20년이 지나도록 학계의 관심을 전혀 끌지 못했다. 우리의 계산 결과가 나왔을 때는 상황이 조금 나아져 있었다. 망간-실리콘에서 스커미온 구조를 발견할 가능성을 구체적으로 언급할 수 있었다. 이 물질에서 스커미온이 발견될 수 있을 거란 예측을 토대로 서둘러 논문을 쓰기 시작했다. 2009년 2월 무렵이었다.

물리학계 최고의 두 학술지는 〈사이언스〉와 〈네이처〉다. 이 둘 중 어느 한 곳에 한 편의 논문이라도 실을 수 있다면 과학자로서 최고의 영광을 누려본 셈이다. 〈사이언스〉는 매주 한 호씩 출판되는데, 그때마다 새로 게재된 논문의 목록이 구독자들에게 이메일로 발송된다. 우연히 목록을 훑어보던 나의 눈길을 확 끄는 제목 하나가 있었다. 논문 제목도 〈나선 자석에서 발견한 스커미온 격자Skyrmion lattice in a chiral magnet〉였다. 망간-실리콘 자성체에서 스커미온의 존재를 독일의 어느 연구실에서 확인했다는 논문이었다. 정확히 우리가 야심차게 준비하고 있던 내용이었다. 우리 논문이 완성되기 직전에 그만 망간-실리콘에서 스커미온을 관측했다는 보고가 나와버린 것이다. 기가 막혔다. 하지만 어쩔 수 없는 노릇이었다. 우리의 논문을 완성하고 투고했을 때 받은 심사평은 예상했던 대로 "이미 실험적 검증이 끝나 별 볼일 없는 결과"라는 가혹한 내용이었다. 몇 달간의 고전 끝에 2009년 8월, 우리 논문도 출판됐다. 하지만 이미 선수를 빼앗긴 논문이 학계에서 큰 영향력을 발휘하기는 어려웠다.

차원의 반전

멋진 발견인 줄 알았다가 그만 뒷북치기에 머문 논문을 쓰는 체험이 결코 유쾌할 리 없다. 더 이상 이 문제에 매달릴 이유가 없었다. 나는 이미 다른 연구 주제를 찾아 일을 시작하고 있었다. 우리의 논문이 출판된 지 얼마 안 된, 2009년 늦은 가을로 기억한다. 나가오사 교수로부터 뜻밖의 연락이 왔다. 그가 알려준 자세한 상황은 이러했다.

독일 쪽에서 발견한 스커미온은 3차원 망간-실리콘 물질에서 존재했다. 3차원 덩치 물질이 만들기도, 다루기도, 실험하기도 쉬우니 일단 3차원 물질을 갖고 실험해보는 게 당연하기도 했다. 그런데 우리가 했던 몬테카를로 계산은 3차원 물질을 가정하지 않았다. 실험실에서 어떤 물질을 합성할 때는 3차원 물질을 다루기가 2차원보다 쉽다. 7장 '그래핀'에서 이야기한 것처럼, 3차원 흑연은 쉽게 구할 수 있지만 2차원 흑연, 즉 그래핀을 만드는 방법을 발견한 건 최근의 일이다. 망간-실리콘 물질을 아주 얇게 만들 수 있을까? 2차원 망간-실리콘 물질에서도 스커미온이 존재할까? 이런 질문에 대한 실험적 답변은 독일 연구진도 아직 제공하지 못한 상황이었다.

우리가 했던 몬테카를로 계산은 3차원보다 2차원 물질을 가정하고 하는 게 훨씬 쉬웠다. 그 이유는 순전히 컴퓨터 계산에 들어가는 시간 때문이었다. 2차원 물질이라면 한쪽 방향으로 스핀 10개, 다른 방향으로 스핀 10개, 총 $10 \times 10 = 100$개의 스핀이 있다고 가정하고 계산을 하면 된다. 만약 3차원 물질을 컴퓨터 계산으로 다루고 싶다면 100개가 아니라 $10 \times 10 \times 10 = 1,000$개의 스핀을 가정해야 한다. 스핀의 개수가 10배 많아진다. 컴퓨터 계산을 하는 데 걸리는 시간도 10배, 혹은 그 이상으로 많아진다. 우리에게는 그런 장시간의 컴퓨터 계산을 할 만한 여유도, 컴퓨터 자원도 없었다. 2차원 모델을 풀기로 작정한 것은 우리가 처한 상황에서 내린 불가피한 결정이었다.

비록 덜 현실적인 모델로부터 얻은 결과이긴 했지만 우리 계산 결과에는 좀 특이한 점이 있었다. 3차원 망간-실리콘 물질에서 발견된 스커미온은 아주 특정한 온도 영역에서만 존재하는 데 비해, 우리 모델에서는 스커미온이 대단히 넓은 온도 영역에서 존재했다. 심지어 절대영도에서도 스커미온이 존재할 수 있어 보였다. 쉽게 말하면 스커미온은 2차원 자성 물질에서 훨씬 안정적으로 존재할 수 있었다. 보그다노프의 계산에서도 미처 예측하지 못한 측면이었다. 그도 역시 3차원 물질만을 염두에 두고 계산을 했기 때문이다. 그러나 이런 주장이 다 무슨 소용이랴. 실험실에서 오직 3차원 물질만 만들 수 있다면 말이다.

일본에는 100년 넘는 역사를 자랑하는 이화학연구소가 있다. 영어 약자로 'RIKEN'이라고 부른다. 이곳에는 도쿠라Yoshinori Tokura 교수를 수장으로 하는 전설적인 물성 실험실이 있다. 인간이 만들어낼 수 있는 모든 물질은 이 실험실에서 합성해낼 수 있다고 해도 과장이 아닐 만큼 대단한 기술과 경험을 갖춘 곳이다. 이런 연구실 하나가 있음으로 해서 양자 물질 연구 발전에 주는 영향은 어마어마하다. 단적인 예로, 이론적으로 아무리 스커미온의 존재를 예상했다고 한들, 그건 정황증거일 뿐이다. 어디에선가 2차원 나선 자석 물질을 만들어서 직접 스커미온의 존재를 시연해 보이는 과정이 따르지 않으면 그 이론은 진정한 의미의 물리학 이론이 될 수 없다. 어떤 물질을 세계 최초로 합성하려면 그에 필요한 장비, 그 장비에 익숙한 전문가, 그리고 오랜 시행착오를 견딜 수 있는 끈기가 필요하다. 교과서나 수업에서 배울 수 없는 체험적 지식이 필요하다. 물질 합성 실험실은 장인들의 무대다. 놀라운 사실은 도쿠라 교수의 연구실엔 이미 2차원 자석 물질이 오래 전부터 합성되어, 실험실 어느 서랍 속에 있었다는 점이다.

우리 계산 결과가 제안한 대로 도쿠라 연구실에서 이 박막 자석에 자기장을 걸어보았다. 우리의 이론 계산대로, 3차원 망간-실리콘에 비해 훨씬 쉽게, 마치 겨울철 나뭇가지에 눈꽃이 피듯, 해바라기꽃에 씨앗이 촘촘히 박혀 있듯, 자성체 박막 전체를 스커미온이 뒤덮는 모습을 관찰했다. 나가오사 교수의 제안은 이 실험 결과를 뒷받침할 계산을 다시 한번 해달라는 것이었다. 마침 그때 나의 연구실에 합류한 박진홍 학생은 대단히 성실했고 몬테카를로 계산에도 능통했다. 계산은 원만히 잘 진행됐고, 계산 결과와 실험 결과를 비교해보니 민망하리만큼 서로 잘 맞았다. 실험-이론 합작 논문은 해를 넘긴 2010년 6월, 〈네이처〉에 출판됐다. 독일 연구진에게 선수를 빼앗긴 줄 알았는데, 한 해만에 멋진 '차원의 반전'을 이룬 셈이었다. 2차원은 3차원보다 멋지다.

땅콩 크기만 한

스커미온 논문을 〈네이처〉에 게재한 지 2년이 지난 여름이었다. 마침 부산에서 전 세계 자성체 연구자들이 모이는 큰 국제 학회가 있었다. 자성체 박막에서 스커미온을 발견한 도쿠라 교수도 부산을 방문해 강연을 했다. 그의 강연이 끝나자 어느 백발의 서양 물리학자가 예리한 질문을 했다. 프랑스 억양이 강한 영어로 질문을 하는 바람에 그 내용을 이해하기 조금 어렵긴 했지만, 왠지 비범해 보이는 노인이었다. 아니나 다를까, 그는 거대 자기저항 물질을 발견해서 자기소자 분야의 혁명을 일으키고 노벨상까지 수상한 알베르 페르였다. 이 자성체의 도사 역시 스커미온에 대해 흥미를 느끼는 모양이었다.

그로부터 1년 후, 2013년 출판된 논문에서 페르는 흥미로운 제안을 한다. 스커미온을 새로운 자성체 기억소자로 이용하자는 게 그 요지였다. 카세트테이프의 작동 원리를 기억하고 있다면 그의 제안을 쉽게 이해할 수 있다. 테이프에 얇게 바른 자석의 상태를 0과 1로 바꾸어가면서 정보를 저장하는 게 전통적인 카세트테이프의 원리였다. 페르는 스커미온의 존재를 1로, 스커미온이 없는 상태를 0으로 취급해서 정보를 생성하고, 저장하고, 전달하는 새로운 소자를 한번 만들어보자고 제안했다. 이른바 스커미온 경마장 소자skyrmion racetrack memory에 대한 제안이었다. 스커미온 하나하나에는 위상 숫자 1이 부여된다. 톰슨이 19세기에 매듭 원자를 제안하면서 이미 간파했던 것처럼, 스컴이 위상 핵자 이론을 제안했을 때 알았던 것처럼, 위상수학적인 상태인 스커미온은 여간해서 파괴되지 않는다. 파괴되지 않는 매체는 정보를 안전하게 저장하고 전달할 수 있다.

일단 스커미온 하나를 만들어서 1이란 정보를 생성했다고 치자. 다음 단계는 이 정보를 저 먼 곳으로 전달하는 작업이다. 카세트테이프는 두 구멍을 톱니바퀴에 걸어서, 테이프를 기계적 힘으로 돌리는 방식으로 정보를 전달한다. 음악을 들을 때는 아무런 문제가 없지만, 빠른 속도로 정보를 전달해야 할 때는 적당한 방식이 아니다. 한편 스커미온이 형성되는 자성체 물질은 자석이면서 동시에 금속이다. 전류를 흘리면 전자만 움직이는 게 아니라 스커미온도 따라 흘러간다. 전선을 따라 흐르는 전류를 시냇물로 비유하자면 스커미온은 시냇물 곳곳에 박혀 있는 돌맹이라고 볼 수 있다. 돌맹이가 무겁다면 시냇물에 떠내려가지 않겠지만 만약 아주 가벼운 돌맹이라면 물과 함께 둥둥 떠내려갈 수 있다. 전류를 흘리면 스커미온도 따라 움직이고, 정보도 함께 전달될 수 있다.

페르는 자기 정보 소자 분야의 최고 권위자라, 많은 사람들이 귀를 기울였다. 언론에서도 관심을 보였다. 스커미온은 크기가 몇십 나노미

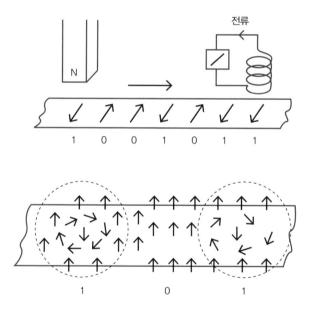

▲ (상)카세트 테이프의 정보 저장, 전달 원리. (하)스커미온 정보 저장 원리. 동그라미 속에 존재하는 구조가 스커미온이다.

터 정도로 매우 작다. 만약 이렇게 작은 알맹이를 이용해 새로운 기억 소자를 만들 수 있다면, 지금 정도의 성능을 지닌 기억장치의 크기를 땅콩 한 알 정도로 줄일 수도 있다. "땅콩 크기로 하드 드라이브를 축소할 수 있는 미스터리한 입자Mystery particle could shrink your hard drive to the size of a peanut"라는 제목의 언론 기사가 나왔다. 만약 컴퓨터의 기억장치가 정말 땅콩만 해지는 날이 온다면, 스커미온을 발견한 연구자들에게 감사해야 한다.

2장 '꼬인 원자'에서 언급했던 대로 톰슨이 품었던 매듭 원자의 꿈, 스컴이 제안했던 위상 입자의 꿈은 번번이 이론과 현실 사이의 괴리를 극복하지 못하는 운명을 맞았다. 보그다노프가 제안한 위상 자석의 꿈도 비슷한 운명을 따를 뻔했으나, 21세기에 들어와서 멋지게 부활해서는 위상 자석 물질이란 이름으로 새로운 자성체 물리학의 장을 열고 있다. 맥아더를 흉내내자면 '좋은 이론은 결코 죽지 않는다. 다만 잠시 잊힐 뿐이다'.

위상 물질 시대

샤모니의 추억

1998년 여름. 지단이 이끄는 프랑스 축구 대표팀은 호나우두가 포진한 브라질을 꺾고 월드컵에서 우승하는 위대한 역사를 썼다. 나는 마침 샤모니Chamonix 거리의 아름다운 불빛이 내려다 보이는 프랑스의 산골 마을 레주쉬Les Houches에 머무는 일생의 행운을 누리던 참이었다. 프랑스의 우승이 결정되는 순간, 아랫마을 샤모니에서는 불꽃놀이가 벌어졌다. 몽블랑의 산자락에 위치한 동네, 레주쉬에서는 매년 여름 세계의 젊은 물리학도들이 모여 석학들의 강의를 듣고 서로 친분을 쌓는 여름 학교가 운영되고 있었다. 내가 참석했던 1998년의 여름 학교에서 만났던 동문 중 적잖은 수의 인물이 이젠 세계적인 물리학자로 성장했다. 그러나 그 당시만 해도 우리는 그저 배움이 신기했던 학생이나 연구원일 뿐이었다.

만화 〈아스테릭스〉의 주인공 오벨릭스처럼 배가 통통하게 부른 프랑스인 주방장이 만든 프랑스 요리와 에클레르Éclair(슈 껍질 사이에

크림을 넣고 표면에 초콜렛을 바른 프랑스식 후식)를 부지런히 흡입했고, 주말이면 몽블랑 산자락을 삼삼오오 짝지어 돌아다녔고, 밤에는 끼리끼리 대화를 하거나 운동을 했다. 마침 탁구대가 있었다. 오락으로 시작한 탁구는 곧 시합이 됐고, 나는 복식 시합에서 우승했다. 준우승한 복식조에는 조엘 무어Joel Moore가 있었다. 조엘은 양자 물질 물리학 분야의 최고봉이라고 할 수 있는 매사추세츠공과대학MIT의 학생이었고 곧 박사 논문을 쓰고 졸업한다고 했다. 그로부터 몇 년 후인 2001년, 조엘은 벨 연구소에서의 연구원 기간을 마친 뒤 버클리대학교의 교수로 부임했고, 나는 같은 시기에 버클리대학교 연구원 생활을 마무리하면서 한국으로 귀국했다. 조엘은 나중에 위상 절연체topological insulator를 이해하는 수학 이론을 제안해서 유명해졌다. 또 운동 경기에는 참여하지 않았지만 늘 모든 사람들과 진지하게 대화를 나누고 등산을 좋아했던 프린스턴 대학원생이 한 명 있었다. 아쉬빈Ashvin Vishwanath은 아직 변변한 논문 한 편 쓴 적 없는 초짜 대학원생이었지만, 누가 보기에도 탁월한 인재였고, 기대에 어긋나지 않게 버클리 교수를 거쳐 지금은 하버드 교수로서 양자 물질의 역사를 한 줄씩 써나가고 있다.

위상이란 이름

그해의 여름 학교 강연자 중 한 명은 나의 지도교수 사울레스였다. 그는 "이번이 일곱 번째이자 아마도 나의 마지막 레주쉬 강연이 될 것"이라는 말과 함께 지난 세월 쌓아온 지식을 우리에게 남김없이 풀어주었다. 그의 인생을 대표하는 업적이라고 할 양자 홀 효과의 위상 숫자 이야기도 빠질 수 없는 강의 주제였다. 그 강의를 들었던 학생 중엔 조엘, 아쉬빈 같은 위상 물질 분야의 개척자가 나중에 여럿 등장했다. 나는 앞 장에서 다룬 것처럼 위상 자석 분야에 약간의 기여를 했다.

이번 장에서는 위상 물질topological material 이야기를 다룬다. 이미 꼬인 원자, 양자 홀 물질, 그리고 위상 자석처럼 위상수학적 숫자가 지배하는 물질계를 이 책에서 여러 차례 다룬 적이 있다. 그럼에도 불구하고 '위상'이란 단어는 여전히 생소한 감이 있다. 일단 작명부터 좀 이상하다. "김연아 덕분에 대한민국의 위상이 높아졌다", "BTS 덕분에 한국 대중문화의 위상이 높아졌다"는 표현이 우리에게 익숙한 게 오히려 탈이다. 우리가 익히 알고 있는 '위상'과 위상 물리학의 '위상'은 모두 같은 단어, 한자로 쓰면 '位相'이다. 영어 단어로 바꾸면 한쪽은 'status', 다른(물리학) 쪽은 'topology'라는 전혀 다른 두 단어로 번역이 되는데, 어쩌다 보니 한글에서는 똑같은 단어를 사용한다.

이 책에서 줄곧 다뤄왔던 위상의 의미는 고무 찰흙을 생각해보면 그리 어렵지 않게 이해할 수 있다. 새로 산 동그란 공 모양의 찰흙을 조금 주물럭거리면 원판 모양이 된다. 그저 손으로 오물조물 잘 다듬으면 된다. 그런 의미에서 원판과 구는 '위상수학적으로 동등한' 모양이다. 이번엔 원판 모양의 찰흙에 구멍을 뚫어보자. 손가락으로 찰흙을 후비면 구멍이 뚫린다. 천으로 치면, 천을 '찢는' 행위를 한 셈이다. 그 결과물은 본래의 모양과 위상수학적으로 더 이상 동등하지 않다. 위상수학이 뭔지 몰라도 우리가 경험적으로 이미 잘 알고 있는 사실이다. 구멍을 뚫는 행위는, 즉 어떤 대상을 찢는 행위는 본래 대상이 갖고 있던 위상에 변화를 일으킨다. 구멍 뚫린 천을 본래 상태로 되돌리려면 바느질로 꿰매야 한다. 찢는 행위와 꿰매는 행위는 말하자면 서로 반대 작용을 한다. 두 행위 모두 그 대상이 갖는 위상을 바꾼다. 구멍이 생기기도 하고 없어지기도 하니까 말이다.

뫼비우스 띠를 이용해서 위상수학적 변화를 이해하는 것도 좋은 방법이다. 길다란 종이의 양 끝을 서로 연결하면 고리가 만들어진다. 종이를 중간에 한 번 꼰 뒤 연결하면 유명한 뫼비우스 띠가 만들어진다. 뫼비우스 띠를 보통의 고리로 바꾸려면 어떻게 해야 할까? 아무리 궁리를 해도 일단 연결된 띠를 찢고 다시 붙이는 방법밖에는 없다. 찢는 행위는 (구멍 뚫는 행위와 마찬가지로) 그 대상의 위상을 바꾼다. 그래서 뫼비우스 띠와 일반 고리는 위상학적으로 다른 대상이다.

6장 '양자 홀 물질'에서 파울리 호텔의 구조가 한 번, 또는 여러 번 꼬여 있는 게 양자 홀 물질이라는 설명을 기억하는 독자라면 이제 어렵지 않게 '양자 홀 물질도 위상 물질이구나' 생각할 것이다. 다음 그림처럼 구멍 수가 서로 다른 물건은 위상수학적으로 다른 물질의 상태를 의미한다. 구멍 수나 꼬임수 모두 위상수학적으로 서로 다른 상태를 표현하는 방식이다. 클리칭이 측정한 홀 저항 그래프를 보면 몇 군데 서로 다른 값에서 평지가 나타난다. 각각의 평지는 고유한 구멍 수(혹은 꼬임수)로 표현되는 상태다. 한 평지에서 다른 평지로 이동하려면 이 위상수학적 상태를 '찢고' 다른 상태로 강제 변환을 시도해야 한다. 이런 변환은 부드러운 조작이 아니다 보니 물질에서 그런 변환을 마무리하는 데도 노력이 많이 필요하다. 홀 저항 측정 결과에 평지가 보였다는 건 그만큼 한 위상 상태에서 다른 위상 상태로 전이하는

▲ 위상 물질은 그 물질 고유의 구멍 숫자로 구분된다. 이 구멍은 우리 눈에 보이는 공간이 아닌 어떤 수학적 공간에 존재한다. (©Johan Jarnestad/The Royal Swedish Academy of Sciences)

게 쉽지 않다는 걸 의미한다. 거꾸로 말하면 한번 만들어진 위상수학적 상태는 그만큼 안정적이다.

열심히 일해서 저축하다 보면 통장의 돈은 꾸준히 늘어나지만, 그에 비례해서 사는 집의 평수가 꾸준히 증가하진 않는다. 20평 대에서 30평 대, 다음엔 40평 대, 이렇게 띄엄띄엄 커진다. 물을 데우다 보면 온도도 꾸준히 올라가다가 섭씨 100도가 되는 순간부터 더 이상 올라가지 않는다. 그래도 계속 열을 가하면 물이 드디어 수증기로 증발하기 시작한다. 사회현상이나 자연현상 중에는 이렇게 외부에서 주는 자극이 한참 쌓여야 비로소 변하는 사례가 종종 있다. 이런 더딤은 보는 이에게는 답답하게 느껴질 수도 있지만, 다른 한편으론 사회현상, 자연현상의 안정성을 담보하는 장치이기도 하다. 위상 물질의 더딘 변화는 그 물질에게 '위상수학적 보호topological protection'라는 특별한 안전망 역할을 한다. 스커미온을 기반으로 한 정보 소자도 이런 위상수학적 보호에 의존하는 바가 크다는 이야기를 지난 장에서 했다.

양자 홀 물질에 대한 위상수학적 해석이 나온 것도 이미 오래전, 1980년대의 일이었다. 물리학자들은 양자 홀 물질 이외의 다른 위상 물질이 이 세상에 또 존재하지 않을까 의심했고 탐구했지만, 아주 오랫동안 소득 없이 답보 상태에 머물러 있었다. 그 모습은 마치 자기장을 더 세게 가해도 요지부동하고 변하지 않는 홀 저항의 양상과도 비슷했다. 그러다가 어느 순간, 위상 물질이란 분야 자체가 그만 '위상의 변화'를 겪게 되었다.

제3의 고체

양자역학의 태동기에 이미 완성된 분류법에 따르면 고체 물질에는 딱 두 종류가 있다. 전기를 통하는 도체(금속)와 전기를 통하지 않는 부도체(절연체). 반도체로 분류되는 물질군이 있긴 하지만 엄밀히 말하자면 이것은 부도체의 일종이다. 반도체는 약간의 조작을 통해 도체로 변화시킬 수 있기 때문에 전자회로 물질로서의 쓸모가 크고, 그 덕분에 오늘날 반도체 문명의 혜택을 인류가 누리고 있다. 실생활에서 아주 특별한 지위를 누리는 물질이긴 하지만, 물리학적인 분류법에 따르면 반도체는 여전히 부도체의 일종이다. 고체를 도체와 부도체, 이분법적으로 분류하는 것은 물리학의 정설로 참 오랫동안 받아들여져왔다.

그런데 2000년대 중반부터 일어났던 양자 물질 학계의 발견을 통해 우리는 도체도, 부도체도 아닌 제3의 고체가 존재한다는 사실을 받아들여야만 했다. 위상 부도체topological insulator 혹은 위상 절연체라고 부르는, 속은 부도체인데 껍질은 금속인 물질이 발견된 것이다. 물론 이 이야기를 듣는 순간 누군가는 장난스럽게 돌덩이를 은박지로 감싼 다음 이것도 "속은 절연체요, 겉은 금속이니 이게 바로 위상 부도체요!"라고 선언할 수도 있다. 우스갯소리 같지만 중요한 지적이기도 하다. 은박지로 싼 돌맹이는 위상 부도체가 아니다. 은박지를 벗기는 순간 그저 평범한 금속과 평범한 부도체로 분리되기 때문이다. 위상 부도체는 껍질이 금속성을 띤다. 그럼 위상 부도체의 껍질을 잘 벗겨내면 금속막이 사라지고 그냥 평범한 부도체로 바뀌지 않을까? 은박지로 싼 돌덩이처럼 말이다.

물론 그런 시도를 할 수도 있다. 그러나 결과물은 여전히 위상 부도체다. 금속 껍질 층을 벗겨내면 새로 드러난 껍질이 대신 금속성을 띤다. 아무리 껍질을 벗겨내도 절연체를 둘러싼 금속막은 사라지지 않는다. 어떤 필연적인 이유가 있어서, 뭔가 신비로운 힘의 보호를 받아서, 금속막이 벗겨지지 않는다는 인상을 준다. 물리학자들은 이 금속 껍질 층의 끈질긴 존재 이유를 위상수학적 보호라는 특성에서 찾았다. 위상 절연체는 금속성과 비금속성이 공존하는, 아니 공존할 수밖에 없는 제3의 고체다.

일단 놀라운 점은 이런 신비한 물질군의 존재를 양자역학이 발견된 이후 지금껏 아무도 몰랐다는 사실이다. 더욱 놀라운 건 나중에 위상 부도체로 밝혀진 물질들이 전혀 새롭지 않은, 과학자들의 실험실에서나 산업 현장에서 늘 사용하던 물질이었다는 점이다. 눈뜬 장님처럼, 위상 부도체를 늘 만들고 사용해왔으면서도 그저 평범한 부도체인 줄만 알았다. 이런 위상 부도체의 존재를 밝혀내게 된 과정에는 뭔가 흥미로운 뒷이야기가 있을 법하다.

양자 스핀 홀 효과

앞 장 '위상 자석'에서 언급했던 것처럼 내가 일본 동경대의 나가오사 교수 연구실을 출입하면서 이른바 '방문자 물리학' 연구를 하던 시절의 일이었다. 일본의 대학에는 '조수'라는 제도가 있다. 박사를 받았다고 해서 바로 교수 자리를 찾아가는 경우는 없고, 어느 고참 물리학자의 연구실에서 박사후연구원(영어로는 post-doc, 줄여서 포닥이라고 부르기도 한다)을 하고, 그다음엔 조수를 몇 년 더 하고 나서야 대학 교수 자리를 찾아 옮기는 게 일상화되어 있다. 그 당시 나가오사 교수 연구실에는 무라카미 슈이치라는 출중한 조수 한 명이 있었다. 어느 해인가, 무라카미와 나가오사 두 사람이 연구실에서 매우 진지한 표정으로 마지막 대화를 나누고 있었다. 무라카미의 손에는 한 편의 원고가 쥐어져 있었다. 다음 날 무라카미는 그 원고를 들고 미국 스탠퍼드 대학교의 장서우청Shou-Cheng Zhang(1963~2018) * 교수를 방문해 논문 마무리를 위한 최종 토론을 할 계획이라고 했다.

• 15세에 중국의 푸단대학교에 입학할 만큼 영재였던 그는 입자물리학 이론으로 박사학위를 받은 후 곧바로 양자 물질 이론가로 변신해서, 그의 깊은 수학적 배경과 지식을 유감없이 응집 물리학 이론에 적용하여 명성을 쌓았다. 자석 이론, 초전도체 이론, 나중에는 위상 부도체 이론 분야까지 그가 손을 대는 분야마다 늘 신선한 수학적 접근법이 새로 도입되곤 했다. 그의 인생 후반에는 인터넷, 인공지능 분야에도 관심을 두었다. 그가 구글에서 강연한 영상을 찾아보고 싶다면 https://www.youtube.com/watch?v=MozDSajpLTY를 보기 바란다. 아쉽게도 그는 55세의 나이에 스스로 생을 마감했다.

나중에야 안 일이지만, 무라카미-나가오사-장 3인방이 마무리하던 원고는 스핀 홀 효과spin Hall effect에 대한 새로운 제안을 담고 있었다. 스핀은 3장 '파울리 호텔'에서 전자의 '성' 비유로, 8장 '양자 자석'에선 나침반 바늘로 비유를 들어 소개한 바 있는 전자의 속성이다. 홀 효과는 6장 '양자 홀 물질'에서 다룬 전자계의 현상이다. 이 두 단어와 개념이 결합된 신조어가 바로 스핀 홀 효과다. 자석을 가까이 대면 전자가 직구 대신 커브 공처럼 한쪽으로 휘는 운동을 한다는 게 홀 효과의 요지였다. 그리고 전자에는 두 종류의 성, 즉 두 종류의 스핀이 있다는 사실도 독자들은 기억하고 있을 것이다. 이 두 그림을 합성하기만 하면 스핀 홀 효과를 쉽게 머릿속으로 그려낼 수 있다.

　전자의 스핀에 대한 남성과 여성의 비유를 계속해보자. 어떤 물질에 건전지를 연결했을 때 그 물질 속의 남전자는 다음 그림처럼 왼쪽으로 휘고, 여전자는 오른쪽으로 휘는 상황이 벌어진다고 한번 생각해보자. 남전자나 여전자나, 전자는 똑같은 전하량을 갖고 있다. 그중 절반은 왼쪽으로, 나머지 절반은 오른쪽으로 휘었으니, 전하량의 총합이 휘는 정도를 생각하면 0이 된다. 바꿔 말하자면 전류의 절반은 왼쪽, 나머지 절반은 오른쪽으로 흘렀으니 알짜배기 전류는 0인 셈이다. 좀 더 인간적인 비유를 들 수도 있다. 운동장에 똑같은 숫자의 남성과 여성이 있는데, 남성은 운동장의 왼쪽 편으로, 여성은 오른쪽 편으로 이동하도록 지시한다. 전체적으로 인구 이동이 있었는가 생각해보면 그렇지 않다. 평균적으로 보면 인구의 무게 중심은 여전히 운동장 가운데 있다. 하지만 남성과 여성이 서로 분리되었는가 물어본다면 답이 달라진다. 성별에 따른 분리는 확실하게 일어났다. 보통의 홀 효과는

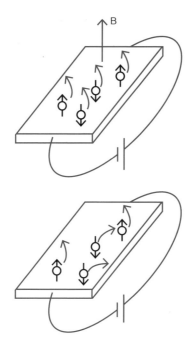

▲ (상)홀 효과. 금속에 자기장(B)을 걸어주면 두 가지 성의 전자가 모두 한쪽으로 휜다. (하)스핀 홀 효과. 스핀에 따라 전자가 휘는 방향이 서로 반대다.

남성이고 여성이고 할 것 없이 모두 운동장의 한쪽으로 이동하는 경우다. 스핀 홀 효과는 남성과 여성이 서로 반대 방향으로 이동하는 경우를 가리킨다.

이렇게 설명을 하고 보니 스핀 홀 효과는 그저 홀 효과의 변종에 불과한 것처럼 느껴진다. 정말 이런 현상을 보이는 물질이 존재하는지는 둘째 치고, 왜 이런 현상에 관심을 둬야 하는지, 뭐가 재미있고 중요한 문제인지 선뜻 이해하기 힘들다. 그러나 무언가 큰 그림이 뒤에 숨어 있기 때문에 거물급 이론물리학자들이 이 문제에 뛰어들지 않았을까 싶다.

8장 '양자 자석'에서 자석을 기반으로 한 새로운 소자 발견에 대한 물리학자들의 열정을 다룬 적이 있다. 카세트테이프, 거대 자기저항 소자, 그리고 아직 실용화는 안 됐지만 스커미온을 기반으로 한 소자 등, 모두 물리학자들이 꿈꾸거나 이미 실현한 자기소자들이다. 자기 현상은 결국 전자의 스핀이 그 원인이니까, 자기소자를 '스핀소자 spintronics'라고 바꿔 불러도 틀린 말은 아니다. 이미 스핀소자라는 물리학의 큰 흐름이 오래전부터 있어왔다. 전자의 운동을 이용하고 제어해서 소자를 만드는 게 전자소자electronics의 영역이라면, 전자의 스핀을 잘 조작해서 소자를 만드는 게 스핀소자를 연구하는 사람들의 꿈이다.

무라카미-나가오사-장의 스핀 홀 효과 이론은 스핀소자 분야에 새 바람을 일으킬 만한 신선한 주장이었다. 전통적인 홀 효과는 강한 자기장을 얇은 금속 물질에 수직 방향으로 주어야만 관측할 수 있는 현상인데 비해 이 3인방이 제안한 스핀 홀 효과는 그런 자기장의 도움이 전혀 없어도 생길 수 있었다. 어떤 금속 물질에 X 방향으로 전지를 연결하기만 하면 남전자는 +Y 방향으로, 여전자는 -Y 방향으로 흘러갔다. 스핀 홀 물질은 전자의 스핀을 조작하는 소자임에 분명했지만 기존의 스핀소자와는 다르게 자기장이나 자석의 도움을 전혀 필요로 하지 않았다. 그저 보통 금속선처럼 전지만 연결해주면 저절로 스핀에 따라 서로 반대 방향으로 전류가 흘렀다. 스핀 홀 효과 이론에 동원된 수학 또한 이전의 홀 효과 이론에서 보지 못한 독특한 측면이 있었다. 기본 입자의 성질을 분류할 때 종종 사용되던 군 이론이란 수학이 스핀 홀 이론에 자연스럽게 등장했다. 본래 입자물리학을 연구했던 장서우청 교수에게 군론은 아주 친숙한 언어였고 그는 이런 문제를 다루기에 아주 적합한 인물이었다.

일급 물리학자 3인방이 제안한 스핀 홀 이론은 2003년, 〈사이언스〉에 출판됐다. 어떤 논문이 학계에 미친 영향을 재는 좋은 척도 중 하나는 그 논문을 후속 논문이 몇 번이나 인용했는가 그 숫자를 세보는 일이다. 3인방의 논문은 이 책을 쓰는 시점에서 이미 1천 번 넘게 인용되었다. 이 정도 피인용 횟수를 자랑하는 논문이 단 한 편이라도 있는 사람이라면 그는 학자로서의 자부심을 느껴도 좋다.

무라카미-나가오사-장의 논문은 때를 좀 더 잘 만났더라면 훨씬 더 주목을 끌 수도 있었다. 이 논문의 저자들에게는 조금 아쉬운 사건일 수도 있겠지만, 바로 다음 해인 2004년, 양자 물질 학계에는 스핀 홀 효과를 한참 능가하는 큰 지각 변동이 벌어졌다. 바로 그래핀의 발견이었다. 역시 〈사이언스〉에 출판된, 그래핀 발견을 보고한 논문은 지금까지 4만 번 넘게 인용됐다. 그 논문의 두 저자는 2010년 노벨 물리학상까지 받았다. 신물질 탐색에 열을 올리는 재료과학자나 실험물리학자들에게 그래핀은 신대륙의 발견이었다. 전 세계 실험실이 그동안 하던 일을 내려놓고 앞다투어 그래핀 연구에 투신했다.

이론물리학자들의 반응은 좀 더 미온적이었다. 7장 '그래핀'에서 그래핀 속 전자의 거동이 꼭 상대론적 입자와 비슷해 흥미롭다고 하긴 했지만, 사실 이런 예측도 이미 1950년대에 만들어진 낡은 지식이었다. 순수 이론가들이 보기에 그래핀은 그다지 흥미로운 물질이 아니었다. 물리 이론가들은 눈앞에 보이는 이득보다는 명분을 챙기길 좋아하는 남산골 선비 같은 기질이 좀 있다. 여기서 말하는 명분이란 건 물론 이론 자체의 새로움, 우아함이다.

짝수 절연체, 홀수 절연체

미국 동부의 명문 펜실베이니아대학교 물리학과에는 케인Charles L. Kane 이란 교수가 있다. MIT에서 박사학위를 받고 얼마 지나지 않아 교수가 된 뛰어난 물리학자다. 대개 이론물리학자가 교수로 임명되자마자 거쳐야 할 필수적인 과정은 연구비를 받아 함께 일할 대학원생을 모으는, 이른바 연구실 구축 작업이다. 대학원생들이 어느 정도 기본 지식과 연구 방법을 훈련받고 나면 지도교수는 주로 연구 아이디어를 제공하고 학생들이 구체적인 계산 작업을 담당하는, 두뇌와 손의 분리가 일어나기 마련이다. 케인의 행보는 임용 초기부터 이런 보편적인 경로를 따르지 않았다. 대부분의 일을 혼자 했고, 논문도 혼자 쓰는 좀 독특한 인물이었다. 간헐적으로 뛰어난 논문을 쓰긴 했지만 학계의 이목을 집중시킬 만한 새바람을 일으킨 적은 없었다. 그런 케인이 그래핀이란 물질이 발견되자마자 여기에 관심을 두기 시작했다. 뿐만 아니라 그래핀과 거의 동시에 등장한 스핀 홀 효과 이론에도 관심이 있었다. 그래핀의 발견이 보고된 지 불과 1년 만인 2005년, 케인은 그래핀에서도 스핀 홀 효과가 관측될 수 있다는 다소 생뚱맞은 논문 한 편을 발표했다.

무라카미-나가오사-장 3인방이 스핀 홀 효과를 보일 만한 후보로 제안했던 물질은 대표적인 반도체인 갈륨비소(GaAs)였다. 반도체인 동시에 3차원 물질이기도 했다. 그래핀은 갈륨비소와는 전혀 다른, 탄소로 만들어진 물질이었고 게다가 차원도 하나 낮은 2차원 물질이었다. 이런 물질에서 스핀 홀 효과를 볼 수 있다고 주장한 케인의 논문에 대해 스탠퍼드의 장서우청 교수는 즉각 반박하는 논문을 썼다(나중에 케인은 그의 계산에 실수가 있었고, 그 실수를 정정하면 장 교수의 말대로 그래핀에서 스핀 홀 효과를 보는 건 사실상 불가능하다는 점을 인정했다). 그러나 정작 케인이 한 주장의 핵심은 그래핀이란 물질 자체가 아닌 다른 측면에 있었다.

그가 예측한 현상은 단순한 스핀 홀 효과가 아니라 '양자 스핀 홀 효과quantum spin Hall effect'였다. 클리칭이 1980년 최초로 관측했던 그 양자 홀 효과가 스핀이란 형용사를 덧입고 재탄생한 것이다. 앞서 스핀 홀 효과에 대해 들었던 비유를 여기 그대로 적용할 수 있다. 양자 스핀 홀 물질에서는 남전자들끼리 모여 양자 홀 상태 하나를 만든다. 여전자들도 그들만의 양자 홀 상태를 만든다. 각각의 전자계는 그들만의 고유한 양자 홀 숫자, 즉 '천 숫자'를 갖고 있다. 다만, 그 숫자는 정확히 서로 반대다. 남전자계의 천 숫자가 +1이라면 여전자계의 천 숫자는 반드시 −1이어야만 한다는 조건이 따랐다. 합하면 전체 전자계의 천 숫자는 0이니까 양자 홀 효과는 없는 셈이 된다. 양자 홀 물질의 위상수학적 특성을 결정짓는 숫자는 천 숫자였다. 이 숫자가 0이면 '구멍이 없는' 물질, 1이면 '구멍이 하나 있는' 물질, 이런 식으로 물질 분류를 가능하게 해준 것이 바로 천 숫자였다. 그런데 양자 스핀 홀 물질의 천 숫자는 0이었다. 그럼 위상수학적으로는 별다른 특징이 없는 평범한 물질 아닌가 생각할 수도 있다. 여기서 케인의 놀라운 발견이 등장한다. 비록 천 숫자는 0이지만, 여전히 양자 스핀 홀 물질을 위상 물질이라고 부를 수 있게 하는 특별한, 새로운 양자수를 발견한 것이다. 여태껏 물리학에, 심지어 수학에서도 한 번도 등장한 적이 없던 새로운 위상 숫자였다.

케인이 발견한 공식에 따르면 이 새로운 위상 숫자는 오직 0 아니면 1, 두 가지 값만 가질 수 있었다. 말하자면 짝수, 홀수의 구분만 가능한 숫자였다. 이 숫자가 0인 '짝수 물질'은 평범한 절연체였지만 1인 '홀수 물질'은 양자 스핀 홀 효과를 주었다. 사울레스의 공식이 물질 상태를 정수 숫자로 구분할 수 있게 했다면, 케인의 공식은 물질의 상태를 홀짝으로 구분하는 새로운 분류법의 탄생을 의미했다. 그래핀의 발견에 대해서는 신통한 반응을 보이지 않았던 이론물리학자들이 케인의 발견에는 즉각 주목하기 시작했다. 뭔가 새로운 패러다임이라고 할 만한 것이 등장했다.

2차원 양자 스핀 홀 이론과 함께 물질에 대한 홀짝 구분법이 등장하자, 곧 이 개념을 3차원으로 확장하려는 시도가 이론물리학자들 사이에 있었다. 그 경쟁에 참여한 물리학자 중에는 레주쉬에서 만난 조엘 무어도 있었다. 조엘은 순수한 위상수학 관점에서 케인이 발견한 홀짝 위상 숫자를 3차원으로 확장하는 방법을 찾는 데 성공했다. 대단히 중요한 업적이었고, 3차원 위상 물질이 존재할 수도 있겠구나 하는 희망을 주는 결과였다. 아직 빠져 있는 퍼즐 조각은 3차원 위상 물질에 해당하는 구체적인 '이름'이었다.

대학원생을 연구 조력자로 받지 않고 혼자 일하기로 유명했던 케인 교수에게 때마침 중국에서 유학 온 한 영재 학생이 찾아왔다. 장서우청 교수처럼 남들보다 훨씬 일찍 대학을 졸업하고 펜실베이니아대학교에 유학 온 리앙 푸Liang Fu는 지도교수 케인과 짝이 되어 조엘과는 다른 방법으로 홀짝 위상 숫자를 3차원 물질계로 확장하는 방법을 찾아냈다. 그중에서 홀수 위상 숫자 물질을 위상 부도체라고 부른다. 짝수 위상 숫자인 경우는 이미 잘 알려진 평범한 절연체를 말한다. 푸-케인의 연구는 조엘의 수학적 연구 결과에서 한 발 더 나아가 아예 어떤 특정한 물질이 위상 절연체라고 선언해버렸다. 추리소설로 치자면 "이 열차를 타고 있는 누군가가 범인이오!"라고 외치는 것보다 "바로 이 사람이 범인이오!"라고 지적하는 게 진짜 탐정의 임무다. 이 마법의 물질은 비스무트Bismuth(Bi, 원자번호 83)와 안티모니Antimony(Sb, 원자번호 51)를 섞어 만든 합성 물질이었다. 드디어, 구체적인 이름을 가진 위상 물질 하나가 (적어도 이론상으로는) 탄생했다.

그런데 참 신기하기도 하다. 세상에 존재하는 온갖 물질 중에서, 어떻게 하필 이 두 원소로 조합된 물질이 위상 절연체라는 걸 알아냈을까?

2020년 1월, 시애틀의 워싱턴대학교에서 의미 있는 학회가 열렸다. 2019년 4월 타계한 사울레스 교수를 추모하는 학회였다. 이 학회에서 위상 물질의 개척자 중 한 명인 리앙 푸 교수를 만났다. 그가 전해준 당시 사정은 이랬다. 푸와 케인은 3차원 위상 절연체가 될 만한 후보 물질을 찾느라 고심하던 참이었다. 때마침 무라카미(이 장 앞쪽에 등장했던 무라카미-나가오사-장 3인방 중 한 명)의 흥미로운 논문 한 편이 발표된 직후였다. 무라카미는 2차원 양자 스핀 홀 효과를 줄 수 있는 물질이 무얼까 찾는 중이었고, 그가 찾아낸 후보 물질은 비스무트 박막이었다. 순수한 비스무트로 만들어진 물질을 그래핀처럼 아주 얇게, 원자 한 장짜리로 만들 수만 있다면 곧 양자 스핀 홀 물질이 될 것이란 예측을 담은 이론 논문이었다. 무라카미의 제안에서 힌트를 얻은 푸와 케인은 비스무트를 기반으로 한 물질 중에 혹시 3차원 위상 절연체가 있지 않을까 의심하기 시작했다. 마침 3차원 비스무트 물질의 물성을 오래전에 계산한 논문 하나를 발견했다. 그 논문에 담긴 정보를 이용해 푸-케인이 만들어낸 위상 숫자 공식을 계산해보니 비스무트에 안티모니를 약간 섞기만 하면 홀수 절연체 물질이 될 것이란 예측이 나왔다.

일단 위상 물질 이름 하나가 알려지자 곧이어 전 세계적으로 다른 위상 물질을 찾는 시도가 유행처럼 번졌고, 이제는 수백 종류의 물질이 위상 절연체로 확인되었다.*

이제 '위상'이 '절연체' 앞에 등장하는 이유도 충분히 짐작할 수 있다. 절연체 물질은 만들어질 때부터 이미 짝수, 아니면 홀수 숫자를 타고난다. 우리가 흔히 절연체라고 부르는 물질은 짝수 숫자를 타고났

---

* 무라카미는 어떻게 비스무트란 물질에 착안하게 되었을까? 마침 리앙도 그 점이 궁금했던지 무라카미에게 질문을 했었다고 한다. 무라카미의 대답은 이러했다. 일본에는 후쿠야마 히데토시라는 유명한 양자 물질 이론가가 있는데, 그의 박사 논문 주제가 바로 비스무트의 특이한 물성을 이해하는 연구였다. 그는 일본 학계에서 상당한 학문적 영향력을 발휘하는 원로 학자였고, 그 덕분에 무라카미 같은 젊은 학자도 비스무트란 특이한 물질에 대해 들은 바가 있었고, 혹시 비스무트가 스핀 홀 물질이 되지 않을까 의심할 수 있었다고 한다. 그럼 같은 질문을 후쿠야마에게 던져보자. 후쿠야마는 어쩌다가 비스무트에 대한 박사 논문을 쓰게 됐을까? 후쿠야마의 지도교수 구보 료고는 대단한 이론 물리학자로, 후쿠야마에게 비스무트의 독특한 물성에 대해 생각해보라고 가르쳤던 인물이다. 사울레스가 2차원 금속의 홀 저항 값을 유도할 때 사용했던 공식이 바로 구보 공식Kubo formula이었다.

다. 그러나 일부 절연체는 홀수 절연체로 태어났다. 짝수 물질을 서서히 홀수 물질로 바꿀 방법이 있을까? 가령 0이란 숫자를 서서히 1로 바꾸고 싶으면 어떻게 해야 할까? 0 → 0.01 → 0.02 … 이런 식으로 조금씩 숫자를 키우다 보면 1에 도달한다. 그렇지만 이미 설명했던 것처럼 물질에게 붙일 수 있는 푸-케인 숫자는 짝수 0이나 홀수 1일 뿐이다. 0과 1 사이를 부드럽게, 연속적으로 오가는 건 원칙적으로 불가능하다. 어떤 홀수 물질의 껍질을 벗기면 물론 그 물질의 질량을 비롯한 이런저런 다른 물성이 조금씩 변할 것이다. 이런 것들은 물성의 연속적인 변화에 해당한다. 위상 절연체가 갖고 있는 홀수 숫자 1은 껍질을 조금 벗겨내도 여전히 1로 남아 있다. 껍질이 금속인 절연체는 아무리 그 껍질을 벗겨내도 여전히 금속 껍질을 두르고 있어야만 한다. 위상수학의 보호, 또는 저주 때문이다.

케인은 양자 물리학의 태동 시기부터 줄곧 믿어왔던 물질의 분류법, 즉 금속과 비금속이란 이분법이 충분한 분류법이 아니었다는 사실을 최초로 지적했다. 비금속, 즉 절연체에는 두 종류가 있었다. 금속 껍질의 보호를 받는 위상 절연체와 그렇지 않은 나머지 평범한 절연체, 이렇게 두 가지가 있었다. 제3의 고체였다. 많은 물리학자들은 그의 노벨 물리학상 수상이 언젠가 현실화될 것이라고 믿는다.

물질의 분류법은 다양한 형태로 존재한다. 차원에 따른 분류로 치면 물질에는 1차원, 2차원, 3차원 물질이 있다. 천 숫자에 따라 분류하자면 어떤 물질은 구멍 개수가 하나(천 숫자=1), 둘(천 숫자=2), 혹은 0이다. 그런데 천 숫자에 따른 물질 분류는 오직 2차원 물질에게만 적용되었다. 위상 절연체의 발견과 함께 우리는 이제 물질을 분류하는 또 하나의 방법이 존재한다는 걸 배웠다. 이번엔 홀짝으로 분류하는 방법이고, 이 방법은 물질이 2차원이나 3차원일 때 모두 적용할 수 있었다. 새로운 분류법에 따라 수많은 물질들이 위상 물질로 판명되었다. 물질의 위상수학적 분류법은 여기서 끝난 게 아니었다. 푸-케인의 발견 이후에 몇몇 수학 실력이 뛰어난 물리학자들이 이 문제에 뛰어들었다. 이들이 밝혀낸 수학 체계에 따르면 천 숫자, 푸-케인 숫자 말고도 물질을 위상수학적으로 분류하는 방법이 여러 가지 더 있었다. 이런 추가적인 위상 숫자에 해당하는 물질을 찾아내는 것은 결코 쉬운 일이 아니지만, 전 세계 재료과학자들의 노력과 능력을 두고 봤을 때, 낙관적인 기대를 하지 않을 이유는 없다.

상대론적 금속

양자 홀 물질의 발견과 이에 대한 위상수학적 설명이 등장한 직후부터 시작되었던 시도, 즉 3차원에서 존재하는 위상 물질을 찾으려는 시도는 이렇게 성공적으로 마무리되었다. 이제 이 책에서 다룰 마지막 부류의 물질 이야기를 시작하려고 한다. 7장 '그래핀'에서 그래핀 속의 전자들이 마치 상대론적 입자처럼 거동한다는 이야기를 했다. 2차원 상대성이론을 구현하는 전자계가 있는 곳이 바로 그래핀이다. 물리학자들은 그래핀 발견 이후 줄곧 3차원 물질 중에서 상대성이론을 구현하는 전자계가 존재할 것이라고 믿고 그런 물질을 찾으려고 노력해왔다. 그리고 3차원 위상 절연체의 발견과 비슷한 시기에 3차원 상대론적 물질에 대한 답도 찾아냈다. 두 사건의 동시성은 우연의 일치가 아니다. 미리 답을 공개하자면, 3차원 위상 절연체가 있는 곳 부근에 3차원 상대론적 물질도 있었다. 이런 근접성 때문에, 비록 위상 물질도 절연체도 아니지만 여전히 3차원 상대론적 물질 이야기를 위상 물질 이야기 속에서 다루는 게 유익하다. 우선 시간을 1930년대로 거슬러 올라가서 디랙이란 이름의 이론물리학자 한 명을 만나고 난 뒤 상대론적 금속 이야기로 돌아오도록 하자.

디랙Paul Dirac(1902~1984, 1933년 노벨 물리학상 수상)은 20세기 전반에 주로 활동한 대표적인 이론물리학자로, 특히 간결한 수식을 통해 물리학의 숨은 질서를 찾아내는 재주로 유명했다. 대표적인 예를 들자면 이런 것이다. 움직이는 물체는 운동에너지를 갖고, 그 값은 (정지한 물체보다 움직이는 물체의 에너지가 분명 더 클 테니까) 양수일 수밖에 없다. 그래서 3차원의 각 방향으로 $p=(p_x, p_y, p_z)$라는 운동량을 갖고 움직이는 어떤 입자가 있다면 그 운동에너지 E는 운동량의 제곱에 비례해서 $E=(p_x^2+p_y^2+p_z^2)/2m$ 이란 꼴로 주어진다는 게 뉴턴역학의 발명 이후부터 잘 알려진 상식이었다. 20세기 초반, 정확히 말하면 물리학 역사상 기적의 해라고 불리는 1905년, 아인슈타인은 몇 세기에 걸쳐 상식으로 자리잡은 이 공식을 뒤집고, 에너지와 운동량의 관계식을 좀 다른 꼴, $E = c\sqrt{(mc)^2 + (p_x)^2 + (p_y)^2 + (p_z)^2}$ 으로 표현해야 맞다고 가르쳤다. 뉴턴의 공식과 아인슈타인의 공식에 모두 등장하는 표현 m은 그 물체의 질량이고, 아인슈타인의 공식에만 등장하는 상수 c는 빛의 속력이다. 흔히 아인슈타인하면 떠오르는 공식 $E=mc^2$은 물체가 정지하고 있어 운동량이 없는 특별한 경우를 가리킨다.

아인슈타인의 공식은 분명 뉴턴역학 체계를 대치하는 경이로운 표현이다. 하지만 디랙처럼 섬세한 물리적 영혼을 가진 사람이라면, 아인슈타인의 공식에 등장하는 제곱근에 살짝 거북함을 느낄 수도 있다. 자연의 법칙은 단순해야 한다. 그런데 제곱근은 왠지 충분히 단순하질 않다. 제곱근은 '제곱'으로부터 파생된 개념이다. 그렇다면 아인슈타인의 유명한 공식을 제곱 형태로 바꾸어 써보자. $E^2 = c^2[(mc)^2 + (p_x)^2 + (p_y)^2 + (p_z)^2]$, 이런 꼴이 된다. 디랙에게는 이렇게 제곱한 공식이 더 아름답고 자연스럽게 보였다(이 대목은 나의 소설적 상상이다).

제곱함으로써, 즉 제곱근이란 표현을 없앰으로써 약간의 아름다움을 얻을 수는 있지만 대신 다른 문제가 생긴다. 본래의 아인슈타인 공식으로 회귀하려면 어쩔 수 없이 제곱에 대한 제곱근을 다시 취해야 하는데, 이때 우리는 두 가지 선택 가능성을 두고 고민해야 한다. 어떤 숫자의 제곱이 9라면, 본래의 숫자는 3일 수도 있지만 –3일 수도 있다. 그 수학적 논리를 그대로 적용해보면 입자의 에너지가 음수의 값 $E = -c\sqrt{(mc)^2 + (p_x)^2 + (p_y)^2 + (p_z)^2}$이 될 수도 있다는 희한한 결론에 도달한다. 음의 에너지 공식에 따르면 입자가 더 격렬하게 움직일수록, 즉 운동량이 더 커질수록 에너지 값은 더욱 작아진다. 상식적으로 이해하기 힘든 결론이다. 물론 수학적으로 따졌을 때 얻은 결론이 반드시 자연현상에도 드러나야 할 필요는 없다. 자연의 진리는 수학적으로 가능한 진리의 아주 작은 부분집합이라는 게 많은 물리학자들의 믿음이다. 음의 에너지 값이 수학적인 답으로 등장하긴 하지만, 물리적으로는 '말이 안 된다'면서 무시해버릴 수도 있었다.

그러나 20대 중반이던 1928년의 디랙은 그가 발견한 음의 에너지 상태에 대해 대담하고 신선한 해석을 내린 논문을 발표했다. 그에게는 음의 에너지란 답이 꼭 자연에서 아무런 의미를 갖지 말아야 할 이유가 없어 보였다. 그가 찾아낸 음의 에너지를 갖는 수학적 상태는 사실 양의 에너지를 갖는 새로운 입자 상태, 그가 반입자anti-particle라고 이름 붙인 입자를 나타내는 상태라고 디랙은 결론지었다. 다시 말하자면 어떤 방정식의 답이 $E = -c\sqrt{(mc)^2 + (p_x)^2 + (p_y)^2 + (p_z)^2}$으로 나왔을 때, 이걸 음의 에너지를 갖는 입자라고 해석하지 말고 양의 에너지를 갖는 반입자로 해석하기만 하면 모든 수학적 난관이 다 사라진다는 게 디랙의 주장이었다.

그의 과감한 논문이 발표된 지 4년 만인 1932년, 최초의 반입자인 반전자가 발견됐고, 차츰 전자뿐 아니라 모든 기본 입자에는 그와 쌍을 이루는 반입자가 존재한다는 사실이 이론적으로, 실험적으로 확인됐다. 전자와 쌍을 이루는 반입자인 반전자는 전자와 정확히 똑같은 질량을 갖지만 전하량은 정반대다. 반양성자는 양성자와는 반대 전하, 그러니까 전자와는 같은 전하를 갖는다. 반전자와 반양성자를 조합하면 반수소anti-hydrogen가 만들어진다. 아예 온통 반입자로만 만들어진 반물질, 반세포, 반인간을 상상하는 것도 물리적으로 전혀 불가능할 게 없다. 우리가 알고 있는 모든 물리학 법칙을 그대로 따르지만 대신 온통 반입자로만 만들어진 우주는 지금 우리가 살고 있는 우주에 비해 전혀 손색없는 자연스러운 우주다.

이상하게도 우리 일상생활에서는 반입자를 찾아볼 수 없다. 입자와 반입자는 그 성격상 같은 공간에 공존하기가 대단히 어렵다. 전자와 반전자가 서로 만나면 거대한 양의 빛에너지를 방출하면서 함께 소멸한다. 전자의 질량에너지 mc^2과 반전자의 질량에너지 mc^2이 합해져서 $2mc^2$만큼의 질량에너지가 빛에너지로 바뀐다. 만약 양성자와 반양성자가 서로 만나면 이것보다 2천 배 강한 빛에너지를 방출하면서 소멸한다. 양성자의 질량은 전자의 질량보다 거의 2천 배 크기 때문이다. 우주에 자연적으로 존재하던 반입자들은 이렇게 운명적인 입자짝과의 만남을 통해 소멸해버렸다. 댄 브라운의 흥미진진한 소설《천사와 악마》는 유럽의 거대 입자가속기 연구소인 CERN 어딘가에 이런 반입자를 안전하게 저장해놓은 장치가 존재한다는 가설에서 출발한다. 어둠의 세력이 반입자 저장 장치를 탈취해서 입자와 충돌시킴으로써 지구종말적 상황이 초래하는 걸 막는 역할은 주인공 랭던 박사의 몫이었다.

7장 '그래핀'에서 그래핀 속의 전자는 상대론적 입자처럼 거동을 한다고 했다. 그래핀에서 움직이는 전자의 에너지는 상대론적 입자의 방정식 $E = v\sqrt{(p_x)^2 + (p_y)^2}$ 을 만족한다는 게 그 증거였다. 디랙의 이론에 따르면 우리는 상대론적으로 거동하는 입자에게는 그에 대응하는 반입자가 존재한다는 사실을 받아들여야만 한다. 그래핀 속의 전자는 비록 가짜 상대론적 입자이긴 하지만 여전히 그 에너지 공식을 보면 제법 상대론스럽다. 아니나 다를까, 오래전 디랙이 했던 것처럼 그래핀 전자의 에너지 식을 제곱한 뒤 다시 제곱근을 취하는 조작을 해보면, 반입자의 관계식 $E = -v\sqrt{(p_x)^2 + (p_y)^2}$ 이 나온다. 그렇다면 디랙이 1928년 고민했던 문제를 그래핀에서 다시 한번 맞닥뜨리게 된다. 과연 이 음수 에너지는 그래핀 속의 전자에게 의미가 있는가? 의미가 있다! 그래핀 속 전자의 에너지와 운동량 관계식을 그림으로 그리면 다음 그래프처럼 보인다. 음의 에너지를 갖는 전자 상태와 양의 에너지 상태가 대칭적으로 존재한다. 그중 음에너지 상태는 전자들로 채워져 있다. 양에너지 상태는 모두 비어 있다. 파울리 호텔의 비유로 치면 손님이 거주한 가장 높은 방의 위치는 0층, 나머지 손님은 모두 지하층(음 에너지)에 방을 잡고 있는 셈이다.

그래핀은 2차원 물질이다. 그래핀이 발견된 이후 상대론적으로 거동하는 전자에 대한 관심이 물리학자들 사이에서 급속도로 커졌다. 만약 상대론적 거동이 그래핀 같은 2차원 물질에서 가능하다면 3차원 물질에서도 불가능할 이유는 없어 보였다. 3차원에서 상대론적으로 운동하는 입자가 있다면 에너지와 운동량 사이의 관계는 $E = \pm v \sqrt{(p_x)^2 + (p_y)^2 + (p_z)^2}$ 처럼 될 것이다($\pm$ 부호는 양수, 음수가 모두 가능하다는 걸 의미하는 수학적 기호다). 아인슈타인의 에너지 공식에서 c를 v로 바꾸고, 질량을 지우면 된다. 만약 전자가 이렇게 거

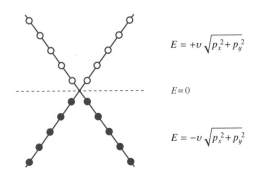

$$E = +v \sqrt{p_x^2 + p_y^2}$$

$$E = 0$$

$$E = -v \sqrt{p_x^2 + p_y^2}$$

▲ 그래핀 전자의 에너지–운동량 관계. 가로축은 운동량, 세로축은 에너지로 이해하면 된다.

동하는 3차원 물질이 정말로 발견된다면, 그 물질을 디랙 물질Dirac material이라고 불러도 좋을 것이다. 이제부턴 본격적으로 보물 사냥에 나서야 할 때다. 이 세상에 존재하는 수많은 물질 중에 어떤 것이 디랙 물질인가?

2007년 펜실베이니아대학교의 케인과 푸가 비스무트-안티모니 합금에서 위상 절연체를 찾아보란 예언을 했었다. 합금이란, 가령 비스무트를 90퍼센트, 안티모니를 10퍼센트 섞어 합성한 물질을 말한다. 그들의 예언에 따르면 대략 비스무트 성분이 97퍼센트 미만, 안티모니 성분은 3퍼센트 이상을 넘어설 때부터 이 합성 물질이 위상 절연체가 되어야 했다. 반대로 비스무트 성분이 97퍼센트보다 많아지면 이 합금은 평범한 절연체다. 97:3이란 마법의 조합 비율이 있고, 비스무트 함량이 이것보다 많으면 짝수 절연체, 적으면 홀수 절연체가 된다. 이런 상황을 물리학자들은 '위상수학적 상전이topological phase transition' 라고 부른다. 한 점(특정한 조합 비율)을 기준으로 좌우의 물질 상태가 갖는 위상 숫자가 갑자기 바뀐다. '상전이'란 마치 물이 수증기로 바뀌듯, 물질의 상태가 바뀌는 현상을 가리킨다. 물의 상태를 바꾸기 위해서는 온도라는 제어 장치가 필요한 데 비해, 비스무트-안티모니 합금의 상태는 조성(조합 비율)을 바꾸면 위상 변화가 일어난다. 두 물질을 정확히 97:3의 비율로 잘 섞은 뒤 합금을 만들면 어떻게 될까? 이 물질은 그냥 절연체도, 위상 절연체도 아닌, 새로운 물질이 되어야 한다. 이 합금이 바로 디랙 금속이다.

이 특별한 조합에서 디랙 물질이 만들어진다는 이론적 예측이 나온 뒤, 직접 실험적인 방법으로 검증에 나선 물리학자 중에는 대구대학교의 김헌정 교수도 있었다. 마침 비스무트-안티모니 합금을 잘 만들 줄 알았던 김 교수는 자신이 만든 합금에 전극을 달고 전류를 흘려보았다. 금속이니까, 전극의 전압 차이에 비례하는 전류가 흐른다. 걸어준 전압과 흐르는 전류 사이의 비례 상수를 저항이라고 한다. 김헌정 교수가 합성한 디랙 금속 역시, 일정한 저항 값을 보이는, 얼핏 보기엔 평범한 금속이었다. 놀라운 현상은 그 디랙 물질에 자기장을 걸어주었을 때 일어났다. 아주 오래전 홀이 그의 박사 논문 주제로 고민할 때 예상했던 것처럼, 금속 물질의 저항 값은 자기장을 걸어주면 조금 변한다. 디랙 물질 또한 금속이다 보니 측정한 저항 값이 자기장 세기에 따라 변하는 양상이 나타났다. 하지만 디랙 금속의 저항이 자기장에 의존하는 방식은 일반 금속과는 많이 달랐다. 보통 금속은 자기장을 걸어주면 전자가 직선으로 운동하지 못하고 옆으로 휘는 바람에, 직선 방향으로 흐르는 전류의 양이 줄어들고, 결과적으로 그 방향의 저항은 커진다. 디랙 금속에서는 자기장을 걸면 오히려 저항이 줄어들었다. 전류가 오히려 더 잘 통하는 셈이다.

왜 그럴까? 그 궁금증을 해결하기 위해 김헌정 교수는 포항공대의 이론물리학자이자 친구인 김기석 교수의 도움을 청했다. 초기 실험 결과를 받아본 김기석 교수는 중요하고 재미있는 제안을 한다. "지금은 자기장을 전압 방향하고 다르게 걸어주셨잖아요. 그것보다는 전압 방향과 나란히 자기장을 한번 줘보세요. 더 재미있을 거에요." 김 교수의 제안대로 실험을 다시 해보았더니 놀랍게도 자기장에 따른 저항 값의 변화가 훨씬 커졌다. 이미 디랙 물질에 자기장을 걸었을 때 벌어지는 물리 현상을 이론적으로 훤히 꿰고 있었던 김기석 교수에게 그 실험 결과는 "디랙 물질 여기 있소"라는 자연의 외침으로 보였다. 두 사람의 주도로 작성된 논문은 물리학계에서 최고 권위를 누리는 학술지 〈피지컬 리뷰 레터Physical Review Letters〉에 게재됐다. 전기저항 측정을 통해 디랙 물질의 존재를 확인한 세계 최초의 논문이다.

나는 학생들에게 물리를 가르칠 때, 종종 "과학자가 누릴 수 있는 최고의 영광은 노벨상이 아니라 그의 이름이 단위가 되는 것이다"라고 말한다. 힘의 단위 뉴턴(아이작 뉴턴), 저항의 단위 옴(게오르크 옴), 주파수의 단위 헤르츠(하인리히 헤르츠), 온도의 단위 켈빈(켈빈 경), 자기장의 단위 테슬라(니콜라 테슬라) 등이 그 분야에서 기념비적인 업적을 남겼던 과학자의 이름을 '단위화'한 것이다. 디랙의 이름을 딴 단위는 없지만, 대신 빛의 속도만큼 빠르게 움직이는 입자를 종종 '디랙 입자'라고 부른다. 전자나 양성자 같은 입자가 일상생활에서는 빛에 비해 훨씬 느릿느릿 움직이지만 거대 입자가속기의 단추를 누르면 그 속력이 점점 빨라져서 마침내 디랙 입자라고 불리는 상대론적 영역으로 진입한다.

반면 물질 속에서 발견되는 디랙 입자는 전자가 잘 분장한 모습에 불과하다. 질량이 분명히 있는 전자가, 마치 질량 없는 입자처럼 거동한다. 매우 느릿느릿 (비상대론적으로) 움직이는 전자이지만 일단 그래핀, 또는 비스무트-안티모니 합금 같은 양자 물질 속으로 들어가는 순간 질량은 사라지고, 운동은 상대론적으로 바뀌고, 입자와 반입자의 성격을 모두 갖게끔 변신한다. 우리 인간들 중에서도 그런 사람이 있다. 배우라고 불리는 사람들은 배역에 따라 자기 모습을 온통 바꾸어 버린다. 우리가 보는 양자 물질이라는 연극에는 오직 전자라는 '입자성' 주연 배우가 있을 뿐이지만, 이 배우는 다재다능해서 때로는 영웅(입자), 때로는 악당(반입자)을 연기하고, 자기 몸무게보다 훨씬 가벼운(몸무게가 아예 없는) 것처럼 행동하기도 한다. 배우의 변신을 위해서는 소도구가 필요하다. 분장, 조명 같은 것들 말이다. 전자를 변신시켜주는 소도구는 그 전자가 사는 공간인 고체 덩어리, 그 덩어리를 구성하는 원자의 종류, 원자들의 배열 방식, 이런 것들이다. 어떤 종류의 결정crystal 속에 전자가 사느냐가 그 전자의 역할을 결정characterize해버린다. 우스갯소리 같지만 '결정'이 (전자의 배역을) '결정'한다.

보통 절연체와 위상 절연체의 경계에 존재하던 디랙 물질은 그 후 수많은 다른 물질에서도 존재할 수 있다는 점이 밝혀졌다. 디랙 물질을 찾기란 어렵지 않았다. 위상 절연체로 알려진 물질을 출발점으로 삼고, 그 물질에 적절한 변형을 가한다. 비스무트-안티모니 합금의 경우는 조성을 바꿔주는 게 그런 변형에 해당되었지만, 다른 종류의 변형도 생각해볼 수 있다. 변형이 충분히 심해지면 위상 절연체의 홀수 위상 숫자가 짝수 위상 숫자로 바뀐다. 그 바뀌는 찰나, 두 절연체 사이의 경계점에 바로 디랙 물질이 존재한다는 게 일반적으로 내릴 수 있는 결론이었다. 반대로 말하면 위상 절연체는 디랙 물질을 조금만 변형시키면 만들 수 있다는 뜻이기도 했다.

앞에서 그린 그래핀 전자의 에너지-운동량 관계식 그림은 3차원 디랙 물질계에도 비슷하게 적용된다. 비록 상대론적인 에너지-운동량 관계식을 따르는 점이 좀 독특하긴 하지만 디랙 물질 속의 전자들도 여전히 파울리 호텔에 거주하는 입자들임에 틀림없다. 각 방에는 두 종류의 스핀을 가진 전자가 각각 하나씩 들어가 있다. 다음의 가장 왼쪽 그림은 디랙 물질의 파울리 호텔 구조를 상징적으로 보여준다. 고깔 모양은 상대론적 에너지-운동량 관계식을 의미한다. 위의 절반을 차지하는 고깔은 $E = v \sqrt{(p_x)^2 + (p_y)^2 + (p_z)^2}$ 을, 반대 방향을 향한 고깔은 반대 부호의 에너지-운동량 관계식을 의미한다. 아래쪽 고깔에 있는 각 방에는 두 종류의 전자가 거주하고 있다. 위쪽 고깔에 있는 방에는 전자가 없다. 3차원 디랙 물질 속에 사는 전자들의 모습이다.

디랙 물질을 조금 변형하면 바일 물질이란 독특한 물질군에 도달한다. 오른쪽 그림들처럼, 바일 물질에서는 전자의 스핀에 따라 거주하는 파울리 호텔이 서로 다르다. 한쪽 호텔에는 오직 남전자만, 다른 호텔에는 오직 여전자만 거주하는 모양새다. 한 방에 전자가 2개씩 들어가는 게 일반적인 금속의 속성인 점을 감안하면 바일 금속은 상당히

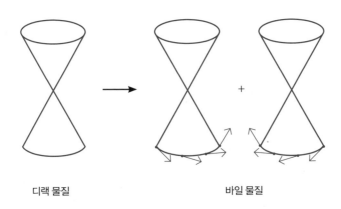

디랙 물질   바일 물질

▲ 디랙 물질은 음에너지 방마다 두 종류의 스핀이 들어가 있다. 두 종류의 스핀 방향이 서로 반대 방향이기 때문에 그림에서는 일부러 스핀(화살표)을 그리지 않았다. 바일 물질에서는 서로 반대 방향의 스핀을 갖는 전자가 서로 다른 호텔에 거주한다.

독특한 부류의 금속이라고 보아야 한다. 디랙과 비슷한 시대에 활동했던 독일의 수학자 헤르만 바일Hermann Weyl(1885~1955)의 이름을 따왔다. 앞의 그림이 디랙 물질과 바일 물질의 차이를 잘 보여준다. 반대 방향의 스핀을 갖는 전자가 같은 파울리 호텔에 거주하면 디랙 물질, 다른 파울리 호텔을 잡아 거주하면 바일 물질이다. 좀 더 간단하게는 디랙 물질을 2개로 쪼갠 것이 바일 물질이라고 봐도 좋다. 어떤 특정한 물질에서는 디랙 물질 대신 바일 물질이 구현될 것이란 최초의 예측은 나의 레주쉬 동문 아쉬빈과 다른 몇몇 연구자들이 2010년에 발표한 논문에서였다. 그의 바일 논문 발표 이후 바일 물질에 관한 연구가 세계적으로 유행했다. 아쉬빈의 경력은 급격한 상승세를 탔고 마침내 하버드대학교의 교수 제안을 받아 버클리에서 자리를 옮겼다.

케인이 제안한 2차원 위상 절연체(양자 스핀 홀 물질) 이론은 3차원 위상 절연체 이론으로 발전했고, 거기서 조금 떨어진 곳에는 디랙 물질이 기다리고 있었다. 그리고 디랙 물질을 '2개로 쪼개면' 바일 물질이 된다. 상대론적 물질과 위상학적 물질 사이에는 이렇게 묘한 연관성이 있다.

둘째 아이를(두 번째 책을) 낳았다. 이제 세상에 내보낼 때가 됐다. 첫 책을 쓸 때도 그랬지만 이번에도 문장을 엮고 다시 엮느라 눈이 괴로워 못 견딜 지경이 되자 책이 겨우 완성됐다. 내 연구도 많이 밀려 있는 상태다. 이젠 책 글빚을 청산했으니 논문 글빚을 갚으러 가야 할 때다. 자식은 낳아서 10년 넘게 부모가 책임지고 키우지만 책은 낳아서 세상에 내보내면 그 순간부터 내가 아닌 독자가 키운다. 내 자식이 세상 독자들로부터 잘 컸다는 칭찬을 듣길 바란다. 이 자식이 세상에 유익한 일을 해주면 더욱 바랄 게 없다. 물질이란 무엇인가? 물질을 연구하는 과학자들은 무엇을 꿈꾸고, 무엇을 하며 사는가? 이런 질문에 대한 답을 독자들이 이 책 여기저기에서 찾길 바란다.

미처 다루지 못한 내용도 많다. 가령 양자 컴퓨터, 양자 정보와 관련된 이야기를 전혀 하지 못했다. 나의 연구 경험이 부족한 탓, 시간이 부족한 탓도 있지만 무엇보다 아직 한창 발전하는 분야라 책으로 정리하기엔 섣부른 감이 있다. 혹시 이 책에 등장하는 인물의 면면을 검토하면서 끝까지 읽은 독자라면 여성 물리학자가 한 번도 주인공으로 언급된 적이 없다는 사실에 놀랄 수도 있다. 전자의 세계에선 남전자와 여전자가 동등한데, 어쩌다가 물리학 역사에선 이런 극심한 성 격차가 벌어졌을까? 그렇다고 조바심을 낼 필요는 없다. 이미 탁월한 여성 과학자들이 양자 물질 전반에서 좋은 연구를 하고 있다.

비유를 많이 들어가면서 책을 썼다. 과학 지식을 전공자가 아닌 제 3자, 독자에게 전달할 때 자주 쓰는 방법이 비유라는 설탕물이다. 쓴 약이 목구멍을 잘 넘어가도록 도와준다. 비유가 지나치면 설탕물이 독물로 상전이할 수도 있다. 공식을 이해하지 못한 채 비유만 믿고 사고를 전개하면 오류를 범한다. 물론 이 책에서 든 비유는 엄밀한 이론과 지식을 바탕으로, 그런 오류의 경계선을 넘지 않도록 잘 고안되었다고 믿는다. 비유는 단지 전문가와 비전문가 사이의 소통 수단으로만 작용하는 게 아니다. 전문가들도 자신의 연구 활동에서 비유를 종종 사용한다. 탁월한 양자 물질 이론가 앤더슨이 어느 학회에서 이런 말을 했다. "계산이야 뭐 홍보용으로 하는 거지Calculations are for PR." 일단 아이디어가 맞으면 그걸 뒷받침할 계산은 어떻게든 만들어낼 수 있다는 뜻이다. 아이디어의 세계는 그림과 비유와 직관과 상식으로 움직이다.

노골적이다 싶을 만큼 노벨상 수상자 이야기를 많이 다뤘다. 역사의 주인공은 우리 모두일 수 있지만 대부분의 역사책 주인공은 황제와 장수와 책사일 수밖에 없다. 황제의 한마디, 장군과 책사의 전투 작전 하나가 수천, 수만 명의 운명을 좌우하다 보니 어쩔 수 없이 그들의 목소리가 더 크게 울린다. 수천, 수만 명의 물리학자들이 물리학을 연구하지만 막상 물리학 발전의 굵직한 이정표를 세우는 것은 그때그때 등장하는 영웅의 몫이다. 하나씩 주어지는 노벨상은 그들이 영웅이었음을 증명하는 표식이다.

물리학의 영웅들이 생각하고 활동했던 지적 배경이 무엇이었는지 솔직하게 다루고자 노력했다. 누구나 그 자리에 있었더라면 노벨상을 받았을 거라는 환경론은 지나친 비약이고, 천재적인 능력만 있으면 노벨상은 누구나 받을 수 있다는 믿음도 세상 물정을 모르는 이야기다. 노벨상을 받는 방법을 한마디로 요약하라면 '멋진 이야기가 막 전개될 찰나 그 자리에 서 있을 것'이라고 말하고 싶다. 비유해서 말하자면 아마존, 구글, 페이스북, 애플이 회사를 차린 지 몇 달 안 됐을 때 그 무궁무진한 발전 가능성을 알아보고 주식을 잔뜩 사놓으란 뜻이다. 창업자와 친구 관계라면 그런 안목을 갖는 데 훨씬 유리할 것이다. 과학도 다르지 않다. 안목이 뛰어난 물리학자와 함께 일하는 게 절대적으로 유리하다. 아무리 안목이 뛰어나도 자본금이 없으면 주식을 살 수 없다. 실험이면 실험, 이론이면 계산, 이런 기본 능력이 없으면 아이디어를 실천으로 옮길 수 없다. 마지막으로, 기회가 왔다 싶을 때 과감하게 움직여야 한다.

탁월한 물리학자는 어떻게 남들보다 한발 앞서는가? 내가 듣고 보고 대화해본 최고의 물리학자들은 그렇게까지 정보 취득에 민감한 사람들이 아니었다. 가장 뛰어난 물리학자들은 아마존에 투자하는 사람이 아니라 아마존을 창업하는 사람들이다. 그들에게는 안목이 있다. 자신의 안목을 믿고, 아무도 가본 적 없는 길을 힘들게 덤불을 헤치면서 개척한다. 그리고 기다린다. 자신이 개척한 숲속의 오솔길을 지나가는 사람들이 차츰 많아지기를.

찾아보기

인명

298

사항·용어

4원소설 • 19~20, 24, 26~27, 1430

BCS 이론 • 124, 127, 131

MOSFET • 193~194

강한 상호작용 • 39, 181

광전효과 • 159, 161, 173

그래핀 • 210, 215~223, 225~227, 231, 257, 275~278, 280, 282, 286~287, 290~291

나노튜브 • 214~216

나선 자석 • 251~253, 255~256, 258

나침반 • 124~125, 235, 237, 240, 251

난부–골드스톤 • 127~128

디랙 물질 • 288~293

마이스너 효과 • 123, 126

맥스웰 방정식 • 126, 150~151

몬테카를로 계산 • 253, 257, 259

무아레 • 224~227, 231~232

바일 물질 • 292~293

반도체 • 49, 101, 139, 193~194, 202, 269, 276

반입자 • 285~286, 290~291

배타원리 • 86, 95, 97, 107, 142, 174, 235, 237

보손 • 175~177

보스–아인슈타인 응축 • 173, 177

분광학 • 88~92, 94~95, 115, 146, 154~155, 170

비정상 제이만 효과 • 91~92, 95

소용돌이 • 52~56, 58, 60~65, 67~72, 76, 135~137, 204

순환수 • 55~56, 58~61, 63, 67, 72, 135~137

슈뢰딩거 방정식 • 56, 165~166

스커미온 • 255~262, 268, 274

스핀 홀 효과 • 272~277

스핀 • 79~80, 92, 95~96, 204, 235~237, 246, 251~252, 254~255, 257, 272, 274, 291~293

스핀소자 • 274

액체헬륨 • 115, 120, 124, 131, 133~135, 137, 140, 196, 204

약한 상호작용 • 33~34, 181

양성자 • 32, 38~40, 42, 60~61, 70, 72, 74~75, 81, 127, 130, 159, 168, 176, 181, 199, 238, 241, 285~286, 290

양자 스핀 홀 물질 • 277~278, 280, 293

양자 스핀 홀 효과 • 277~278

양자 홀 물질 • 138, 202, 266~267, 269, 277, 282

양자 홀 효과 • 204, 220~221, 227, 229, 231, 266, 277

양자역학 • 35, 37, 43~45, 48, 56, 72, 87, 91, 94~95, 98~101, 115, 117~119, 122, 142, 144, 165~166, 170, 191, 194, 203, 205, 229, 234, 237, 241, 269~270

엔트로피 • 51, 157~158

옴의 법칙 • 121, 140, 182, 188, 191, 197, 246

원자핵 • 38~39, 43~44, 48, 70, 81, 176, 241~242

위상 물리학 • 53, 76, 266

위상 물질 • 138, 206, 266~269, 278~280, 282~283

위상 숫자 • 73, 224, 260, 266, 278~280, 282, 288, 291

위상 자석 • 250, 262, 266

위상 절연체 • 265, 269~270, 279~283, 288, 291, 293

자기장 • 88, 124~126, 128, 132~133, 140, 147~149, 182, 184~185, 187~188, 190, 195~198, 220, 227, 228~229, 235, 237~238, 240~242, 245, 248~249, 251~254, 259, 269, 274, 289~290

자화 • 237~238, 244, 246~249

전기장 • 88, 126, 147~149

전자기파 • 126, 148~151, 159, 170

전자석 • 132~133, 140, 195~196

절대영도 • 51, 108~109, 113, 117~119, 122, 131, 138, 177

절연체(부도체) • 81~82, 84, 86, 97, 193, 269~270, 278~281, 288, 291

제이만 효과 • 91

중력 • 21, 33~34, 102, 106, 116, 128, 145, 181, 186

중성자 • 32, 38~39, 42, 70, 72, 74~75, 81, 127,